博碩文化

博碩文化

Python × Excel 的 12 堂關鍵必修課

博碩文化

資料分析
自動化的
194個
高效實戰例

吳燦銘 著

＼ 提高日常工作效率 ／

輕鬆使用 Python 程式，有效簡化處理 Excel 繁瑣數據

- 徹底了解
  Python × Excel
  整合應用技巧

- 大幅提升
  資料分析
  工作效率

- 輕鬆製作圖表
  及報表的
  商業需求

- 快速自動化
  實作樞紐分析、
  圖表、列印

作　　者：吳燦銘 著
責任編輯：Cathy

董 事 長：陳來勝
總 編 輯：陳錦輝

出　　版：博碩文化股份有限公司
地　　址：221 新北市汐止區新台五路一段 112 號 10 樓 A 棟
　　　　　電話 (02) 2696-2869　傳真 (02) 2696-2867

發　　行：博碩文化股份有限公司
郵撥帳號：17484299　戶名：博碩文化股份有限公司
博碩網站：http://www.drmaster.com.tw
讀者服務信箱：dr26962869@gmail.com
訂購服務專線：(02) 2696-2869 分機 238、519
（週一至週五 09:30 ～ 12:00；13:30 ～ 17:00）

版　　次：2023 年 3 月初版

建議零售價：新台幣 650 元
I S B N：978-626-333-408-3
律師顧問：鳴權法律事務所 陳曉鳴律師

國家圖書館出版品預行編目資料

Python x Excel 的 12 堂關鍵必修課：資料分
析自動化的 194 個高效實戰例 / 吳燦銘著.
-- 初版. -- 新北市：博碩文化股份有限公司,
2023.03
　　面；　公分

ISBN 978-626-333-408-3(平裝)

1.CST: Python(電腦程式語言) 2.CST:
EXCEL(電腦程式)

312.32P97　　　　　　　　　112001999

Printed in Taiwan

博碩粉絲團　歡迎團體訂購，另有優惠，請洽服務專線
(02) 2696-2869 分機 238、519

序言

　　資料分析是一種有明確目的，從資料收集、加工、資料整理，並藉助分析工具來取得想要的資訊，或以圖表展現分析結果，以輔助資料趨勢預測或商業的決策。資料分析的工具相當多，例如：Excel、Power BI、Python、R 語言、VBA…等，如果是強調圖表及報表製作的商業需求，就可以選擇 Power BI、Excel、Tableau 等工具，但是想改善資料分析的工作效率，採用 Python 程式語言結合 Excel 來進行，可以大幅提高工作的效能。

　　本書會針對 Python × Excel 各種應用的需求，以主題分類的方式，提供大量實用技巧的完整程式範例，全書完整且詳實介紹如何結合 Python 語言實作 Excel 資料運算、格式化、全自動化、篩選、排序、彙總、分組、樞紐分析、視覺化圖表…等整合性應用，本書附錄也提供了「Python 程式語言快速入門」單元，可以幫助有志於現代科技領域的入門學習者。書中結合 Python 及 Excel 資料分析整合應用的關鍵核心必修課程，精彩篇幅如下：

- Python 資料分析實用模組與套件
- 活頁簿自動化操作
- 工作表自動化操作
- 儲存格、欄 (列) 自動化操作
- 以 Python 實作資料匯入與整理
- 以 Python 實作資料運算、排序與篩選
- 以 Python 實作儲存格格式設定
- 以 Python 實作資料彙總、分組與樞紐分析
- 以 Python 實作視覺化圖表—使用 matplotlib 及 openpyxl
- 以 Python 實作視覺化圖表—使用 pyecharts
- 以 Python 全自動化執行列印工作
- 以 Python 實作工作表串接、合併與拆分
- Python 程式語言快速入門

本書盡量在文句表達上簡潔有力，邏輯清楚闡述為主，所舉的例子簡明易懂，並提供完整的程式碼供實作練習，如果想要充分掌握如何結合 Python 與 Excel 來大幅提高資料分析的效率與靈活性，相信本書絕對是各位進修 Python 及 Excel 整合應用的關鍵必修課程，筆者深信藉助書中所介紹近 200 個實例，能充分滿足以 Python 實作 Excel 進行高效率資料分析的工作。

目錄

CHAPTER 01 Python 資料分析實用模組與套件

1-1 認識模組與套件 1-2

　1-1-1 模組的使用 1-3

　1-1-2 建立自訂模組 1-4

　1-1-3 第三方套件集中地 PyPI 1-5

　1-1-4 pip 管理工具 1-7

1-2 常見資料分析內建模組 1-7

　1-2-1 os 模組及 pathlib 模組 1-7

　1-2-2 csv 模組 1-10

1-3 常見資料分析外部模組 1-13

　1-3-1 openpyxl 模組 1-14

　1-3-2 pandas 資料分析函數庫 1-14

　1-3-3 Numpy 陣列與矩陣運算 1-17

　1-3-4 matplotlib 套件 1-22

　1-3-5 xlwings 模組 1-24

　1-3-6 pyecharts 模組 1-24

CHAPTER 02 活頁簿自動化操作

2-1 活頁簿新建、開啟與儲存 2-3

　2-1-1 新建活頁簿 2-3

　2-1-2 開啟活頁簿 2-6

2-2　取得檔名與重新命名 **2-9**

2-2-1　取得指定資料夾內的活頁簿檔名 2-9

2-2-2　取得指定資料夾的所有活頁簿檔名 2-10

2-3　活頁簿保護與加密 **2-12**

2-3-1　保護活頁簿結構 2-12

2-3-2　為活頁簿設定開啟密碼 2-14

2-4　檔案搜尋與檔案格式轉換 **2-18**

2-4-1　取得活頁簿檔案路徑資訊 2-18

2-4-2　搜尋活頁簿檔案 2-19

2-4-3　批次轉換檔案格式 2-21

2-5　活頁簿整理與分類 **2-23**

2-5-1　活頁簿的拆分與合併 2-24

2-5-2　活頁簿的分類 2-28

CHAPTER 03 工作表自動化操作

3-1　工作表名稱取得與命名 **3-2**

3-1-1　取得工作表名稱 3-2

3-1-2　重新命名工作表名稱 3-5

3-2　工作表新增、複製與刪除 **3-10**

3-2-1　新增工作表 3-10

3-2-2　複製工作表 3-14

3-2-3　刪除工作表 3-18

3-3　工作表拆分 **3-21**

3-4　工作表隱藏 **3-24**

3-5　其他工作表實用操作 **3-30**

04 儲存格、欄（列）自動化操作

4-1　　儲存格基本操作 4-2

4-2　　列高與欄寬 4-4

4-2-1　自動調整 4-4

4-2-2　精確調整列高與欄寬 4-5

4-2-3　調整單一活頁簿所有工作表列高與欄寬 4-7

4-2-4　調整多活頁簿所有工作表列高與欄寬 4-9

4-3　　欄列範圍的選取 4-10

4-3-1　列選取 4-11

4-3-2　欄選取 4-13

4-3-3　欄與列同時選取 4-15

4-4　　插入空白欄、列 4-17

4-4-1　插入一個空白列 4-17

4-4-2　插入一個空白欄 4-19

4-4-3　插入多行空白列 4-20

4-5　　刪除空白欄（列）及刪除數值 4-21

4-5-1　刪除空白欄 4-21

4-5-2　刪除空白列 4-23

4-5-3　使用 drop() 來刪除數值或欄位 4-24

4-5-4　使用 drop() 來刪除指定列 4-26

4-5-5　使用條件式設定刪除列 4-28

4-6　　新增資料列及資料欄 4-29

4-6-1　新增資料列 4-29

4-6-2　新增資料欄 4-31

4-7 其他儲存格、欄列實用技巧......4-33

4-7-1 折疊隱藏列（欄）資料......4-33

4-7-2 轉置工作表中欄與列......4-36

4-7-3 一欄拆分多欄......4-37

4-7-4 多欄合併一欄......4-39

4-7-5 凍結窗格......4-40

CHAPTER

05 以 Python 實作資料匯入與整理

5-1 資料匯入......5-2

5-1-1 匯入 .xlsx 檔案格式......5-3

5-1-2 讀取指定工作表的各種方式......5-6

5-1-3 匯入 .csv 或 .txt 檔案格式......5-10

5-2 資料讀取與取得資訊......5-12

5-2-1 資料預覽......5-12

5-2-2 查看檔案資訊、資料型態及大小......5-16

5-2-3 數值計次及回傳 DataFrame 統計資料......5-21

5-3 資料整理前置工作......5-24

5-3-1 缺失值查詢與替換......5-24

5-3-2 移除重複—drop_duplicates()......5-29

5-4 取代資料......5-32

5-4-1 工作表資料的取代......5-33

5-4-2 以串列或字典替換多筆資料......5-36

5-5 索引設定......5-40

5-5-1 在資料列表加入索引......5-40

5-5-2 為索引名稱重新命名......5-46

CHAPTER 06 以 Python 實作資料運算、排序與篩選

6-1 資料的運算 **6-2**

  6-1-1 資料的算術運算 6-2

  6-1-2 比較運算 6-4

6-2 資料的排序 **6-5**

  6-2-1 以 pandas 進行排序 6-6

  6-2-2 不變更格式進行排序 6-7

  6-2-3 排序活頁簿所有工作表 6-9

6-3 資料篩選 **6-13**

  6-3-1 單一條件篩選 6-13

  6-3-2 多重條件篩選 6-15

  6-3-3 一次篩選活頁簿所有工作表 6-17

6-4 其他資料操作技巧 **6-19**

  6-4-1 將儲存格公式轉成數值 6-19

  6-4-2 取得唯一值 6-21

CHAPTER 07 以 Python 實作儲存格格式設定

7-1 儲存格 - 字型、色彩、欄寬、對齊方式 **7-2**

7-2 合併儲存格 **7-11**

7-3 格式化設定 **7-13**

CHAPTER 08 以 Python 實作資料彙總、分組與樞紐分析

8-1 資料分組統計與彙總 **8-2**

8-1-1　資料分組 8-2

8-1-2　資料彙總運算 8-3

8-1-3　依一個或一組欄名進行分組 8-8

8-1-4　同時使用多種彙總運算 8-10

8-2　實作互動式樞紐分析表 **8-12**

8-2-1　認識樞紐分析表組成元件 8-12

8-2-2　解析 pandas.pivot_table 參數 8-13

8-2-3　多面向的樞紐分析表顯示方式 8-14

8-2-4　重置樞紐分析表索引 8-20

CHAPTER

09 以 Python 實作視覺化圖表—使用 matplotlib 及 openpyxl

9-1　長條圖、橫條圖與新增圖表元件 **9-2**

9-1-1　繪製長條圖 9-2

9-1-2　為長條圖新增圖例 9-5

9-1-3　新增資料標籤 9-7

9-1-4　新增座標軸標題 9-9

9-1-5　長條圖並排 9-11

9-1-6　繪製橫條圖 9-14

9-1-7　將圖表插入到工作表 9-15

9-2　直方圖 **9-18**

9-2-1　繪製直方圖 9-18

9-2-2　在直方圖上顯示數值 9-20

9-3　折線圖 **9-22**

9-3-1　繪製折線圖 9-22

9-3-2　為折線圖新增格線 9-24

9-3-3　在折線圖設定座標軸刻度範圍 9-25

9-4　圖形圖 **9-27**

9-5　散佈圖 **9-30**

9-6　泡泡圖 **9-32**

9-7　雷達圖 **9-35**

9-8　區域圖 **9-37**

9-8-1　平面區域圖 9-38

9-8-2　3D 區域圖 9-40

9-9　其他實用的圖表技巧 **9-42**

9-9-1　建立子圖 9-43

9-9-2　建立組合圖 9-46

CHAPTER

10 以 Python 實作視覺化圖表—使用 pyecharts

10-1　直條圖 **10-2**

10-2　文字雲 **10-3**

10-3　儀錶板 **10-5**

10-4　水球圖 **10-6**

10-5　漏斗圖 **10-8**

CHAPTER

11 以 Python 全自動化執行列印工作

11-1　活頁簿及工作表列印 **11-2**

11-2　實戰特殊列印技巧 **11-8**

12-1 兩表格有共同鍵的橫向連接.............12-2

12-2 具共同鍵的 4 種連結方式.............12-7

12-3 沒有共同鍵的橫向連接 12-13

12-4 兩表格的縱向連接 12-19

12-5 其他合併與拆分的實用技巧.............12-22

A-1 Python 的入門基礎.............A-2

A-2 基本資料處理.............A-3

A-2-1 數值資料型態.............A-4

A-2-2 布林資料型態.............A-4

A-2-3 字串資料型態.............A-5

A-3 輸出 print 與輸入 input.............A-5

A-3-1 輸出 print.............A-5

A-3-2 輸出跳脫字元.............A-6

A-3-3 輸入 input.............A-7

A-4 運算子與運算式.............A-9

A-4-1 算術運算子.............A-9

A-4-2 複合指定運算子.............A-9

A-4-3 關係運算子.............A-10

A-4-4 邏輯運算子.............A-11

A-4-5 位元運算子.............A-13

A-5 **流程控制** **A-14**

A-5-1　if 敘述 A-14

A-5-2　for 迴圈 A-16

A-5-3　while 迴圈 A-18

A-6 **序列資料型別** **A-19**

A-6-1　string 字串 A-20

A-6-2　List 串列 A-23

A-6-3　tuple 元組 A-26

A-6-4　dict 字典 A-27

A-7 **函數** **A-28**

A-7-1　自訂無參數函數 A-29

A-7-2　有參數列的函數 A-29

A-7-3　函數回傳值 A-29

A-7-4　參數傳遞 A-30

目錄

01

Python 資料分析
實用模組與套件

Python 自發展以來累積了相當完整的標準函數庫,這些標準函數庫裡包含相當多元實用的模組,相較於模組是一個檔案,套件就像是一個資料夾,用來存放數個模組。除了內建套件外,Python 也支援第三方公司所開發的套件,這項優點不但可以加快程式的開發,也使得 Python 功能可以無限擴充,並使其功能更為強大,更受到許多使用者的喜愛。

1-1 認識模組與套件

　　所謂模組是指已經寫好的 Python 檔案，也就是一個「*.py」檔案，程式檔中可以撰寫如：函數（function）、類別（class）、使用內建模組或自訂模組以及使用套件等等。

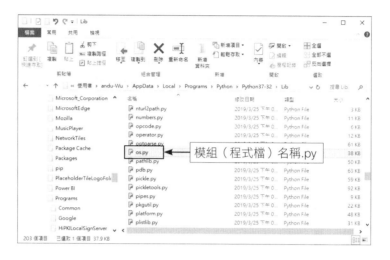

模組（程式檔）名稱.py

　　在 Python 安裝路徑下的 Lib 資料夾中可看到程式檔名稱為 os.py，而這就是一個模組，程式檔內容可看到變數的宣告、函數定義以及匯入其他的模組。套件簡單來說，就是由一堆 .py 檔集結而成的。由於模組有可能會有多個檔情況，為了方便管理以及避免與其他檔名產生衝突的情形，將會為這些分別開設目錄，也就是建立出資料夾。先來看如下套件的結構：

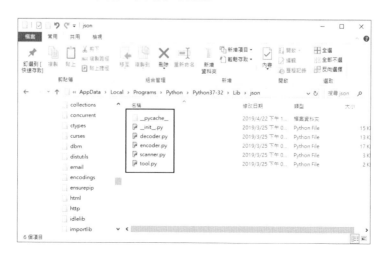

Python X Excel 的 12 堂關鍵必修課：資料分析自動化的 194 個高效實戰例

為了能夠清楚查看，這邊將透過資料夾顯示其結構。json 資料夾中包含許多 .py 檔，其中 __init__.py 其作用在於標記文件夾視為一個套件。基本上若無其他特殊需求，該檔案內容為空即可，若為建立屬於自己的套件時，可自行新增 __init__.py。

1-1-1　模組的使用

匯入模組的方式除了匯入單一模組外，也可以一次匯入多個模組，使用模組前必須先使用 import 關鍵字匯入，語法如下：

```
import 模組或套件名稱
```

就以 random 模組為例，它是用來產生亂數的，如果要匯入該模組，語法如下：

```
import random
```

在模組中有許多函數可供程式設計人員使用，要使用模組中的函數語法如下：

```
import 模組名稱.函數
```

例如 random 模組中有 randint()、seed()、choice() 等函數，各位在程式中可以使用 randint()，它會產生 1 到 100 之間的整數亂數：

```
random.randint(1, 100)
```

如果每次使用套件中的函數都必須輸入模組名稱，容易造成輸入錯誤，這時可以改用底下的語法匯入套件後，在程式使用該模組中的函數。語法如下：

```
from 套件名稱 import *
```

以上述的例子來說明，我們就可以改寫成：

```
from random import *
randint(1, 10)
```

萬一模組的名稱過長，這時不妨可以取一個簡明有意義的別名，語法如下：

```
import 模組名稱 as 別名
```

有了別名之後，就可以利用「別名.函數名稱」的方式進行呼叫。

```
import math as m    #將math取別名為m
print("sqrt(9)= ", m.sqrt(9))    #以別名來進行呼叫
```

1-1-2　建立自訂模組

由於 Python 提供相當豐富又多樣的模組，提供開發者能夠不需花費時間再額外去開發一些不同模組來使用，為何還需要自行定義的模組來使用呢？不能用其提供的內建模組走遍天下嗎？若多經歷過一些專案的開發後，會發現再多的模組都不一定樣樣都能符合需求，此時會需要針對要求去撰寫出符合的程式以及其邏輯。當各位累積了大量寫程式的經驗之後，必定會有許多自己寫的函數，這些函數也可以整理成模組，等到下一個專案時直接匯入就可以重複使用這些函數。下面就來示範如何建立自訂模組：

實戰例 ▶ 自訂模組練習

程式檔：CalculateSalary.py

```
01  #設置底薪(BaseSalary)、結案獎金件數(Case)、職位獎金(OfficeBonus)
02  BaseSalary = 25000
03  CaseBonus = 1000
04  OfficeBonus = 5000
05
06  #請輸入職位名稱(Engineer)、結案獎金金額(CaseAmount)變數
07  Engineer = str(input("請輸入職位名稱："))
08  Case = int(input("請輸入結案案件數(整數)："))
09
10  #計算獎金function
11  def CalculateCase(case, caseBonus):
12      return case * caseBonus
```

```
13
14  def CalculateSalary(baseSalary, officeBonus):
15      return baseSalary + officeBonus
16
17  CaseAmount = CalculateCase(Case, CaseBonus)
18  SalaryAmount = CalculateSalary(BaseSalary, OfficeBonus)
19
20  print("該工程師薪資：", CaseAmount + SalaryAmount)
```

執行結果

```
請輸入職位名稱：工程師
請輸入結案案件數 (整數)：5
該工程師薪資： 35000
```

1-1-3　第三方套件集中地 PyPI

　　除了官方提供的內建程式庫、自訂建立模組外，也能透過其他第三方套件來協助，更降低開發程式的時間。PyPI（Python Package Index, 簡稱 PyPI）為 Python 第三方套件集中處，可於網址查看網頁：https://pypi.org。

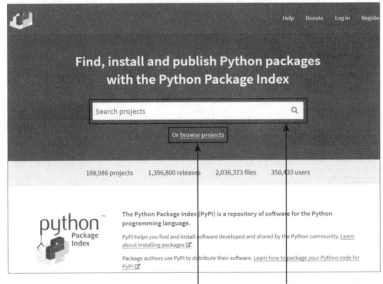

點選 browse projects 後將導至如下圖畫面　　　　直接輸入套件名稱搜尋

上圖於畫面中查看到搜尋框並輸入要查詢的套件名稱，亦或者點選下方 browse projects 按鈕，直接透過分類後的搜尋條件進行瀏覽。那麼，該如何進行套件安裝呢？點選套件進入到其詳細內容網頁，左上角會有個 pip install 套件名稱的字樣，接著就可透過 pip 下載套件。

提供指令可透過 pip 管理工具協助安裝

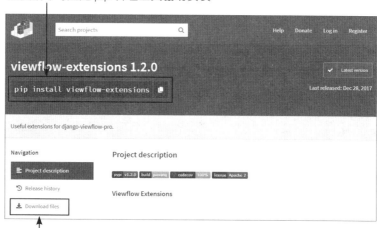

亦提供檔案下載

1-1-4　pip 管理工具

pip（python install package, 簡稱 pip）為 Python 標準庫的 package 管理工具，提供查詢、安裝、升級、移除等功能。如果安裝 Python 未有包含 pip 或者未有勾選安裝，直接點選網址：https://bootstrap.pypa.io/get-pip.py，複製其內容到 Python 直譯器另存新檔，於命令提示字元中切換到 get-pip.py 的目錄再執行：

```
python get-pip.py
```

完成 pip 安裝後，開啟命令提示字元取得相關支援指令：

```
pip -help
```

1-2 常見資料分析內建模組

相信大家對模組以及套件都有認識，接著將會介紹常見的資料分析內建模組。Python 標準函數庫提供許多不同功用資料分析的內建模組，供開發者依照需求使用。

1-2-1　os 模組及 pathlib 模組

os 模組功能可用來建立檔案、檔案刪除、異動檔案名等等。相關函數列表如下：

函數	參數	用途
os.getcwd()		取得當前工作路徑
os.rename(src, dst)	src– 要修改的檔名 dst– 修改後的檔名	重新命名檔案名稱
os.listdir(path)	path– 指定路徑	列出指定路徑底下所有的檔案
os.walk(path, topdown)	path– 指定路徑 topdown– 預設 True，可排序返回後的資料	以遞迴方式搜尋指定路徑下的所有子目錄以及檔案

函數	參數	用途
os.mkdir(path)	path– 指定路徑	建立目錄
os.rmdir(path)	path– 指定路徑	刪除目錄
os.remove(path)	path– 指定要移除的文件路徑	刪除指定路徑的文件

透過 os 模組提供的函數查詢當下工作目錄路徑：

```
os.getcwd()
```

取得工作目錄的路徑後，可在其目錄底下操作類似於查詢 / 新增 / 編輯 / 刪除等等功能。

```
path = os.getcwd()                          #先查詢目前工作目錄路徑
os.mkdir(path + "\\CreateFolder ")          #於該路徑底下建立目錄，這邊需注意
                                            #的是路徑以兩個反斜線（\\）區隔
os.rename("CreateFolder", "OldFolder")      #修改新建立的目錄名稱
os.rmdir(path + "\\OldFolder ")             #透過rmdir()函數刪除目錄
```

Python 的 os 模組提供不少便利的功能讓我們能夠操作檔案及資料夾，在 Python 3.4 之後提供一個新模組 pathlib，這個模組以一種物件導向的觀念，將各種檔案 / 資料夾相關的操作直接封裝在類別之中，讓我們在操作檔案及資料夾時能夠以更物件導向的思維來進行操作。

pathlib 模組底下有許多類別可供使用，例如 WindowsPath、PosixPath、PurePath 等等。其中有關路徑的類別，一般的情況下只要使用 Path 類別即可。底下摘要 Path 類別實用的方法：

- exists() 方法：Path 類別所提供的 exists() 方法可判斷檔案是否存在。

- path.touch() 方法：Path 類別所提供的 path.touch() 方法可以用來建立檔案。

- is_file() 方法：Path 類別所提供的 is_file() 方法判斷路徑是否為檔案。

- is_dir() 方法：Path 類別所提供的 is_dir() 方法判斷路徑是否為資料夾。

- write_text() 方法：Path 類別所提供的 write_text() 方法可以用來讓開發者輕鬆地寫入檔案。

- read_text() 方法：Path 類別所提供的 read_text() 方法可以用來讓開發者輕鬆地讀取檔案。

- unlink() 方法：Path 類別所提供的 unlink() 方法可以用來刪除檔案。

- stat() 方法：Path 類別也提供 stat() 方法讓開發者可以取得檔案詳細的資訊，例如經常會使用的檔案大小。stat() 方法會回傳 os.stat_result，其中 st_size 就是我們需要的檔案大小。

- iterdir()：Path 類別所提供的 iterdir() 方法可以用來走訪某資料夾內的所有檔案與資料夾。

(實戰例) ▶ **pathlib 模組綜合應用**

程式檔：**path.py**

```
01   from pathlib import Path
02   #檔案路徑
03   path = Path('myfile.txt')
04   print('建立檔案前是否有這個檔案? ', path.is_file())
05   #建立檔案
06   path.touch()
07   #檢查是否有這個檔案
08   print('建立檔案後是否有這個檔案? ', path.is_file())
09   #在檔案中寫入文字
10   path.write_text( 'happy birthday')
11   #讀取檔案的文字並輸出
12   print('目前檔案的文字: ',path.read_text())
13   #在檔案中寫入文字會以覆寫的方式寫入檔案
14   path.write_text('I love holiday.')
15   #讀取檔案的文字並輸出覆寫後的檔案內容
16   print('覆寫檔案的文字: ',path.read_text())
17
18   #檔案的詳細資料
19   print('檔案的詳細資料: ',path.stat())
20   #刪除檔案
21   print(path.unlink())
22   #檢查檔案是否存在
23   print('檔案是否存在? ', path.exists())
```

```
建立檔案前是否有這個檔案?  False
建立檔案後是否有這個檔案?  True
目前檔案的文字:  happy birthday
覆寫檔案的文字:  I love holiday.
檔案的詳細資料:  os.stat_result(st_mode=33206, st_ino=25051272927257988, st_dev=
609647843, st_nlink=1, st_uid=0, st_gid=0, st_size=15, st_atime=1636858734, st_m
time=1636858734, st_ctime=1636858734)
None
檔案是否存在?  False
```

如想進一步了解更多的方法，請連上網站（https://docs.python.org/3/library/pathlib.html）有官方的文件說明：

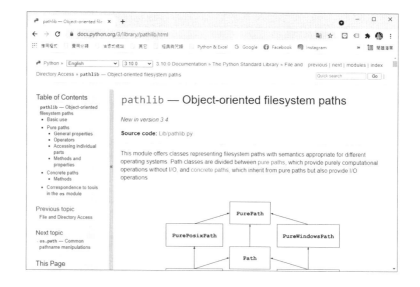

1-2-2　csv 模組

CSV 檔案是常見的開放資料（open data）格式，所謂開放資料是指可以被自由使用和散佈的資料，雖然有些開放資料會要求使用者標示資料來源與所有人，但大部份政府資料的開放平台，都可以免費取得，這些開放資料會以常見的開放格式於網路上公開。不同的應用程式如果想要交換資料，必須透過通用的資料格式，CSV 格式就是其中一種，全名為 Comma-Separated Values，欄位之間以逗號（,）分隔，與 txt 檔一樣都是純文字檔案，可以用記事本等文字編輯器編輯。

Python 內建 csv 模組（module），非常輕鬆就能夠處理 CSV 檔案。csv 模組是標準模組庫模組，使用前必須先用 import 指令匯入。現在就來看看 csv 模組的用法。csv 模組可以讀取 CSV 檔案也可以寫入 CSV 檔案，存取之前必須先開啟 CSV 檔案，再使用 csv.reader 方法讀取 CSV 檔案裡的內容，如下所示：

```python
import csv  #載入csv.py
with open("scores.csv", encoding="utf-8") as csvfile:  #開啟檔案指定為csvfile
    reader = csv.reader(csvfile)     #回傳reader物件
    for row in reader:  #for迴圈逐行讀取資料
        print(row)
```

> **TIPS** 如果 CSV 檔案與 .py 檔案放在不同資料夾，必須加上檔案路徑。

open() 指令會將 CSV 文件開啟並回傳檔案物件，範例中將檔案物件指定給 csvfile 變數，預設文件使用 unicode 編碼，如果文件使用不同的編碼，必須使用 encoding 參數設定編碼。本範例所使用的 CSV 檔是 utf-8 格式，所以 encoding="utf-8"。

csv.reader() 函數會讀取 CSV 檔案轉成 reader 物件回傳，reader 物件是疊代（iterator）處理的字串（String）list 列表物件，上面程式中使用 reader 變數來接收 reader 物件，再透過 for 迴圈逐行讀取資料：

```python
reader = csv.reader(csvfile)     #回傳reader物件
for row in reader:  #for迴圈逐行讀取資料放入row變數
```

列表物件 list 是 Python 的容器資料型態（Container type），它是一串由逗號分隔的值，用中括號 [] 包起來。

TIPS 使用 with 指令開啟檔案

讀取或寫入檔案前，必須先使用 open() 函數將檔案開啟，當讀取或寫入完成時，必須使用 close() 函數將檔案關閉，確保資料已正確被讀出或寫入檔案。如果在呼叫 close() 方法之前發生異常，那麼 close() 方法將不會被呼叫，舉例來說：

```
f = open("scores.csv")        #開啟檔案
csvfile = f.read()            #讀取檔案內容
1 / 0                         #error
f.close()                     #關閉檔案
```

第 3 行程式犯了分母為 0 的錯誤，執行到此程式就會停止執行了，所以 close() 不會被呼叫，這樣就可能會有檔案損壞或資料遺失的風險。有兩個方式可以避免這樣的問題，一是加上 try…except 指令捕捉錯誤；另外一個方法是使用 with 指令。Python 的 with 指令配有特殊的方法，檔案開啟之後如果程式發生異常會自動呼叫 close() 方法，如此一來，就能確保檔案會被正確安全地打開和關閉。

　　底下範例使用的 scores.csv 檔案，包含學生的三科的成績，我們需要將成績加總及計算平均分數，再以平均分數來給定最後要給定哪一種等級的分數。

實戰例 ▶ **以 csv 模組計算與判定成績等級**

程式檔：grade.py

```
01  # -*- coding: utf-8 -*-
02  import csv
03
04  print("{0:<3}{1:<5}{2:<4}{3:<4}{4:<5}".format("", "姓名", "總分", "平均",
       "分數"))
05  with open("scores.csv",encoding="utf-8") as csvfile:
06      x = 0
07      for row in csv.reader(csvfile):
08
09          if x > 0:
10              total_sum = int(row[1]) + int(row[2]) + int(row[3])
```

```
11              score = round(total_sum / 3, 1)
12
13              if score >= 80 :
14                  level = "A"
15              elif 60 <= score < 80:
16                  level = "B"
17              elif 50 <= score < 60:
18                  level = "C"
19              else:
20                  level = "D"
21
22              print("{0:<3}{1:<5}{2:<5}{3:<6}{4:<5}".format(x, row[0], total_sum,
    score, level))
23
24          x += 1
```

執行結果

```
  姓名      總分    平均    分數
1 許東偉    261    87.0    A
2 王建和    183    61.0    B
3 許伯如    221    73.7    B
4 朱正峰    160    53.3    C
5 陳大慶    238    79.3    B
6 莊啟天    231    77.0    B
7 吳建文    274    91.3    A
8 葉正豪    261    87.0    A
```

1-3 常見資料分析外部模組

　　這一節將介紹常見資料分析外部模組，包括：openpyxl 模組、pandas 資料分析函數庫、NumPy 陣列與矩陣運算、matplotlib 模組、xlwings 模組及 pyecharts 模組等。

1-3-1　openpyxl 模組

　　Python 的 openpyxl 模組可用來讀取或寫入 Office Open XML 格式的 Excel 檔案，支援的檔案類型有 xlsx、xlsm、xltx、xltm，接著將示範如何使用 openpyxl 模組來讀取並修改 Excel 檔案的一些基礎指令。若要讀取 Excel 檔案，可以利用 openpyxl 中的 load_workbook 函數，指令如下：

```
from openpyxl import load_workbook
wb = load_workbook('excelfile.xlsx')  # 讀取 Excel 檔案
```

　　其中 load_workbook 函數將 Excel 檔案載入之後，會得到一個活頁簿（workbook）的物件。接著我們就可以針對這個活頁簿物件透過 Python 進行各種資料的操作行為。除了這個方法之後，我們也可以直接利用下列語法建立活頁簿的物件。

```
wb2 = Workbook()
```

　　上面示範如何利用 Python 讀取 Excel 檔案或直接建立活頁簿物件，當我們針對活頁簿物件的工作表內容進行修改之後，如果要將活頁簿物件儲存至 Excel 檔案中，則可使用活頁簿的 save 函數：指令如下：

```
wb.save('result.xlsx')
```

1-3-2　pandas 資料分析函數庫

　　資料分析函式庫 pandas 模組提供如 DataFrame 等十分容易操作的資料結構，尤其在進行資料分析的工作，它是一種非常方便的工具。其實 pandas 是 python 的一個數據分析函數庫，提供非常簡易使用的資料格式（Data Frame），可以幫助使用者快速操作及分析資料。Pandas 提供兩種主要的資料結構，Series 與 DataFrame。Series 是一個類似陣列的物件，主要為建立索引的一維陣列。最簡單的 Series 格式就是一個一維陣列的資料：

```
s1= pd.Series([1, 3, 5, 9])
```

指令操作如下所示：

```
>>> import pandas as pd
>>> s1= pd.Series([1, 3, 5, 9])
>>> s1
0    1
1    3
2    5
3    9
dtype: int64
```

而 DataFrame 則是用來處理類似表格特性的資料，有列索引與欄標籤的兩種維度資料集，例如 EXCEL、CSV 等等。要建立一個 DataFrame 可以使用 pandas 模組下的 pd.DataFrame() 方法，指令操作如下所示：

```
>>> import pandas as pd
>>> df=pd.DataFrame(["apple","banana","mango","watermelon"])
>>> df
            0
0       apple
1      banana
2       mango
3  watermelon
```

上述指令中只傳入單一列表時，輸出的欄位只有一欄，各位有注意到，其索引值是以 0 為起始值，事實上，除了傳入單一列表之外，也可以傳入巢狀列表，同時我們也可以在 pd.DataFrame() 方法中的參數設定欄位及列位的名稱，底下的例子就是幾種建立 DataFrame 物件的操作實例。

實戰例 ▶ 建立 DataFrame 物件的操作實例一

程式檔：dataframe.py

```
01  import pandas as pd
02  pd.set_option('display.unicode.ambiguous_as_wide', True)
03  pd.set_option('display.unicode.east_asian_width', True)
04  pd.set_option('display.width', 180) # 設置寬度
05
06  df=pd.DataFrame(["apple","banana","mango","watermelon"])
07  print(df)
08  print()
09  df=pd.DataFrame([("apple","蘋果"),("banana","香蕉"),
```

```
10                    ("mango","芒果"),("watermelon","西瓜")])
11   print(df)
12   print()
13   df=pd.DataFrame([["apple","蘋果"],["banana","香蕉"],
14                    ["mango","芒果"],["watermelon","西瓜"]])
15   print(df)
16   print()
```

執行結果

```
                  0
0             apple
1            banana
2             mango
3        watermelon

                  0     1
0             apple   蘋果
1            banana   香蕉
2             mango   芒果
3        watermelon   西瓜

                  0     1
0             apple   蘋果
1            banana   香蕉
2             mango   芒果
3        watermelon   西瓜
```

實戰例 ▶ 建立 **DataFrame** 物件的操作實例二

程式檔：dataframe1.py

```
01   import pandas as pd
02   pd.set_option('display.unicode.ambiguous_as_wide', True)
03   pd.set_option('display.unicode.east_asian_width', True)
04   pd.set_option('display.width', 180) # 設置寬度
05
06   df=pd.DataFrame([["apple","蘋果"],["banana","香蕉"],
07                    ["mango","芒果"],["watermelon","西瓜"]],
08                    columns=["英文","中文"],
09                    index=["單字1","單字2","單字3","單字4"])
10   print(df)
11   print()
```

```
         英文    中文
單字1     apple   蘋果
單字2    banana   香蕉
單字3     mango   芒果
單字4 watermelon   西瓜
```

實戰例 ▶ 利用 Dictionary 來建立 DataFrame

程式檔：dataframe2.py

```
01  import pandas as pd
02  pd.set_option('display.unicode.ambiguous_as_wide', True)
03  pd.set_option('display.unicode.east_asian_width', True)
04  pd.set_option('display.width', 180) # 設置寬度
05
06  eng = ["apple", "banana", "mango", "watermelon"]
07  chi = ["蘋果", "香蕉", "芒果", "西瓜"]
08
09  dict = {"英文": eng,"中文": chi}
10  df = pd.DataFrame(dict,index=["單字1","單字2","單字3","單字4"])
11  print(df)
```

執行結果

```
         英文    中文
單字1     apple   蘋果
單字2    banana   香蕉
單字3     mango   芒果
單字4 watermelon   西瓜
```

我們可以將 EXCEL 檔案載入至 Pandas 的資料結構物件後，再透過該結構化物件所提供的方法，來快速地進行資料的整理工作，例如去除異常值、空值去除或利用取代功能進行資料補值等工作。

1-3-3　**Numpy 陣列與矩陣運算**

NumPy 是 Python 語言的第三方套件，NumPy 套件支援大量的陣列與矩陣運算，並且針對陣列運算提供大量的數學函式。在 NumPy 有許多子套件可以用

來處理亂數、多項式…等運算，可以說是處理陣列運算的最佳輔助套件，如果想進一步查看 NumPy 的套件詳細說明，可以連上 NumPy 官方網站：http://www.numpy.org。

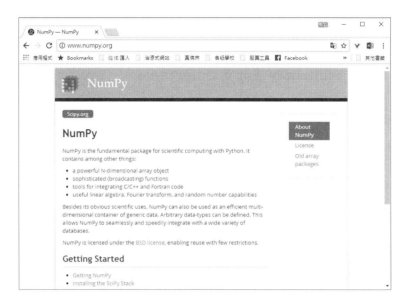

如果還未安裝這個模組套件，請記得在「命令提示字元」下達「pip install numpy」指令來將第三方套件的 NumPy 模組安裝進來。NumPy 是一個專門作為陣列處理的套件，它同時支援多維陣列與矩陣的運算，接著將示範如何利用 NumPy 快速產生陣列，不過要使用這個第三方套件前，必須先行以下列語法將其匯入：

```
import numpy as np
```

NumPy 套件所提供的資料型別叫做 ndarray（n-dimension array, n 維陣列），所謂 n 維表示一維、二維或三維以上，特別要補充說明的是，這個陣列物件內的每一個元素必須是相同的資料型別。底下的例子會呼叫 NumPy 套件的 array() 函數，並建立一個型別為 ndarray 包含 5 個相同資料型別元素的陣列物件，並同時將此陣列物件指派給變數 num，再以 for 迴圈將陣列中的元素逐一輸出。

實戰例 ▶ 使用 **NumPy** 套件建立一維陣列

程式檔：numpy01.py

```
01  import numpy as np
02
03  num=np.array([87,98,90,95,86])
04
05  for i in range(5):
06      print(num[i])
```

執行結果

```
87
98
90
95
86
```

　　ndarray 型別有幾個屬性，如果能事先了解這些屬性的功能與特性將有助於程式的寫作，底下為 ndarray 型別重要屬性的相關說明：

- ndarray.ndim：陣列的維度。

- ndarray.T：如同 self.transpose()，但如果陣列的維度 self.ndim<2，則會回傳自己本身的陣列。

- ndarray.data：是一種 Python 緩衝區物件，會指向陣列元素的開頭，不過如同前面介紹的方式，通常在存取陣列內的元素時，會直接透過陣列的名稱及該元素在陣列中的索引位置。

- ndarray.dtype：陣列元素的資料型別。

- ndarray.size：陣列元素的個數。

- ndarray.itemsize：陣列中每一個元素的大小，以位元組為計算單位，例如，numpy.int32 型別的元素大小為 32/8=4 位元組。numpy.float64 型別的元素大小為 64/8=8 位元組。

- ndarray.nbytes：陣列中所有元素所佔用的總位元組數。

- ndarray.shape：陣列的形狀，它是一個整數序對（tuple），序對中各個整數表示各個維度的元素個數。

接著再另外介紹幾種常見的陣列建立方式：

- **使用 array() 函數並指定元素的型別**

呼叫 NumPy 套件的 array() 函數，會建立一個型別為 ndarray 相同資料型別元素的陣列物件。事實上在建立陣列的過程中還可以指定資料型態，例如：

```
>>>import numpy as np
>>>num=np.array([7,  9, 23, 15],dtype=float) #指定元素的資料型別為float
>>>num #輸出變數num的內容
array([ 7.,  9., 23., 15.])
>>>num.dtype  #輸出變數num的元素內容的資料型別
dtype('float64')
```

- **使用 arange() 函數建立數列**

這個函數可以藉由指定數列的起始值、終止值、間隔值及元素內容的資料型別自動建立一維陣列，例如：

```
#設定起始值、終止值、間隔值及資料型別為int
>>>np.arange(start=10, stop=100, step=20, dtype=int)
array([10, 30, 50, 70, 90])
>>>#設定起始值、終止值、間隔值及資料型別為float
>>>np.arange(start=1, stop=3, step=0.5, dtype=float)
array([ 1. ,  1.5,  2. ,  2.5])
>>>#省略start、stop、step的寫法
>>>np.arange(1, 3, 0.5, dtype=float)
array([ 1. ,  1.5,  2. ,  2.5])
>>>np.arange(6,10) #只設定起始值及終止值，間隔值預設為1
array([6, 7, 8, 9])
>>>np.arange(10) #會產生由數值0到10(不含10)之間的整數
array([0, 1, 2, 3, 4, 5, 6, 7, 8, 9])
```

底下範例將綜合實作陣列的建立與 ndarray 型別的重要屬性。

```
>>>import numpy as np
>>>a = np.arange(15).reshape(3, 5)
>>a
array([[ 0,  1,  2,  3,  4],
       [ 5,  6,  7,  8,  9],
       [10, 11, 12, 13, 14]])
>>>a.shape
(3, 5)
>>>a.ndim
2
>>>a.dtype.name
'int32'
>>>a.size
15
>>>type(a)
<class numpy.ndarray>
>>>b = np.array([7, 9, 23,15])
>>>b
array([ 7,  9, 23, 15])
>>>type(b)
numpy.ndarray
```

底下將示範一維陣列、二維陣列及三維陣列的輸出方式，例如：

```
>>>a = np.arange(10)   #一維陣列的輸出
>>>print(a)
[0 1 2 3 4 5 6 7 8 9]
>>>b = np.arange(15).reshape(3,5)   #二變陣列的輸出
>>>print(b)
[[ 0  1  2  3  4]
 [ 5  6  7  8  9]
 [10 11 12 13 14]]
>>>c = np.arange(12).reshape(2,3,2) #三維陣列的輸出
```

```
>>>print(c)
[[[ 0  1]
  [ 2  3]
  [ 4  5]]

 [[ 6  7]
  [ 8  9]
  [10 11]]]
```

當陣列元素個數大到無法全部輸出時，NumPy 會自動省略中間的部份，只輸出各個陣列的邊界值，例如：

```
>>>print(np.arange(20000))
[    0     1     2 ..., 19997 19998 19999]
>>>print(np.arange(20000).reshape(200,100))
[[    0     1     2 ...,    97    98    99]
 [  100   101   102 ...,   197   198   199]
 [  200   201   202 ...,   297   298   299]
 ...,
 [19700 19701 19702 ..., 19797 19798 19799]
 [19800 19801 19802 ..., 19897 19898 19899]
 [19900 19901 19902 ..., 19997 19998 19999]]
```

1-3-4　matplotlib 套件

　　matplotlib 套件是 Python 相當受歡迎的繪圖程式庫（plotting library），包含大量的模組，利用這些模組就能建立各種統計圖表。matplotlib 套件能製作的圖表非常多種，本章將針對常用圖表做介紹，如果各位有興趣查看更多的圖表範例，可以連上官網的範例程式頁面，參考所有圖表範例的外觀。（網址：https://matplotlib.org/gallery/index.html）頁面根據圖形種類清楚分類，而且每個分類有圖表縮圖。

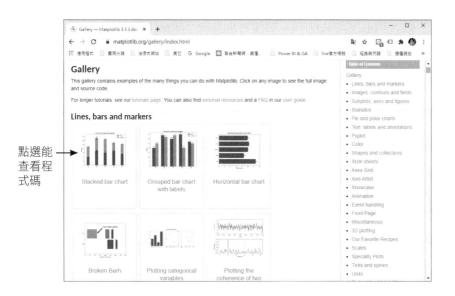

點選能
查看程
式碼

  matplotlib 模組常與 numpy 套件一起使用，安裝這兩個套件最簡單的方式就是安裝 Anaconda 套件包，通常安裝好 Anaconda 之後常用的套件會一併安裝，也包含 matplotlib 以及 numpy 套件，您可以使用 pip list 或 conda list 指令查詢安裝的版本。以 pip list 為例，會得到類似如下的畫面可以看到各種模組的版本訊息：

```
Package            Version
---------------    -------
colorama           0.4.4
cycler             0.10.0
kiwisolver         1.3.1
numpy              1.19.4
Pillow             8.0.1
pip                20.3.1
pyparsing          2.4.7
python-dateutil    2.8.1
qrcode             6.1
setuptools         49.2.1
six                1.15.0
```

前面提過，如果要安裝 numpy 套件可以直接下達底下指令。

```
pip install numpy
```

如果列表裡沒有 matplotlib 套件，根據官網的安裝說明，請執行下列指令完成安裝。

```
python -m pip install -U pip
python -m pip install -U matplotlib
```

1-3-5　**xlwings 模組**

前面介紹的 openpyxl 雖然對開啟 Excel 檔案相當實用，不過它還是有一些限制，例如當一個 .xlsx 檔案目前的狀態是被 Excel 或是其他應用程式開啟時，這種情況下使用 openpyxl 就必須先將 Excel 關掉，再執行 Python 程式，接著再重新開啟，否則是無法把資料寫入該 .xlsx 檔案，也就是說使用者並無像使用 Excel VBA 時，可以以所見即所得（WYSIWYG）的方式即時展現程式的執行結果，但是 xlwings 套件在串接 Excel 就比較方便，是一套值得向各位推薦實用的 Python 套件。

如果各位是使用 Anaconda 而且 Python 版本為 3.5 或 3.5 以上，xlwings 套件已被安裝進來，但是假如你的 Python 執行環境還沒有安裝 xlwings 套件，可以在「命令提示字元」下達底下的指令：

```
pip install xlwings
```

1-3-6　**pyecharts 模組**

pyecharts 也是一種常見的資料視覺化模組，使用 pyecharts 模組就能輕易製作各種實用的資料視覺化圖表，例如：柱狀圖 -Bar、餅圖 -Pie，箱體圖 -Boxplot、折線圖 -Line、雷達圖 -Rader、散點圖 -scatter…等，假如你的 Python 執行環境還沒有安裝 pyecharts 套件，可以在「命令提示字元」下達底下的指令：

```
pip install pyecharts
```

　　有關如何使用 pyecharts 模組實作視覺化圖表，我們會於本書中第 10 章有更完整的實例說明，這些實例包括如何將資料繪製成各種不同類型的圖表，包括：直條圖、漏斗圖、水球圖、儀錶板及文字雲等。

MEMO

02

活頁簿自動化操作

Excel 是常用的商業試算表軟體,透過它可以進行資料整合、統計分析、排序篩選以及圖表建立等功能。不論在商業應用上得到專業的肯定,甚至在日常生活、學校課業也處處可見。基本上,Excel 具備以下三種基本功能:

- **電子試算表**:具有建立工作表、資料編輯、運算處理、檔案存取管理及工作表列印等基本功能。

- **統計圖表**:能夠依照工作表的資料,進行繪製各種統計圖表,如直線圖、立體圖或圓形圖等分析圖表,並可透過附加的圖形物件妝點工作表,使圖表更加出色。

- **資料分析**：依照建立的資料清單，進行資料排序的工作，並將符合條件的資料，加以篩選或進行樞紐分析等資料庫管理操作。

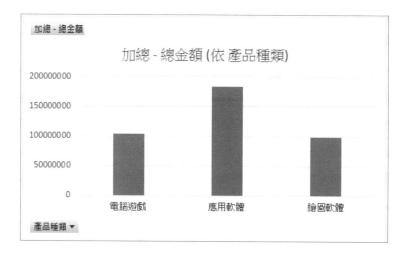

	A	B	C	D	E	F	G	H
1	月份	產品代號	產品種類	銷售地區	業務人員編號	單價	數量	總金額
2	1	G0350	電腦遊戲	日本	A0901	5000	1000	5000000
3	1	F0901	繪圖軟體	日本	A0901	10000	2000	20000000
4	1	G0350	電腦遊戲	韓國	A0902	3000	2000	6000000
5	1	A0302	應用軟體	韓國	A0903	8000	4000	32000000
6	1	G0350	電腦遊戲	美西	A0905	4000	500	2000000
7	1	F0901	繪圖軟體	美西	A0905	8000	1500	12000000
8	1	A0302	應用軟體	美西	A0905	12000	2000	24000000
9	1	F0901	繪圖軟體	東南亞	A0908	4000	3000	12000000
10	1	G0350	電腦遊戲	東南亞	A0908	2000	5000	10000000
11	1	A0302	應用軟體	東南亞	A0908	5000	6000	30000000
12	1	F0901	繪圖軟體	美東	A0906	8000	2000	16000000
13	1	G0350	電腦遊戲	美東	A0906	4000	1000	4000000
14	1	F0901	繪圖軟體	英國	A0906	9000	500	4500000
15	1	A0302	應用軟體	英國	A0906	13000	600	7800000
16	1	F0901	繪圖軟體	德國	A0907	9000	700	6300000
17	1	G0350	電腦遊戲	德國	A0907	5000	12000	60000000
18	1	F0901	繪圖軟體	義大利	A0909	5000	5000	25000000
19	1	G0350	電腦遊戲	義大利	A0909	2000	3000	6000000
20	1	A0302	應用軟體	義大利	A0909	8000	8000	64000000

Chart1　銷售業績　Sheet2　S ...　⊕

加總 - 總金額

加總 - 總金額 (依 產品種類)

產品種類 ▼

當啟動 Excel 軟體後，會自動開啟一個新檔案，稱之為「活頁簿」，但是如果要大量使用活頁簿的新建、移動、命名、保護、加密、分類管理等機械性工作，會花費大量的時間，這種情況下就可以藉助 Python 以更有效率的方式來進行 Excel 活頁簿的相關操作，本章將會以各種實例介紹如何透過 Python 程式設計快速且大量地完成與活頁簿相關的重複性工作。

2-1 活頁簿新建、開啟與儲存

本小節將詳細介紹如何利用 Python 的 xlwings 模組來完成活頁簿新建、開啟與儲存等工作，本單元部份實例會匯入 pathlib 模組中的 Path 類別，pathlib 模組中有許多可以在操作檔案及資料夾時，以更物件導向的思維來進行。

2-1-1 新建活頁簿

這個小節中的實戰例將介紹如何一次新建一個活頁簿檔案，另外也會示範如何在指定路徑下一次新建多個活頁簿檔案。首先先來看如何在指定的絕對路徑下新建一個活頁簿檔案。

實戰例 ▶ 新建單一活頁簿

本實例會示範如何利用 Python 中的 xlwings 模組新建一個 Excel 活頁簿到目前的路徑下，同時也會示範如何將新建的活頁簿儲存到指定的絕對路徑下。

範例檔案：無

程式檔：new_workbook.py

```
01   import xlwings as xw
02   app = xw.App(visible=False, add_book=False)
03   wb = app.books.add()
04   wb.save('成績單.xlsx') #在目前的資料夾新建活頁簿
05   wb.save(r'E:\example\成績單.xlsx') #指定絕對路徑的活頁簿
06   #wb.save('E:\\example\\成績單.xlsx') #指定絕對路徑的活頁簿
07   wb.close()
08   app.quit()
```

執行結果

本程式執行後會在目前程式的所在路徑，新建一個名稱為「成績單.xlsx」的 Excel 活頁簿，同時也會在程式中的指定的絕對路徑（各位必須事先在你的硬碟新增要儲存活頁簿檔案的資料夾，例如本例中在 E 槽硬碟已事先建立一個 example 資料夾，並新建一個名稱為「成績單」的 Excel 活頁簿。

程式解析

* 第 1 行：匯入 xlwings 模組並以 xw 作為別名。

* 第 2 行：xlwings 模組中的 App 是用來啟動 Excel 程式，它有兩個參數，其中 visible 參數用來設定是否顯示視窗。而參數 add_book 則是用來設定啟動 Excel 程式後是否要新建活頁簿。這兩個參數都分別有兩個設定值：True 和 False。

* 第 3 行：xlwings 模組中 add() 方法是用來新建活頁簿。

* 第 4~6 行：分別示範不同路徑表示法的儲存位置，如果儲存所在路徑的活頁簿已存在，會直接將其覆蓋。其中第 6 行暫時以註解方式表示，如果各位要實作在指定的絕對路徑，就可以參考這一行程式的寫法。

* 第 7 行：關閉活頁簿。

* 第 8 行：xlwings 模組中 quit() 方法是用來退出 Excel 程式。

實戰例 ▶ 新建多個活頁簿

　　本實例會示範如何利用 Python 中的 xlwings 模組，一次新建多個 Excel 活頁簿到指定的絕對路徑下。底下的例子會在指定的絕對路徑下一次新建三個不同名稱的活頁簿。

範例檔案：無

程式檔：batch_file.py

```python
01  import xlwings as xw
02  app = xw.App(visible=False, add_book=False)
03  num=3
04  for i in range(num):
05      wb = app.books.add()
06      wb.save(f'E:\\example\\成績單{i+1}.xlsx')
07      wb.close()
08  app.quit()
```

執行結果

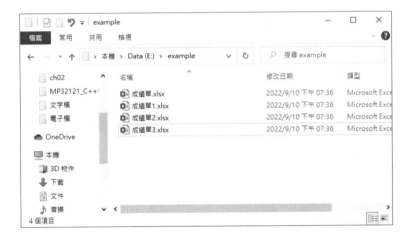

程式解析

* 第 1 行：匯入 xlwings 模組並以 xw 作為別名。

* 第 2 行：xlwings 模組中的 App 是用來啟動 Excel 程式。

* 第 3 行：設定要新建活頁簿的數量。

* 第 4~7 行：以迴圈及 add() 方法依序來新建多個活頁簿，並依指定的檔名儲存在指定的絕對路徑位置。

* 第 8 行：xlwings 模組中 quit() 方法是用來退出 Excel 程式。

2-1-2 開啟活頁簿

這個小節各位將學會如何開啟指定路徑的活頁簿檔案，另外也會示範如何將指定路徑資料夾內的所有活頁簿，一次全部開啟。

實戰例 ▸ **開啟指定位置的活頁簿**

示範如何利用 Python 中的 xlwings 模組來開啟指定位置的活頁簿檔案。

範例檔案：無

程式檔：open file.py

```
01  import xlwings as xw
02  app = xw.App(visible=True, add_book=False)
03  location = '書籍資訊.xlsx'
04  app.books.open(location)
```

執行結果

程式解析

* 第 1 行：匯入 xlwings 模組並以 xw 作為別名。

* 第 2 行：xlwings 模組中的 App 是用來啟動 Excel 程式。

* 第 3 行：指定要開啟檔案的路徑，如果要指定到不同路徑，則請以絕對路徑的表示方式來指定檔案的路徑，本例示範儲存在目前和程式所在的同一目錄下。

* 第 4 行：以 open() 方法並傳入要開啟檔案的所在位置。

實戰例 ▶ **開啟資料夾內所有活頁簿**

示範如何利用 Python 中的 xlwings 模組開啟指定資料夾內的所有活頁簿檔案。

範例檔案：border資料夾內的所有Excel檔案

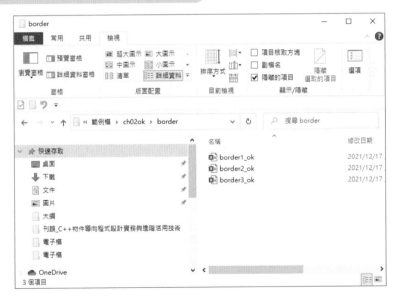

程式檔：open all file.py

```
01   import xlwings as xw
02   from pathlib import Path
03   app = xw.App(visible=True, add_book=False)
```

```
04   location = Path('border')
05   files= location.glob('*.xls*')
06   for i in files:
07       app.books.open(i)
```

執行結果

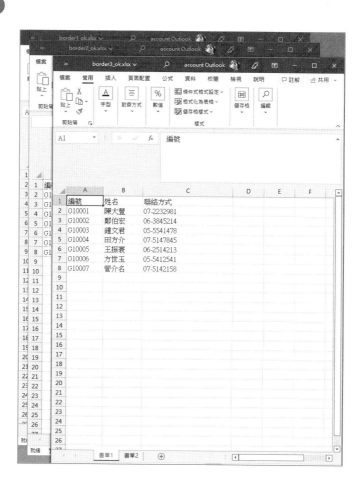

程式解析

* 第 1 行：匯入 pathlib 模組。

* 第 2 行：匯入 xlwings 模組並以 xw 作為別名。

* 第 3 行：xlwings 模組中的 App 是用來啟動 Excel 程式。

* 第 4 行：取得儲存活頁簿資料來的所在路徑。

* 第 5 行：取出指定資料夾位置的所有 Excel 檔案名稱。

* 第 6~7 行：依序開啟資料夾內的 Excel 檔案

2-2 取得檔名與重新命名

本小節部份實例會匯入 pathlib 模組中 rename() 函式進行活頁簿的命名工作，另外也會示範如何批次命名多個活頁簿檔案。

2-2-1 取得指定資料夾內的活頁簿檔名

這個小節中的實戰例中，各位將學會如何取得並輸出指定路徑資料來內的所有活頁檔案的檔案名稱。

實戰例▶ **取得指定活頁簿的檔案名稱**

本實例會示範如何利用 Python 中的 pathlib 模組取得指定資料夾的活頁簿檔名，並加入到一個串列中，最後再依印出在此串列中的活頁簿檔名。

範例檔案：無

程式檔：fetch.py

```
01  from pathlib import Path
02  location = Path('border')
03  files = location.glob('*.xls*')
04  for i in files:
05      print(i.name)
```

```
Python 3.11.0 (main, Oct 24 2022, 18:26:48) [MSC v.19
33 64 bit (AMD64)] on win32
Type "help", "copyright", "credits" or "license()" fo
r more information.

=== RESTART: C:\Users\User\Desktop\博碩_Python+Excel
(第二本)\範例檔\ch02ok\fetch.py ===
border1_ok.xlsx
border2_ok.xlsx
border3_ok.xlsx
```

程式解析

* 第 1 行：匯入 pathlib 模組。

* 第 2 行：取得儲存活頁簿資料來的所在路徑。

* 第 3 行：取出指定資料夾位置的所有 Excel 檔案名稱。

* 第 4~5 行：依序列印出該資料夾內所有的 Excel 檔案名稱。

2-2-2　取得指定資料夾的所有活頁簿檔名

　　這個小節中的實戰例中各位將學會如何為活頁簿的檔案名稱重新命名，各位可以一次只改一個檔案名稱，也可以利用批次作業的方次，一次更名多個活頁簿檔案。

實戰例 ▶ 重新命名活頁簿檔案

　　本實例會示範如何利用 Python 中的 pathlib 模組的 rename() 方法為活頁簿的檔案名稱重新命名。

範例檔案：書籍清單.xlsx

程式檔：change name.py

```
01  from pathlib import Path
02  old = Path('書籍清單.xlsx')
03  new = Path('書籍資訊.xlsx')
04  old.rename(new)
```

程式解析

* 第 1 行：匯入 pathlib 模組。

* 第 2 行：取得目前活頁簿檔名的路徑資訊，並設定給 old 變數。

* 第 3 行：取得新的活頁簿檔名的路徑資訊，並設定給 new 變數。

* 第 4 行：利用 rename() 方法將舊檔名更名成新的檔名。

實戰例 ▶ 批次命名多個活頁簿

本實例會示範一次為指定資料夾內的多個活頁簿重新命名。

範例檔案：border1資料夾

程式檔：batch rename.py

```
01  from pathlib import Path
02  location = Path('border1')
03  files = location.glob('border*.xlsx')
04  for i in files:
05      old = i.name
06      new_name = old.replace('border', '邊框')
07      new_path = i.with_name(new_name)
08      i.rename(new_path)
```

程式解析

* 第 1 行：匯入 pathlib 模組。

* 第 2 行：取得目前資料夾的路徑資訊，並設定給 location 變數。

* 第 3 行：取出指定資料夾位置的所有 Excel 檔案名稱。

* 第 5~8 行：將資料夾內的所有活頁檔案依指定改檔名的方式重新命名。

2-3 活頁簿保護與加密

使用 EXCEL 時常常會有些工作表資料不希望被其他人修改，這個時候就可以利用 Python 的 xlwings 模組來達到活頁簿保護與加密這個想法。

2-3-1 保護活頁簿結構

在下圖中可以看出在工作表未受保護前，其他人可以按下滑鼠右鍵去進行資料修改工作，如果需要對活頁簿結構進行保護，就可以避免他人不當修改工作表內容。

實戰例 ▶ 對活頁簿結構進行保護

本實例會示範如何利用 api 屬性呼叫 VBA 中 Workbook() 物件的 Protect() 方法來對活頁簿結構進行保護。如果要取消保護則可以利用 api 屬性呼叫 VBA 中 Workbook() 物件的 Unprotect() 方法並將密碼當作參數傳入即可。

範例檔案：單字表.xlsx

程式檔：protect.py

```
01  import xlwings as xw
02  app = xw.App(visible=False, add_book=False)
03  wb = app.books.open('單字表.xlsx')
04  wb.api.Protect(Password='0000', Structure=True, Windows=True)
05  #wb.api.Unprotect('0000')  #此指令是取消活頁簿結構的保護
06  wb.save()
07  wb.close()
08  app.quit()
```

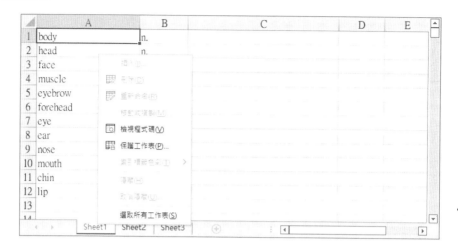

＊ 第 1 行：匯入 xlwings 模組並以 xw 作為別名。

＊ 第 2 行：xlwings 模組中的 App 是用來啟動 Excel 程式。

＊ 第 3 行：開啟指定名稱的活頁簿。

＊ 第 4 行：呼叫 VBA 中 Workbook() 物件的 Protect() 方法來對活頁簿結構進行保護。

＊ 第 5 行：此行指令是取消活頁簿結構的保護，此處筆者暫時以註解方式呈現，如果各位要實作取消活頁簿結構的保護，就可以參考這行程式。

＊ 第 6 行：儲存活頁簿。

＊ 第 7 行：關閉活頁簿。

＊ 第 8 行：xlwings 模組中 quit() 方法是用來退出 Excel 程式。

2-3-2 為活頁簿設定開啟密碼

本節各位將學會如何為活頁簿設定開啟密碼，您可以一次為單一檔案設定開啟密碼，也可以利用批次作業的方式，一次為多個活頁簿檔案設定開啟密碼。

實戰例 ▶ 設定單一活頁簿開啟密碼

　　如果你希望在開啟活頁簿時，會要求輸入一組密碼，以達到活頁簿的加密保護，本例子將會示範如何為活頁簿設定開啟檔案的密碼。各位如果要取消開啟密碼的保護，只要將「Password」屬性設定為空字串即可。

範例檔案：旅遊.xlsx

程式檔：password.py

```
01   import xlwings as xw
02   app = xw.App(visible=False, add_book=False)
03   wb = app.books.open('旅遊.xlsx')
04   wb.api.Password = '0000'
05   #wb.api.Password = ''   #將密碼設定為空字串可以取消密碼保護
06   wb.save()
07   wb.close()
08   app.quit()
```

執行結果

	A	B	C	D	E	F	G	H
1	員工編號	姓名	第一喜好	部門				
2	R0001	許富強	高雄	研發部				
3	R0002	邱瑞祥	宜蘭	研發部				
4	M0001	朱正富	台北	行銷部				
5	A0001	陳貴玉	新北	行政部				
6	M0002	鄭芸麗	台中	行銷部				
7	M0003	許伯如	高雄	行銷部				
8	A0002	林宜訓	高雄	行政部				

工作表1 ⊕

* 第 1 行：匯入 xlwings 模組並以 xw 作為別名。

* 第 2 行：xlwings 模組中的 App 是用來啟動 Excel 程式。

* 第 3 行：開啟指定名稱的活頁簿。

* 第 4 行：設定開啟檔案的密碼為 0000。

* 第 5 行：此行指令是指將密碼設定為空字串可以取消密碼保護，此處筆者暫時以註解方式呈現，如果各位要實作取消密碼保護，就可以參考這行程式。

* 第 6 行：儲存活頁簿。

* 第 7 行：關閉活頁簿。

* 第 8 行：xlwings 模組中 quit() 方法是用來退出 Excel 程式。

實戰例 ▶ 批次設定多個活頁簿開啟密碼

本實例會示範如何利用 Python 中的 xlwings 模組以批次的方式一次為多個活頁簿檔案設定開啟的密碼。同理，如果要取消密碼保護，只要將 Password 屬性設定為空字串即可，請參考本程式碼的第 9 行註解文字的指令。

範例檔案：無

程式檔：multi password.py

```
01  from pathlib import Path
02  import xlwings as xw
03  app = xw.App(visible=False, add_book=False)
04  location = Path('多個密碼')
05  files = location.glob('*.xls*')
06  for i in files:
07      wb = app.books.open(i)
08      wb.api.Password = '0000'
09      #wb.api.Password = '' #取消密碼保護
10      wb.save()
11      wb.close()
12  app.quit()
```

執行結果

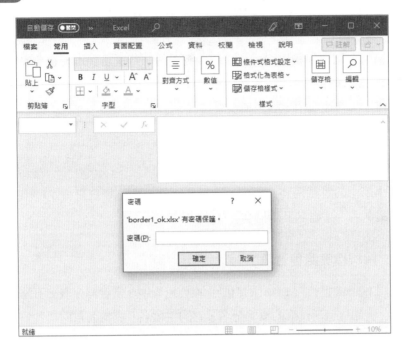

程式解析

* 第 1 行：匯入 pathlib 模組。

* 第 2 行：匯入 xlwings 模組並以 xw 作為別名。

* 第 3 行：xlwings 模組中的 App 是用來啟動 Excel 程式。

* 第 4 行：列出要密碼保護的活頁簿路徑。

* 第 6~11 行：遍訪所取得的活頁簿路徑，並開啟檔案且設定密碼，接著再儲存及關閉活頁簿。

* 第 12 行：xlwings 模組中 quit() 方法是用來退出 Excel 程式。

2-4 檔案搜尋與檔案格式轉換

本小節將介紹如何利用程式來完成活頁簿的一些實用操作，這些操作行為包括解析活頁簿檔案路徑資訊、找尋活頁簿檔案所在位置、以關鍵字找尋活頁簿檔案以及如何批次轉檔成指定的多種檔案格式。

2-4-1 取得活頁簿檔案路徑資訊

這個小節中的實戰例將介紹如何取得活頁簿檔案路徑資訊，並取出該活頁簿檔案的檔案全名、主檔名及副檔名。

實戰例 ▶ 解析檔案路徑資訊

在使用 Python 進行與 Excel 的自動化操作過程中，常會需要取活頁簿的檔案名稱的資訊，例如這個活頁簿的檔案全名，它的主檔名及副檔名為何？各位只要學會本實例的程式寫作技巧，就可以輕易取得任何指定路徑的活頁簿的詳細檔名資訊。

範例檔案：書籍資訊.xlsx

程式檔：path info.py

```
01  from pathlib import Path
02  location = Path('書籍資訊.xlsx')
03  print("主檔名:"+location.stem)
04  print("副檔名:"+location.suffix)
05  print("檔案全名:"+location.name)
```

執行結果

```
Python 3.10.5 (tags/v3.10.5:f377153, Jun  6 2022, 16:14:13) [MS
C v.1929 64 bit (AMD64)] on win32
Type "help", "copyright", "credits" or "license()" for more inf
ormation.

== RESTART: C:\Users\User\Desktop\博碩_Python+Excel (第二本)\範
例檔\ch02\path info.py ==
主檔名:書籍資訊
副檔名:.xlsx
檔案全名:書籍資訊.xlsx
```

程式解析

* 第 1 行：匯入 pathlib 模組中的 Path 類別。

* 第 2 行：找到本範例活頁簿檔案的所在資料夾路徑。

* 第 3~5 行：pathlib 模組中的路徑物件的 stem 屬性是取得活頁簿的主檔名；suffix 屬性是取得活頁簿的副檔名；name 屬性是取得活頁簿的完整檔名。

2-4-2　搜尋活頁簿檔案

當所建立的活頁簿檔案越來越多後，這種情況下，就有必要以更有效率的方式來進行檔案的搜尋。一種情況是已知檔案名稱去進行搜尋；另一種情況則是以關鍵字的方式去搜尋。在這個小節的實戰例中，各位將學會這兩種檔案的搜尋方式。

實戰例 ▶ 依指定名稱找尋活頁簿檔案

示範如何利用 pathlib 模組中的 Path 類別在指定資料夾內，找尋指定的活頁簿檔案，並輸出這些找到位置的絕對路徑。

範例檔案：無，請依自己的需求演練找尋指定的活頁簿檔案

程式檔：find file.py

```
01  from pathlib import Path
02  location = input('請輸入要尋找的資料夾絕對路徑：')
03  wb = input('你要找的活頁簿檔案名稱是：')
04  location = Path(location)
05  files= location.rglob(wb)
06  for i in files:
07      print(i)
```

```
Python 3.10.5 (tags/v3.10.5:f377153, Jun  6 2022, 16:14:13)
[MSC v.1929 64 bit (AMD64)] on win32
Type "help", "copyright", "credits" or "license()" for more
information.

== RESTART: C:\Users\User\Desktop\博碩_Python+Excel (第二本)
\範例檔\ch02\find file.py ==
請輸入尋找要尋找的資料夾絕對路徑：e:\example
你要找的活頁簿檔案名稱是：單字表.xlsx
e:\example\單字表.xlsx
e:\example\第1版\單字表.xlsx
e:\example\第2版\單字表.xlsx
e:\example\第3版\單字表.xlsx
|
```

程式解析

* 第 1 行：匯入 pathlib 模組中的 Path 類別。

* 第 4 行：取得要尋找的資料夾路徑。

* 第 5~7 行：在指定的路徑下找尋活頁簿，再將這些找到的檔案路徑逐一
  輸出，其中第 5 行的 rglob() 是 pathlib 模組中路徑物件的一種方法，其主
  要功能是在指定的資料夾和其子資料夾中，找出和名稱相同的檔案。

實戰例 ▶ 以關鍵字進行模糊搜尋

　　如果各位不知道要尋找活頁簿的完整檔名，這種情況下就可以利用關鍵字來
找尋活頁簿檔案，這個例子將示範如何利用 rglob() 方法來進行模糊搜尋。

範例檔案：無，請依自己的需求演練如何找尋指定的活頁簿檔案

程式檔：keyword.py

```
01  from pathlib import Path
02  location = input('請輸入尋找要尋找的資料夾絕對路徑：')
03  keyword = input('要找的活頁簿檔名關鍵字：')
04  location = Path(location)
05  files = location.rglob(f'*{keyword}*.xls*')
06  for i in files:
07      print(i)
```

```
Python 3.10.5 (tags/v3.10.5:f377153, Jun  6 2022, 16:14:13) [MSC
v.1929 64 bit (AMD64)] on win32
Type "help", "copyright", "credits" or "license()" for more info
rmation.
=== RESTART: C:\Users\User\Desktop\博碩_Python+Excel (第二本)\範
例檔\ch02\keyword.py ===
請輸入尋找要尋找的資料夾絕對路徑：e:\example
要找的活頁簿檔名關鍵字：成績
e:\example\成績單.xlsx
e:\example\成績單1.xlsx
e:\example\成績單2.xlsx
e:\example\成績單3.xlsx
```

程式解析

* 第 1 行：匯入 pathlib 模組中的 Path 類別。

* 第 4 行：取得要尋找的資料夾檔案路徑。

* 第 5~7 行：在指定的檔案路徑下找尋包含關鍵字的所有活頁簿，再將這
  些找到的檔案路徑逐一輸出，其中第 5 行的 rglob() 是 pathlib 模組中路
  徑物件的一個方法，這個例子中我們利用了 f-string 方法建立了讓 rglob()
  方法進行模糊搜尋的字串。

> **TIPS** 使用 f-string 方法來拼接字串
>
> 這個方法是以 f 或 F 為修飾符號來帶出一個字串，在字串中以 {} 來指定要以哪一個變
> 數的內容值來取代，這種方法最強的地方是它能自動將各種不同的資料型別拼接成字
> 串，不需要使用者自行先轉換資料型別。

2-4-3 批次轉換檔案格式

除了上述活頁簿的實用操作外，這個小節中還要示範利用 Python 中的
xlwings 模組及呼叫 VBA 物件中的函式，整批將特定檔案格式轉換成指定的檔案
格式。

示範如何批次將「.xlsx」新版檔案格式的活頁簿轉換成「.xls」舊版檔案格式的活頁簿。

範例檔案：無，請依自己的需求演練

程式檔：batch format.py

```
01  from pathlib import Path
02  import xlwings as xw
03  app = xw.App(visible=False, add_book=False)
04  location = Path('E:\\example\\')
05  files = location.glob('*.xlsx')
06  for i in files:
07      name = str(i.with_suffix('.xls'))
08      wb = app.books.open(i)
09      wb.api.SaveAs(name, FileFormat=56)
10      wb.close()
11  app.quit()
```

執行結果

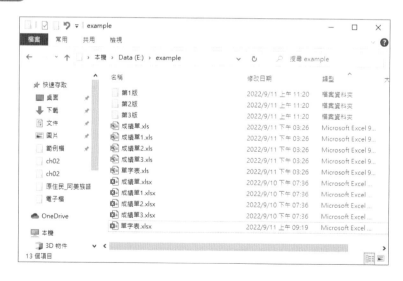

程式解析

* 第 1 行：匯入 pathlib 模組中的 Path 類別。

* 第 2 行：匯入 xlwings 模組並以 xw 作為別名。

* 第 3 行：xlwings 模組中的 App 是用來啟動 Excel 程式，它有兩個參數，其中 visible 參數用來設定是否顯示視窗。而參數 add_book 則是用來設定啟動 Excel 程式後是否要新建活頁簿。這兩個參數都分別有兩個設定值：True 和 False。

* 第 4 行：取得指定資料夾中副檔名為「.xlsx」的檔案路徑。

* 第 5 行：rglob() 是 pathlib 模組中路徑物件的一個方法，其主要功能是在指定的資料夾和其子資料夾中找出和名稱相符的檔案或資料夾。

* 第 6~10 行：利用迴圈將檔案路徑的副檔名取代為「.xls」，其中第 7 行是建立轉成新檔案格式的完整檔案路徑，而第 9 行的功能就是將「.xlsx」副檔名的活頁簿另存成「.xls」副檔名的活頁簿。

* 第 11 行：xlwings 模組中 quit() 方法是用來退出 Excel 程式。

> **TIPS** 如何利用 api 屬性呼叫 VBA 物件中的函式
>
> 因為 xlwings 模組沒有提供轉換活頁簿檔案的功能，如果要進行檔案格式的轉換就可以利用 api 屬性呼叫 VBA 中的 Workbook 物件的 SaveAs() 方法來進行這項格式的轉換工作，這個方法中所傳入的 FileFormat 參數值如果是 51 表示另存成「.xlsx」副檔名；如果是 56 表示另存成「.xls」副檔名。

2-5 活頁簿整理與分類

本單元將介紹如何利用 Python 程式來完成活頁簿的分類與整理等工作，這些工作包括將多張工作表拆成不同活頁簿、將多個活頁簿合併成單一活頁簿、按副檔名分類活頁簿及按日期分類活頁簿等。

2-5-1　活頁簿的拆分與合併

　　這個小節中的實戰例中將學會如何將多張工作表拆成不同活頁簿，另外也可以將多個活頁簿的工作表合併成單一活頁簿。在 Excel 軟體中如果想要將工作表移到新活頁簿，它的作法是在該工作表標籤按下滑鼠右鍵，並執行「移動或複製」指令，並於所彈出的「移動或複製工作表」對話方塊中去選擇將工作表移動到新的活頁簿，如下圖所示：

　　這種操作雖然簡便，但是如果要拆分的活頁簿有大量的工作表，按照剛才的作法就會花費許多時間，而這種費時又重複性工作如果可以藉助 Python 程式設計，就可以快速且輕鬆完成這項工作。

實戰例 ▶ 將工作表拆成不同活頁簿

　　請將底下活頁簿的兩張工作表，名稱分別為「銷售業績」及「產品銷售排行」，並將它們拆分成不同活頁簿，各活頁簿名稱是以該工作表名稱進行命名。

範例檔案：業績表.xlsx

程式檔：sheet to workbook.py

```
01   import xlwings as xw
02   app = xw.App(visible=False, add_book=False)
03   location = '業績表.xlsx'
04   wb = app.books.open(location)
05   ws = wb.sheets
06   for i in ws:
07       new_wb = app.books.add()
08       new_ws = new_wb.sheets[0]
09       i.copy(before=new_ws)
10       new_wb.save('拆分業績表\\{}.xlsx'.format(i.name))
11       new_wb.close()
12   app.quit()
```

* 第 1 行：匯入 xlwings 模組並以 xw 作為別名。

* 第 2 行：xlwings 模組中的 App 是用來啟動 Excel 程式。

* 第 4 行：開啟「業績表.xlsx」活頁簿。

* 第 5 行：取得活頁簿的所有工作表。

* 第 8 行：sheets[0] 表示第一個工作表。

* 第 9 行：利用 xlwings 模組中的 Sheet 物件的 copy() 方法可以進行複製工作表的任務，其中的參數 before 表示放在指定工作表的前面。同理，如果參數改為 after 表示放在指定工作表的後面。

* 第 10 行：依工作表名稱作為活頁簿的檔名，並儲存在「拆分業績表」資料夾。

* 第 11 行：關閉活頁簿。

* 第 12 行：xlwings 模組中 quit() 方法是用來退出 Excel 程式。

實戰例 ▶ **將多個活頁簿合併成單一活頁簿**

相反地,如果各位想將多個活頁簿的工作表合併成單一活頁簿,也可以藉助 Python 程式輕鬆達到這項工作。例如在「合併業績表」資料夾內有兩個工作表,「01銷售業績.xlsx」及「02產品銷售排行.xlsx」如下所示:

各位可以根據活頁簿的檔名作為合併成一個活頁簿的工作表名稱,以上圖為例,當執行本實例的程式後,就會產出一個合併後的活頁簿,它的第一張工作表名稱為「01 銷售業績」,第二張工作表名稱為「02 產品銷售排行」。

範例檔案:「合併業績表」內的所有活頁簿檔案

程式檔:merge workbook.py

```
01  from pathlib import Path
02  import pandas as pd
03  folder_path = Path('合併業績表')
04  files = folder_path.glob('*.xls*')
05  with pd.ExcelWriter('合併活頁簿.xlsx') as wb:
06      for i in files:
07          stem_name = i.stem
08          data = pd.read_excel(i, sheet_name=0)
09          data.to_excel(wb, sheet_name=stem_name, index=False)
```

* 第 1 行：匯入 pathlib 模組中的 Path 類別。

* 第 2 行：匯入 pandas 套件並以 pd 作為別名。

* 第 3 行：找到要合併活頁簿所在資料夾路徑，各位可以根據自己的實際需求去修改資料夾名稱或路徑。

* 第 4 行：取得要合併活頁簿所在資料夾下的所有活頁簿的檔案路徑。

* 第 5 行：新建活頁簿。

* 第 6~9 行：逐一讀取資料夾內所有活頁簿資料，並將這些讀取的資料寫入在新建活頁簿中的指定工作表名稱，這個工作表名稱就是該活頁簿的主檔名。

Python X Excel 的 12 堂關鍵必修課：資料分析自動化的 194 個高效實戰例

2-5-2 活頁簿的分類

這個小節中各位將學會如依副檔名或依日期來將活頁簿進行分類，並儲存在指定的資料夾內。

(實戰例) ▶ 按副檔名分類

當工作資料夾檔案過多時，就可以藉助 Python 進行適當的分類，例如依照相同副檔名的檔案將其放在同一資料夾。下圖中有副檔名為「.xlsx」及「.xls」的檔案，這種情況下，就可以利用程式將同一種副檔名的檔案放在同一個資料夾，並且以該副檔名作為該資料夾的名稱。

範例檔案：「副檔名分類」資料夾

程式檔：suffix.py

```
01   from pathlib import Path
02   location = Path('副檔名分類')
03   files = location.glob('*.xls*')
04   for i in files:
05       extension = i.suffix
06       new_location = location / extension
07       if not new_location.exists():
08           new_location.mkdir()
09       i.replace(new_location / i.name)
```

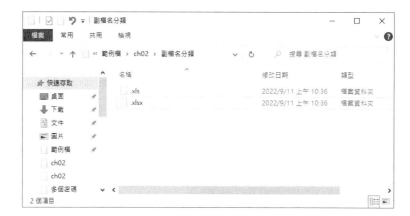

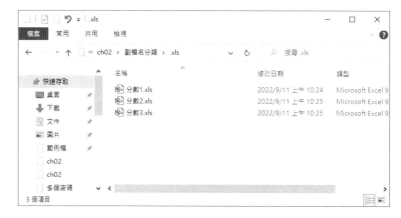

程式解析

* 第 1 行：匯入 pathlib 模組中的 Path 類別。

* 第 2 行：找到要進行副檔名分類的所在資料夾路徑，各位可以根據自己的實際需求去修改資料夾名稱或路徑。

* 第 3 行：取得要分類活頁簿所在資料夾下的所有活頁簿的檔案路徑。

* 第 4~9 行：逐一讀取資料夾內所有活頁簿資料，並以副檔名新建資料夾，再根據該檔案的副檔名將其移動到同一副檔名的資料夾內。其中第 7~8 行會先判斷所指定路徑的資料夾是否不存在，如果不存在，則會以該檔案的副檔名新建資料夾。

實戰例 ▶ 按日期分類

除了以副檔名來分類活頁簿之外，也會有可能是依檔案的日期來進行分類的需求，例如下圖中的檔案有 2021 年建立的檔案及 2022 年建立的檔案：

這種情況下就可以利用程式將這些同一年建立的檔案放在同一個資料夾，並且以該年份作為該資料夾的名稱。

程式檔：group by date.py

```
01  from time import localtime
02  from pathlib import Path
03  location = Path('日期分類')
04  files = location.glob('*.xls*')
05  for i in files:
06      lm_time = i.stat().st_mtime
07      folder_name = localtime(lm_time).tm_year
08      new_location = location / str(folder_name)
09      if not new_location.exists():
10          new_location.mkdir(parents=True)
11      i.replace(new_location / i.name)
```

執行結果

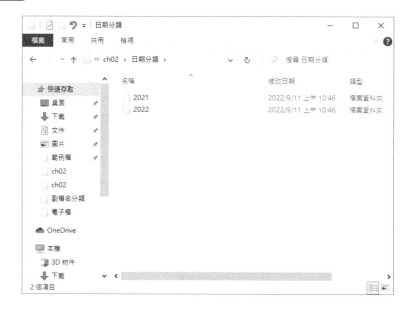

Python × Excel 的 12 堂關鍵必修課：資料分析自動化的 194 個高效實戰例

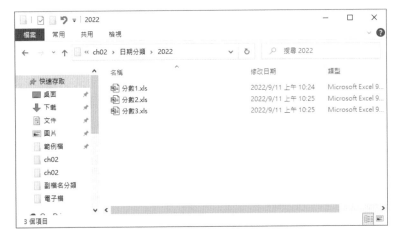

程式解析

* 第 1 行：匯入 time 模組中的 localtime 類別。

* 第 2 行：匯入 pathlib 模組中的 Path 類別。

* 第 3 行：找到要進行「日期分類」的所在資料夾路徑，各位可以根據自己的實際需求去修改資料夾名稱或路徑。

* 第 4 行：取得要進行分類活頁簿所在資料夾下的所有活頁簿的檔案路徑。

* 第 5~11 行：逐一讀取資料夾內所有活頁簿資料，並以該檔案的建立年份新建資料夾，再根據該檔案的建立年份，將其移動到同一年份的資料夾內。其中第 9~10 行會先判斷所指定路徑的資料夾是否不存在？如果不存在，則會新建資料夾。

M E M O

CHAPTER

03

工作表自動化操作

本章將針對工作表自動化操作來進行示範,這些工作包括工作表名稱取得與重新命名、工作表新增、複製、刪除、拆分、隱藏及其他工作表實用操作。

3-1 工作表名稱取得與命名

Excel 檔案稱為活頁簿，每一個活頁簿檔案都有工作表，通常稱為試算表。您可以在活頁簿中新增工作表，本小節將利用 Python 程式來取得工作表名稱，並且示範如何透過程式快速為工作表名稱重新命名。

3-1-1 取得工作表名稱

要取得活頁簿中所有工作表名稱，這裡示範兩種作法：一種透過 xlwings 模組，另外一種則是透過 pandas 模組。

(實戰例) ▶ **取得工作表名稱**

本例會示範如何以 xlwings 模組取得工作表名稱。

範例檔案：工作表名稱.xlsx

程式檔：sheets01.py

```
01  import xlwings as xw
02  app = xw.App(visible=False, add_book=False)
03  wb = app.books.open('工作表名稱.xlsx')
04  ws = wb.sheets
05  lists = []
06  for i in ws:
07      name = i.name
```

```
08      lists.append(name)
09  for i in lists:
10      print(i)
11  wb.close()
12  app.quit()
```

執行結果

```
Python 3.10.5 (tags/v3.10.5:f377153, Jun  6 2
022, 16:14:13) [MSC v.1929 64 bit (AMD64)] on
win32
Type "help", "copyright", "credits" or "licen
se()" for more information.

=== RESTART: C:\Users\User\Desktop\博碩_Pytho
n+Excel (第二本)\範例檔\ch03\sheets01.py ==
第一組
第二組
第三組
```

程式解析

✳ 第 1 行：匯入 xlwings 套件並以 xw 作為別名。

✳ 第 2 行：啟動 Excel 程式。

✳ 第 3 行：讀取指定檔名的 Excel 檔案。

✳ 第 4 行：取出活頁簿檔案所有工作表。

✳ 第 5 行：建立一個空的串列，並命名為 lists。

✳ 第 6~8 行：遍訪活頁簿中所有工作表名稱，並依序加入串列中。

✳ 第 9~10 行：將儲存在串列中工作表名稱依序列印出來。

✳ 第 11 行：關閉活頁簿。

✳ 第 12 行：退出 Excel 程式。

本例會示範如何以 pandas 模組取得全部工作表名稱。

範例檔案：工作表名稱.xlsx

▲	A	B	C	D	E	F	G
1	學生	學號	初級	中級			
2	許富強	A001	58	60			
3	邱瑞祥	A002	62	52			
4	朱正富	A003	56	83			
5	陳貴玉	A004	87	66			
6	莊自強	A005	46	95			
7							
8							

第一組　第二組　第三組　…　⊕

程式檔：sheets02.py

```
01  import pandas as pd
02  data = pd.read_excel('工作表名稱.xlsx', sheet_name=None)
03  name = list(data.keys())
04  for i in name:
05      print(i)
```

執行結果

```
Python 3.10.5 (tags/v3.10.5:f377153, Jun  6 2
022, 16:14:13) [MSC v.1929 64 bit (AMD64)] on
win32
Type "help", "copyright", "credits" or "licen
se()" for more information.

=== RESTART: C:\Users\User\Desktop\博碩_Pytho
n+Excel（第二本）\範例檔\ch03\sheets01.py ==
第一組
第二組
第三組
```

程式解析

＊ 第 1 行：匯入 pandas 套件並以 pd 作為別名。

＊ 第 2 行：讀取指定檔名的 Excel 檔案。

＊ 第 3 行：取得活頁簿中所有工作表名稱。

＊ 第 4~5 行：將儲存在串列中工作表名稱依序列印出來。

3-1-2　重新命名工作表名稱

除了針對特定的工作表進行改名動作外，也可以直接以批次依指定的方式大量進行重新命名。另外，本小節中也會示範一次重新命名多個活頁簿同名工作表。

(實戰例) ▶ 修改工作表名稱

本例會示範如何以 xlwings 模組將開啟的活頁簿中的指定名稱的工作表進行更名，再將已修改工作表名稱的活頁簿，儲存成另外的新檔名。

範例檔案：更名工作表.xlsx

程式檔：rename.py

```
01   import xlwings as xw
02   app = xw.App(visible=False, add_book=False)
03   wb = app.books.open('更名工作表.xlsx')
04   ws = wb.sheets
05   for i in ws:
06       if i.name == '第一組':
07           i.name = '第一小隊'
08           break
09   wb.save('更名工作表ok.xlsx')
```

```
10  wb.close()
11  app.quit()
```

執行結果

	A	B	C	D	E	F
1	學生	學號	初級	中級		
2	許富強	A001	58	60		
3	邱瑞祥	A002	62	52		
4	朱正富	A003	56	83		
5	陳貴玉	A004	87	66		
6	莊自強	A005	46	95		
7						

第一小隊　第二組

程式解析

* 第 1 行：匯入 xlwings 套件並以 xw 作為別名。

* 第 2 行：啟動 Excel 程式。

* 第 3 行：讀取指定檔名的 Excel 檔案。

* 第 4 行：取出活頁簿檔案所有工作表。

* 第 5~8 行：找到要更名的工作表，並進行更名。

* 第 6~8 行：遍訪活頁簿中所有工作表名稱，並依序加入串列中。

* 第 9 行：將更名後的活頁簿以另外的檔名加以儲存。

* 第 10 行：關閉活頁簿。

* 第 11 行：退出 Excel 程式。

實戰例 ▶ 批次命名工作表名稱

本例會示範如何以 xlwings 模組將開啟的活頁簿內的所有工作表名稱，以批次方式重新命名，例如本例的原先的第一組、第二組及第三組工作表名稱，批次命名為第一小隊、第二小隊及第三小隊工作表名稱。

範例檔案：更名工作表.xlsx

▲	A	B	C	D	E	F	G
1	學生	學號	初級	中級			
2	許富強	A001	58	60			
3	邱瑞祥	A002	62	52			
4	朱正富	A003	56	83			
5	陳貴玉	A004	87	66			
6	莊自強	A005	46	95			
7							
8							

第一組　第二組　第三組　… ⊕

程式檔：rename all.py

```
01  import xlwings as xw
02  app = xw.App(visible=False, add_book=False)
03  wb = app.books.open('更名工作表.xlsx')
04  ws = wb.sheets
05  for i in ws:
06      i.name = i.name.replace('組', '小隊')
07  wb.save('批次命名ok.xlsx')
08  wb.close()
09  app.quit()
```

執行結果

	A	B	C	D
1	學生	學號	初級	中級
2	許富強	A001	58	60
3	邱瑞祥	A002	62	52
4	朱正富	A003	56	83
5	陳貴玉	A004	87	66
6	莊自強	A005	46	95
7				

第一小隊　第二小隊　第三小隊　…

程式解析

✽ 第 1 行：匯入 xlwings 套件並以 xw 作為別名。

✽ 第 2 行：啟動 Excel 程式。

* 第 3 行：讀取指定檔名的 Excel 檔案。

* 第 4 行：取出活頁簿檔案所有工作表。

* 第 5~6 行：遍訪活頁簿中所有工作表名稱，並將工作表名稱中的「組」改成「小隊」。

* 第 7 行：將更名後的活頁簿以另外的檔名加以儲存。

* 第 8 行：關閉活頁簿。

* 第 9 行：退出 Excel 程式。

(實戰例) ▶ 在多個活頁簿修改同名工作表

本例會示範如何以 xlwings 模組開啟多個活頁簿，並同時修改各活頁簿中相同名稱的工作表。例如將本例指定資料夾中的所有活頁簿中的「第一組」工作表名稱，全部修改成「第一小隊」工作表名稱。

範例檔案：「更新同名工作表」資料夾

↘ 第一次測試.xlsx

↘ 第二次測試.xlsx

程式檔：rename same sheet.py

```
01   from pathlib import Path
02   import xlwings as xw
03   app = xw.App(visible=False, add_book=False)
04   location = Path('更新同名工作表')
05   files = location.glob('*.xls*')
06   for i in files:
07       wb = app.books.open(i)
08       ws = wb.sheets
09       for j in ws:
10           if j.name == '第一組':
11               j.name = '第一小隊'
12               break
13       wb.save()
14       wb.close()
15   app.quit()
```

執行結果

程式解析

* 第 1 行：匯入 pathlib 模組中的 Path 類別。

* 第 2 行：匯入 xlwings 套件並以 xw 作為別名。

* 第 3 行：啟動 Excel 程式。

* 第 4 行：取出要重新命名活頁簿的所在資料夾路徑。

* 第 5 行：取出要重新命名活頁簿的檔案路徑。

* 第 6~12 行：遍訪活頁簿中所有工作表名稱，並將該工作表名稱為「第一組」更名為「第一小隊」，更名後強制跳離迴圈。

* 第 13 行：儲存活頁簿。

* 第 14 行：關閉活頁簿。

* 第 15 行：退出 Excel 程式。

3-2 工作表新增、複製與刪除

本小節將詳細介紹如何利用程式來進行工作表新增、複製與刪除等工作，先來看如何新增工作表。

3-2-1 新增工作表

要在活頁簿中新增工作表，這裡示範兩種作法，一種是新增指定名稱的工作表，另外一個例子則示範如何批次大量新增工作表。

實戰例 ▸ 新增工作表

本例會示範如何以 xlwings 模組新增工作表，例如在活頁簿中新增一個名稱為「資優生」工作表，這個例子要留意新增工作表前，必須先行確認該新增工作表名稱，沒有和活頁簿中現有的任何一個工作表名稱相同。

範例檔案：新增工作表.xlsx

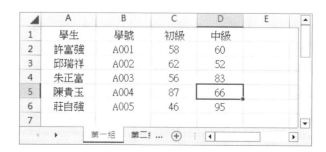

程式檔：new sheet.py

```
01  import xlwings as xw
02  app = xw.App(visible=False, add_book=False)
03  wb = app.books.open('新增工作表.xlsx')
04  ws = wb.sheets
05  add_sheet = '資優生'
06  lists = []
07  for i in ws:
08      name = i.name
09      lists.append(name)
10  if add_sheet not in lists:
11      ws.add(name=add_sheet)
12  wb.save('新增工作表ok.xlsx')
13  wb.close()
14  app.quit()
```

執行結果

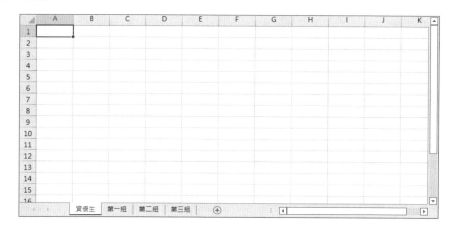

程式解析

* 第 1 行：匯入 xlwings 套件並以 xw 作為別名。

* 第 2 行：啟動 Excel 程式。

* 第 3 行：讀取指定檔名的 Excel 檔案。

* 第 4 行：取出活頁簿檔案所有工作表。

* 第 5 行：設定新增工作表的名稱。

* 第 6 行：建立一個空的串列，並命名為 lists。

* 第 7~9 行：遍訪活頁簿中所有工作表名稱，並依序加入串列中。

* 第 10~11 行：如果目前的活頁簿中沒有與新增工作表相同名稱的工作表，則新增「資優生」工作表。

* 第 12 行：將活頁簿以另外的檔名加以儲存。

* 第 13 行：關閉活頁簿。

* 第 14 行：退出 Excel 程式。

(實戰例) ▶ 批次新增

本例會示範如何以 xlwings 模組，將指定資料夾中所有活頁簿，批次新增一個名稱為「資優生」工作表，要新增工作表前，仍然必須先行確認該新增工作表名稱，沒有和活頁簿中現有的任何一個工作表名稱相同。

範例檔案：「新增工作表」資料夾

程式檔：batch sheet.py

```
01  from pathlib import Path
02  import xlwings as xw
03  app = xw.App(visible=False, add_book=False)
04  location = Path('新增工作表')
05  files = location.glob('*.xls*')
06  new_add = '資優生'
07  for i in files:
08      wb = app.books.open(i)
09      ws = wb.sheets
10      lists = []
11      for j in ws:
12          tempname = j.name
13          lists.append(tempname)
14      if new_add not in lists:
15          ws.add(name=new_add)
16      wb.save()
17      wb.close()
18  app.quit()
```

程式解析

* 第 1 行：匯入 pathlib 模組中的 Path 類別。

* 第 2 行：匯入 xlwings 套件並以 xw 作為別名。

* 第 3 行：啟動 Excel 程式。

* 第 4 行：讀取指定檔名的 Excel 檔案。

* 第 5 行：取出活頁簿檔案所有工作表。

* 第 6 行：設定新增工作表的名稱。

* 第 7~13 行：遍訪所取得的檔案路徑，並打開要新增工作表的活頁簿，第 9 行再取得該活頁簿所有工作表，接著於第 10 行建立一個空串列，並遍訪所有活頁簿來取得工作表名稱，並加入串列中。

* 第 14~15 行：如果目前的活頁簿中沒有新增工作表相同名稱的工作表，則新增「資優生」工作表。

* 第 16 行：將活頁簿加以儲存。

* 第 17 行：關閉活頁簿。

* 第 18 行：退出 Excel 程式。

3-2-2　複製工作表

要複製活頁簿中所有工作表名稱，這裡示範兩種作法，一種是複製指定工作表到另一個活頁簿，另外一個例子會教導如何批次大量複製工作表。

(實戰例)▶ 複製指定工作表到另一個活頁簿

請利用 xlwings 模組複製工作表，將「來源活頁簿」指定名稱的工作表，複製到「目標活頁簿」第二張工作表之後，並以另外的檔案名稱將活頁簿儲存起來。

範例檔案：複製1.xlsx 複製2.xlsx

程式檔：mycopy.py

```
01  import xlwings as xw
02  app = xw.App(visible=False, add_book=False)
03  wb1 = app.books.open('複製1.xlsx')
04  wb2 = app.books.open('複製2.xlsx')
05  ws1 = wb1.sheets[0]
06  ws2 = wb2.sheets[1]
07  ws1.copy(after=ws2)
08  wb2.save('複製2ok.xlsx')
09  app.quit()
```

執行結果

▲	A	B	C	D	E	F	G	H
1	學生	學號	初級	中級				
2	許富強	A001	58	60				
3	邱瑞祥	A002	62	52				
4	朱正富	A003	56	83				
5	陳貴玉	A004	87	66				
6	莊自強	A005	46	95				
7								

第四組　第五組　第一組　⊕

程式解析

* 第 1 行：匯入 xlwings 套件並以 xw 作為別名。

* 第 2 行：啟動 Excel 程式。

* 第 3 行：打開來源活頁簿。

* 第 4 行：打開目標活頁簿。

* 第 5 行：選取來源活頁簿的第一張工作表。

* 第 6 行：選取目標活頁簿的第二張工作表。

* 第 7 行：將來源活頁簿選擇的工作表複製到目標活頁簿第二張工作表之後。

* 第 8 行：將活頁簿以另外的檔案加以儲存。

* 第 9 行：退出 Excel 程式。

(實戰例)▶ 批次複製工作表

本例會示範如何以 xlwings 模組，在指定資料夾中將所有活頁簿批次複製，這個例子會先遍訪所取得的檔案路徑，並打開「目標活頁簿」中的第一張工作表，再將「來源活頁簿」所選取的工作表，複製到「目標活頁簿」的第一張工作表之前，最後再將「目標活頁簿」的檔案加以儲存。

範例檔案：teacher.xlsx及「批次複製活頁簿」資料夾內team1.xlsx及team1.xlsx

↘ **teacher.xlsx**

↘ team1.xlsx

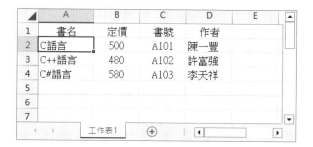

↘ team2.xlsx

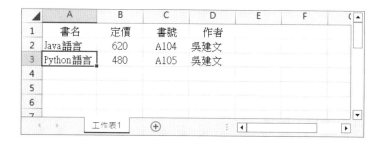

程式檔：批次複製.py

```
01  from pathlib import Path
02  import xlwings as xw
03  app = xw.App(visible=False, add_book=False)
04  wb1 = app.books.open('teacher.xlsx')
05  ws1 = wb1.sheets['教師總表']
06  location = Path('批次複製工作表')
07  files = location.glob('*.xls*')
08  for i in files:
09      wb2 = app.books.open(i)
10      ws2 = wb2.sheets[0]
11      ws1.copy(before=ws2)
12      wb2.save()
13  app.quit()
```

	A	B	C	D	E	F	G
1	姓名	學歷	專長				
2	陳申宗	博士	程式語言				
3	許伯如	留美碩士	演算法				
4	吳建文	博士	網頁設計				
5							
6							
7							

教師總表　工作表1　⊕

	A	B	C	D	E	F	G
1	姓名	學歷	專長				
2	陳申宗	博士	程式語言				
3	許伯如	留美碩士	演算法				
4	吳建文	博士	網頁設計				
5							
6							
7							

教師總表　工作表1　⊕

程式解析

* 第 1 行：匯入 pathlib 模組中的 Path 類別。

* 第 2 行：匯入 xlwings 套件並以 xw 作為別名。

* 第 3 行：啟動 Excel 程式。

* 第 4 行：讀取指定檔名的 Excel 檔案。

* 第 5 行：選取來源活頁簿的「教師總表」工作表。

* 第 6 行：取得目標活頁簿的所在資料夾路徑。

* 第 7 行：取得資料夾下所有活頁簿檔案的路徑。

* 第 8~12 行：遍訪所取得的檔案路徑，並打開目標活頁簿中的第一張工作表，再將來源活頁簿所選取的工作表複製到目標活頁簿的第一張工作表之前，最後再將目標活頁簿的檔案加以儲存。

* 第 13 行：退出 Excel 程式。

3-2-3 刪除工作表

要刪除工作表這項工作，這裡示範兩種作法，一種是刪除指定名稱的工作表，另外一個例子則示範如何批次大量刪除工作表。

(實戰例)▸刪除工作表

本例會示範如何以 xlwings 模組刪除工作表，請在活頁簿中將名稱為「產品資訊」的工作表刪除，再將活頁簿以另外的檔案加以儲存。

範例檔案：軟體資訊.xlsx

程式檔：刪除指定工作表.py

```
01  import xlwings as xw
02  app = xw.App(visible=False, add_book=False)
03  wb = app.books.open('軟體資訊.xlsx')
04  ws = wb.sheets
05  temp = '產品資訊'
06  for i in ws:
07      sheet_name = i.name
08      if sheet_name == temp:
09          i.delete()
10          break
11  wb.save('軟體資訊ok.xlsx')
12  wb.close()
13  app.quit()
```

執行結果

	A	B	C	D
1	序號	名稱	代碼	銷量
2	1	韓語	kr	100
3	2	日語	jp	200
4	3	越語	ve	105
5	4	日文N5	jpn5	302
6	5	法語	fr	365
7	6	德語	ge	201
8	7	西班牙語	sp	258
9				

1月銷售　2月銷售　＋

Python X Excel 的 12 堂關鍵必修課：資料分析自動化的 194 個高效實戰例

程式解析

* 第 1 行：匯入 xlwings 套件並以 xw 作為別名。

* 第 2 行：啟動 Excel 程式。

* 第 3 行：讀取指定檔名的 Excel 檔案。

* 第 4 行：取出活頁簿檔案所有工作表。

* 第 5~10 行：將工作表名稱為「產品資訊」進行刪除。

* 第 11 行：將活頁簿以另外的檔案加以儲存。

* 第 12 行：關閉活頁簿。

* 第 13 行：退出 Excel 程式。

實戰例 ▶ 批次刪除

本例會示範如何以 xlwings 模組，在指定資料夾中所有活頁簿指定名稱的工作表一次刪除，這個例子會遍訪所取得的檔案路徑，並刪除每一個所開啟的活頁簿中的「產品資訊」的工作表，最後再將目標活頁簿的檔案加以儲存。

範例檔案:「產品」資料夾

A	B	C	D
序號	名稱	代碼	字數
1	韓語	kr	2500
2	日語	jp	5000
3	越語	ve	2000
4	日文N5	jpn5	1200
5	法語	fr	2500
6	德語	ge	2500
7	西班牙語	sp	2500

產品資訊 | 1月銷售 | 2月銷售

A	B	C	D
序號	名稱	代碼	字數
1	韓語	kr	2500
2	日語	jp	5000
3	越語	ve	2000
4	日文N5	jpn5	1200
5	法語	fr	2500
6	德語	ge	2500
7	西班牙語	sp	2500

產品資訊 | 3月銷售 | 4月銷售

A	B	C	D
序號	名稱	代碼	字數
1	韓語	kr	2500
2	日語	jp	5000
3	越語	ve	2000
4	日文N5	jpn5	1200
5	法語	fr	2500
6	德語	ge	2500
7	西班牙語	sp	2500

產品資訊 | 5月銷售 | 6月銷售

程式檔:批次刪除.py

```
01  from pathlib import Path
02  import xlwings as xw
03  app = xw.App(visible=False, add_book=False)
04  folder_path = Path('產品')
```

```
05   file_list = folder_path.glob('*.xls*')
06   temp = '產品資訊'
07   for i in file_list:
08       wb = app.books.open(i)
09       ws = wb.sheets
10       for j in ws:
11           sheet_name = j.name
12           if sheet_name == temp:
13               j.delete()
14               break
15       wb.save()
16       wb.close()
17   app.quit()
```

執行結果

▲	A	B	C	D
1	序號	名稱	代碼	銷量
2	1	韓語	kr	100
3	2	日語	jp	200
4	3	越語	ve	105
5	4	日文N5	jpn5	302
6	5	法語	fr	365
7	6	德語	ge	201
8	7	西班牙語	sp	258

1月銷量 2月銷量 ⊕

▲	A	B	C	D
1	序號	名稱	代碼	銷量
2	1	韓語	kr	124
3	2	日語	jp	236
4	3	越語	ve	365
5	4	日文N5	jpn5	362
6	5	法語	fr	215
7	6	德語	ge	251
8	7	西班牙語	sp	552

3月銷量 4月銷量 ⊕

▲	A	B	C	D
1	序號	名稱	代碼	銷量
2	1	韓語	kr	100
3	2	日語	jp	200
4	3	越語	ve	105
5	4	日文N5	jpn5	302
6	5	法語	fr	365
7	6	德語	ge	201
8	7	西班牙語	sp	258

5月銷量 6月銷量 ⊕

程式解析

* 第 1 行：匯入 pathlib 模組中的 Path 類別。

* 第 2 行：匯入 xlwings 套件並以 xw 作為別名。

* 第 3 行：啟動 Excel 程式。

* 第 4 行：取得活頁簿的所在資料夾路徑。

* 第 5 行：取得資料夾下所有活頁簿檔案的路徑。

* 第 6~16 行：遍訪所取得的檔案路徑，並將工作表名稱為「產品資訊」進行刪除，最後再將目標活頁簿的檔案加以儲存，並關閉活頁簿。

* 第 17 行：退出 Excel 程式。

3-3 工作表拆分

本小節將詳細介紹如何利用 Python 程式設計來進行工作表的拆分工作，這裡的實例有二：第一個實例是將一張工作表拆成多張活頁簿，另外一個實例則是將一張工作表拆成多張工作表。

(實戰例) ▶ 將一張工作表拆成多張活頁簿

請依「軟體品項」活頁簿中的工作表，依其「名稱」進行分組，再將拆分後的工作表內容，以其分組名稱作為其新的活頁簿檔案的檔名，再將這些拆分後的多個活頁簿檔案，集中儲存在「拆分」資料夾。

範例檔案：軟體品項.xlsx

	A	B	C
1	名稱	銷量	
2	韓語	100	
3	日語	200	
4	越語	105	
5	韓語	302	
6	日語	365	
7	越語	201	
8	西班牙語	258	
9	韓語	201	
10	日語	302	
11	越語	202	
12	韓語	250	
13	日語	360	
14	越語	251	
15	韓語	345	
16	日語	200	
17	越語	105	
18	韓語	302	
19	日語	365	
20	越語	201	
21	西班牙語	258	
22	韓語	100	
23	日語	200	
24	越語	105	
25	韓語	302	
26	日語	365	
27	越語	201	

銷售

程式檔：工作表拆分.py

```
01  import pandas as pd
02  file_path = '軟體品項.xlsx'
03  data = pd.read_excel(file_path, sheet_name='銷售')
04  item = data.groupby('名稱')
05  for i, j in item:
06      new_file_path = '拆分\\' + i + '.xlsx'
07      j.to_excel(new_file_path, sheet_name=i, index=False)
```

執行結果

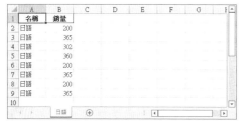

程式解析

* 第 1 行：匯入 pandas 模組並 pd 作為別名。

* 第 2 行：設定活頁簿的檔案路徑。

* 第 3 行：讀取指定檔名的 Excel 檔案。

* 第 4 行：將工作表中的資料以「名稱」欄位加以分組。

* 第 5~7 行：第 6 行是設定要以「名稱」欄位去命名的活頁簿檔案路徑，第 7 行則是將所對應的資料寫入到新建活頁簿的工作表之中。

實戰例 ▶ **將一張工作表拆成多張工作表**

　　「軟體品項」活頁簿中的工作表，依其「名稱」進行分組拆分成多張工作表，接著新建另一個活頁簿，並將不同名稱的產品資料分別寫到不同的工作表。

範例檔案：軟體品項.xlsx

	A	B	C
1	名稱	銷量	
2	韓語	100	
3	日語	200	
4	越語	105	
5	韓語	302	
6	日語	365	
7	越語	201	
8	西班牙語	258	
9	韓語	201	
10	日語	302	
11	越語	202	
12	韓語	250	
13	日語	360	
14	越語	251	
15	韓語	345	
16	日語	200	
17	越語	105	
18	韓語	302	
19	日語	365	
20	越語	201	
21	西班牙語	258	
22	韓語	100	
23	日語	200	
24	越語	105	
25	韓語	302	
26	日語	365	
27	越語	201	

銷售

程式檔：工作表拆分01.py

```
01  import pandas as pd
02  file_path = '軟體品項.xlsx'
03  data = pd.read_excel(file_path, sheet_name='銷售')
04  pro_data = data.groupby('名稱')
05  with pd.ExcelWriter('軟體品項拆分ok.xlsx') as wb:
06      for i, j in pro_data:
07          j.to_excel(wb, sheet_name=i, index=False)
```

▲	A	B	C	D	E	F	G	H	I	J		▲
1	名稱	銷量										
2	日語	200										
3	日語	365										
4	日語	302										
5	日語	360										
6	日語	200										
7	日語	365										
8	日語	200										
9	日語	365										
10												▼

| ◀ | ▶ | 日語 | 西班牙語 | 越語 | 韓語 | ⊕ | ⋮ | ◀ | | ▶ |

程式解析

＊ 第 1 行：匯入 pandas 套件並以 pd 作為別名。

＊ 第 2 行：設定活頁簿的檔案路徑。

＊ 第 3 行：讀取指定檔名的 Excel 檔案。

＊ 第 4 行：將工作表中的資料以「名稱」欄位加以分組。

＊ 第 5~7 行：新建另一個活頁簿，並將不同產品名稱的資料分別寫到不同的工作表。

3-4 工作表隱藏

本小節將介紹如何利用程式來將工作表隱藏，這裡示範的實例有三：第一個實例會隱藏活頁簿特定的工作表；第二個實例則是一次隱藏多個活頁簿中一個同名工作表；最後則示範一次隱藏多個活頁簿中多個同名工作表。

實戰例 ▶ **隱藏活頁簿中特定名稱的工作表**

請將「4種軟體品項.xlsx」活頁簿中的「西班牙語」工作表加以隱藏。

範例檔案：4種軟體品項.xlsx

	A	B	C	D	E	F	G	H	I	J
1	名稱	銷量								
2	日語	200								
3	日語	365								
4	日語	302								
5	日語	360								
6	日語	200								
7	日語	365								
8	日語	200								
9	日語	365								

日語 | 西班牙語 | 越語 | 韓語

程式檔：隱藏工作表01.py

```python
01  import xlwings as xw
02  app = xw.App(visible=False, add_book=False)
03  wb = app.books.open('4種軟體品項.xlsx')
04  ws = wb.sheets
05  for i in ws:
06      if i.name == '西班牙語':
07          i.visible = False
08  wb.save()
09  wb.close()
10  app.quit()
```

執行結果

	A	B	C	D	E	F	G	H	I	J
1	名稱	銷量								
2	日語	200								
3	日語	365								
4	日語	302								
5	日語	360								
6	日語	200								
7	日語	365								
8	日語	200								
9	日語	365								

日語 | 越語 | 韓語

程式解析

* 第 1 行：匯入 xlwings 套件並以 xw 作為別名。

* 第 2 行：啟動 Excel 程式。

* 第 3 行：開啟指定檔名的 Excel 檔案。

* 第 4 行：取出活頁簿檔案所有工作表。

* 第 5~7 行：遍訪活頁簿中所有工作表，如果工作表名稱為「西班牙語」
  則隱藏該工作表。

* 第 8 行：儲存活頁簿。

* 第 9 行：關閉活頁簿。

* 第 10 行：退出 Excel 程式。

實戰例 ▶ 隱藏多個活頁簿中的同名工作表

　　請將「全部軟體」資料夾中的所有活頁簿中的「西班牙語」工作表加以
隱藏。

範例檔案：「全部軟體」資料夾

↘ 軟體品項 _ 分公司 **1.xlsx**

↘ 軟體品項 _ 分公司 2.xlsx

	A	B	C	D	E	F	G	H	I	J
1	名稱	銷量								
2	日語	123								
3	日語	234								
4	日語	543								
5	日語	250								
6	日語	360								
7	日語	410								
8	日語	250								
9	日語	555								

日語 | 西班牙語 | 越語 | 韓語 | ⊕

程式檔：隱藏工作表02.py

```
01  from pathlib import Path
02  import xlwings as xw
03  app = xw.App(visible=False, add_book=False)
04  location = Path('全部軟體')
05  files = location.glob('*.xls*')
06  for i in files:
07      wb = app.books.open(i)
08      ws = wb.sheets
09      for j in ws:
10          if j.name == '西班牙語':
11              j.visible = False
12      wb.save()
13      wb.close()
14  app.quit()
```

執行結果

	A	B	C	D	E	F	G	H	I	J
1	名稱	銷量								
2	日語	200								
3	日語	365								
4	日語	302								
5	日語	360								
6	日語	200								
7	日語	365								
8	日語	200								
9	日語	365								

日語 | 越語 | 韓語 | ⊕

程式解析

* 第 1 行：匯入 pathlib 模組中的 Path 類別。

* 第 2 行：匯入 xlwings 套件並以 xw 作為別名。

* 第 3 行：啟動 Excel 程式。

* 第 4 行：取得活頁簿的所在資料夾路徑。

* 第 5 行：取得資料夾下所有活頁簿檔案的路徑。

* 第 6~13 行：遍訪所取得的檔案路徑，並將工作表名稱為「西班牙語」進行隱藏，最後再將目標活頁簿的檔案加以儲存，並關閉活頁簿。

* 第 14 行：退出 Excel 程式。

實戰例 ▶ 隱藏多個活頁簿中的多個同名工作表

請將「全部軟體」資料夾中的所有活頁簿中的「西班牙語」及「越語」工作表加以隱藏。

範例檔案：「全部軟體」資料夾

↘ 軟體品項_分公司 **1.xlsx**

↘ 軟體品項 _ 分公司 2.xlsx

	A	B	C	D	E	F	G	H	I	J
1	名稱	銷量								
2	日語	123								
3	日語	234								
4	日語	543								
5	日語	250								
6	日語	360								
7	日語	410								
8	日語	250								
9	日語	555								

日語 | 西班牙語 | 越語 | 韓語

程式檔：隱藏工作表03.py

```
01  from pathlib import Path
02  import xlwings as xw
03  app = xw.App(visible=False, add_book=False)
04  folder_path = Path('全部軟體')
05  files = folder_path.glob('*.xls*')
06  types = ['西班牙語', '越語']
07  for i in files:
08      wb = app.books.open(i)
09      ws = wb.sheets
10      for j in ws:
11          if j.name in types:
12              j.visible = False
13      wb.save()
14      wb.close()
15  app.quit()
```

執行結果

	A	B	C	D	E	F	G	H	I	J
1	名稱	銷量								
2	日語	200								
3	日語	365								
4	日語	302								
5	日語	360								
6	日語	200								
7	日語	365								
8	日語	200								
9	日語	365								

日語 | 韓語

	A	B	C	D	E	F	G	H	I	J
1	名稱	銷量								
2	日語	123								
3	日語	234								
4	日語	543								
5	日語	250								
6	日語	360								
7	日語	410								
8	日語	250								
9	日語	555								

日語　韓語　⊕

程式解析

* 第 1 行：匯入 pathlib 模組中的 Path 類別。

* 第 2 行：匯入 xlwings 套件並以 xw 作為別名。

* 第 3 行：啟動 Excel 程式。

* 第 4 行：取得活頁簿的所在資料夾路徑。

* 第 5 行：取得資料夾下所有活頁簿檔案的路徑。

* 第 6 行：建立一個包含多個工作表名稱的串列。

* 第 7~14 行：遍訪所取得的檔案路徑，並將目前工作表名稱在所設定的串列中進行隱藏，最後再將目標活頁簿的檔案加以儲存，並關閉活頁簿。

* 第 15 行：退出 Excel 程式。

3-5 其他工作表實用操作

本小節將介紹如何利用程式來設定工作表索引標籤顏色及進行工作表保護。

實戰例 ▶ 將索引標籤變更色彩

這個實例會將「產品資訊」工作表標籤設定成指定的顏色，如此一來就可以在活頁簿檔案中清楚凸顯該工作表。

範例檔案：更改標籤顏色.xlsx

	A	B	C	D
1	序號	名稱	代碼	字數
2	1	韓語	kr	2500
3	2	日語	jp	5000
4	3	越語	ve	2000
5	4	日文N5	jpn5	1200
6	5	法語	fr	2500
7	6	德語	ge	2500
8	7	西班牙語	sp	2500

產品資訊　1月銷售　2月銷售　⊕

程式檔：標籤顏色.py

```
01  import xlwings as xw
02  app = xw.App(visible=False, add_book=False)
03  wb = app.books.open('更改標籤顏色.xlsx')
04  ws = wb.sheets
05  for i in ws:
06      if i.name == '產品資訊':
07          i.api.Tab.Color = 0+255*256+0*256*256
08  wb.save('更改標籤顏色ok.xlsx')
09  wb.close()
10  app.quit()
```

執行結果

	A	B	C	D
1	序號	名稱	代碼	字數
2	1	韓語	kr	2500
3	2	日語	jp	5000
4	3	越語	ve	2000
5	4	日文N5	jpn5	1200
6	5	法語	fr	2500
7	6	德語	ge	2500
8	7	西班牙語	sp	2500

產品資訊　1月銷售　2月銷售　⊕

程式解析

＊ 第 1 行：匯入 xlwings 套件並以 xw 作為別名。

＊ 第 2 行：啟動 Excel 程式。

* 第 3 行：讀取指定檔名的 Excel 檔案。

* 第 4 行：取出活頁簿檔案所有工作表。

* 第 5~7 行：遍訪活頁簿中所有工作表名稱，如果名稱為「產品資訊」就將該工作表的索引標籤變更成指定的顏色。

* 第 8 行：將活頁簿以另外的檔案名稱儲存。

* 第 9 行：關閉活頁簿。

* 第 10 行：退出 Excel 程式。

在使用 Excel 時常常會有些資料不希望被其他人修改，但是又需要其他人提供資料，這時候就需要利用 Excel 中的鎖定與保護工作表來達成這項目的。也就是說，當工作經保護後就可以確保儲存格內容不被修改。

(實戰例) ▶ 以密碼保護特定工作表

這個例子將示範如何利用 Python 呼叫 VBA 的 Protect() 函數來進行名稱為「產品資訊」工作表的保護目的。

範例檔案：保護工作表.xlsx

	A	B	C	D
1	序號	名稱	代碼	字數
2	1	韓語	kr	2500
3	2	日語	jp	5000
4	3	越語	ve	2000
5	4	日文N5	jpn5	1200
6	5	法語	fr	2500
7	6	德語	ge	2500
8	7	西班牙語	sp	2500
9				

產品資訊　1月銷售　2月銷售　⊕

```
01   import xlwings as xw
02   app = xw.App(visible=False, add_book=False)
03   wb = app.books.open('保護工作表.xlsx')
04   ws = wb.sheets['產品資訊']
05   ws.api.Protect(Password='0000', Contents=True)
06   wb.save('保護工作表ok.xlsx')
07   wb.close()
08   app.quit()
```

執行結果

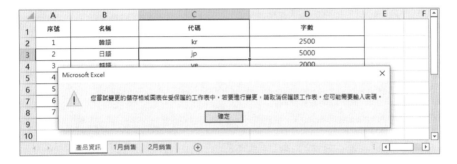

程式解析

* 第 1 行：匯入 xlwings 套件並以 xw 作為別名。

* 第 2 行：啟動 Excel 程式。

* 第 3 行：讀取指定檔名的 Excel 檔案。

* 第 4 行：選定活頁簿中要進行保護的工作表，例如本例中的「產品資訊」工作表。

* 第 5 行：呼叫 VBA 的 Protect() 函數並設定密碼來對工作進行保護目的。

* 第 6 行：將活頁簿以另外的檔案名稱儲存。

* 第 7 行：關閉活頁簿。

* 第 8 行：退出 Excel 程式。

MEMO

CHAPTER

04

儲存格、欄（列）
自動化操作

Excel 是由欄及列所組成，前面介紹了活頁簿及工作表的自動化操作，本章
將探討儲存格，欄及列的相關自動化操作，這些實用的技巧包括各種取得儲
存格值及修改、調整列高與欄寬、欄列範圍的選取、插入空白欄（列）、刪
除空白欄（列）、新增資料欄（列）、凍結窗格、一欄拆分多欄、多欄合併一
欄、折疊隱藏列資料及轉置工作表的欄與列等。

4-1 儲存格基本操作

本小節將示範儲存格的基本操作，包括各種快速取得儲存格位置、修改儲存格資料或以行號列號來指定儲存格基本操作。

(實戰例)▶ 取得儲存格值及修改

本實例會示範儲存格值的各種取得方式並進行儲存格值的修改，這些方式包括「根據位置取得儲存格」、「以行號、列號指定儲存格」、「取得指定範圍內儲存格物件」及「以 for 迴圈逐一處理每個儲存格」。

範例檔案：cell_test.xlsx

	A	B	C	D	E
1	書名	定價	書號	作者	
2	C語言	500	A101	陳一豐	
3	C++語言	480	A102	許富強	
4	C++語言	480	A102	許富強	
5	C++語言	480	A102	陳伯如	
6	C#語言	580	A103	李天祥	
7	Java語言	620	A104	吳建文	
8	Python語言	480	A105	吳建文	
9					

書單1 / 書單2

程式檔：cell.py

```
01  from openpyxl import load_workbook
02  wb = load_workbook('cell_test.xlsx')
03  sheet = wb['書單1']
04  # 根據位置取得儲存格
05  c = sheet['A4']
06  #取得儲存格資料
07  print(c.value)
08  # 修改資料
09  c.value = "App Inventor"
10  print(c.value)
11  # 以行號、列號指定儲存格
12  c = sheet.cell(row=4, column=4)
```

Python X Excel 的 12 堂關鍵必修課：資料分析自動化的 194 個高效實戰例

```
13   print(c.value)
14   # 取得指定範圍內儲存格物件
15   cellRange = sheet['A2':'A8']
16   # 以 for 迴圈逐一處理每個儲存格
17   for row in cellRange:
18       for c in row:
19           print(c.value)
20   #將修改過的活頁簿內容以另一個檔名儲存
21   wb.save('cell_test1.xlsx')
```

執行結果

經操作 EXCEL 檔案外觀：cell_test1.xlsx'。

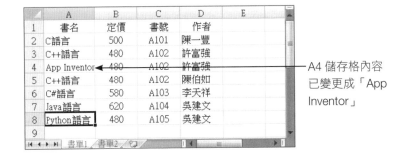

← A4 儲存格內容已變更成「App Inventor」

程式解析

* 第 1 行：載入 openpyxl 套件，並匯入 load_workbook 函數。

* 第 2 行：利用 load_workbook() 函數開啟「cell_test.xlsx」活頁簿檔案。

* 第 3 行：取得「書單 1」工作表。

* 第 5~7 行：根據位置取得儲存格內容值，並將該值輸出。

* 第 9~10 行：修改指定位置儲存格的資料，之後再印出其值。

* 第 12~13 行：以行號、列號指定儲存格，並印出其值。

* 第 15~19 行：取得指定範圍內儲存格物件，再以 for 迴圈逐一處理輸出該範圍儲存格的值。

* 第 21 行：將修改過的活頁簿內容以另一個檔名儲存。

4-2 列高與欄寬

本節將介紹如何根據儲存格的資料內容，自動調整列高與欄寬，同時也會示範如何透過 Python 程式精確調整列高與欄寬，並學會一次調整一個（或多個）活頁簿中所有工作表的列高與欄寬。

4-2-1 自動調整

所謂自動調整是指變更列高與欄寬以自動配合內容大小，各位可以透過 xlwings 模組中的 Sheet 物件的 autofit() 函數自動調整列高與欄寬。這個函數可以傳入一個參數 axis。如果在呼叫這個函數時省略了這個參數，就會同時自動調整列高與欄寬。但是如果將 axis 參數設定為 'rows' 或 'r'，則只會調整列高；但是如果將 axis 參數設定為 'columns' 或 'c'，則只會調整欄寬。

(實戰例)▶ 自動調整列高與欄寬

這個例子會先載入活頁簿檔案，並在第一張工作表呼叫 autofit() 函數來自動調整列高與欄寬。

範例檔案：教育訓練.xlsx

程式檔：adjust01.py

```
01   import xlwings as xw
02   app = xw.App(visible=False, add_book=False)
03   wb= app.books.open('教育訓練.xlsx')
```

```
04  ws = wb.sheets['Sheet1']
05  ws.autofit()
06  wb.save('教育訓練ok.xlsx')
07  wb.close()
08  app.quit()
```

執行結果

	A	B	C	D	E	F	G
1	新進員工教育訓練						
2	員工姓名	文書處理技巧	資訊搜尋與整理	簡報製作	公司企業文化	平均成績	
3	楊怡芳	90		96	87	91	
4	金世昌	86	84		94	88	
5	張佳蓉	94	85	84	無理由缺考	65.75	
6	鄭宛臻	62	95	86	94	84.25	
7	黃立伶	65	96	97	86	86	
8	許夢昇	90	94	95	85	91	
9	陳心邦	95	86	96	作幣	69.25	
10							

Sheet1　Sheet2　Sheet3　⊕

程式解析

* 第 1 行：匯入 xlwings 套件並以 xw 作為別名。

* 第 2 行：啟動 Excel 程式。

* 第 3 行：讀取指定檔名的 Excel 檔案。

* 第 4 行：取出活頁簿檔案的第一張工作表。

* 第 5 行：利用 autofit() 函數將工作表內的欄寬度或工作表內的列高變更為最合適的大小。

* 第 6 行：將自動調整欄寬與列高的工作表，再以另外的檔案名稱加以儲存。

* 第 7 行：關閉活頁簿。

* 第 8 行：退出 Excel 程式。

4-2-2　精確調整列高與欄寬

除了可以自動調整列高與欄寬，有時需要精確調整列高與欄寬，這種情況下就可以直接在程式中指定列高與欄寬。我們可以透過 xlwings 模組的 column_width 及 row_height 屬性來精確調整指定範圍儲存格的欄寬與列高。

　　請將本範例檔案的調整成 20 個字元的寬度，並將列高調整成 30 點。這個例子在選取儲存格範圍時，會使用到 xlwings 模組中的 Range 物件的函式，該函數的參數值如果設定為 'table'，表示會擴充到整個表格。但是如果是設定為 'right' 或 'down'，則指示程式向右或向下去擴充選取儲存格範圍。

範例檔案：書籍訂單.xlsx

	A	B	C	D	E	F	G
1	書名	定價	數量	折扣	總金額		
2	C語言	500	50	0.85	21250		
3	C++語言	540	100	0.9	48600		
4	C#語言	580	120	0.9	62640		
5	Java語言	620	40	0.8	19840		
6	Python語言	480	540	0.95	246240		
7							

工作表1

程式檔：adjust02.py

```
01  import xlwings as xw
02  app = xw.App(visible=False, add_book=False)
03  wb = app.books.open('書籍訂單.xlsx')
04  ws = wb.sheets[0]
05  target = ws.range('A1').expand('table')
06  target.column_width = 20
07  target.row_height = 30
08  wb.save('書籍訂單ok.xlsx')
09  wb.close()
10  app.quit()
```

執行結果

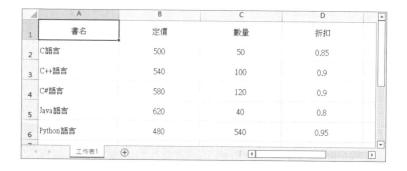

	A	B	C	D
1	書名	定價	數量	折扣
2	C語言	500	50	0.85
3	C++語言	540	100	0.9
4	C#語言	580	120	0.9
5	Java語言	620	40	0.8
6	Python語言	480	540	0.95

工作表1

* 第 1 行：匯入 xlwings 套件並以 xw 作為別名。

* 第 2 行：啟動 Excel 程式。

* 第 3 行：讀取指定檔名的 Excel 檔案。

* 第 4 行：取出活頁簿檔案的第一張工作表。

* 第 5 行：設定儲存格範圍，這個指令的意思是從儲存格 A1 擴充到整個表格，也是指這個表格中已有資料的儲存格範圍。

* 第 6~7 行：將作用儲存格範圍的欄寬設定為 20，列高設定為 30。

* 第 8 行：將自動調整欄寬與列高的工作表，以另外的檔案加以儲存。

* 第 9 行：關閉活頁簿。

* 第 10 行：退出 Excel 程式。

4-2-3　調整單一活頁簿所有工作表列高與欄寬

剛才示範是調整單一工作表的列高與欄寬，其實只要利用迴圈的程式寫作技巧，也可以一次調整活頁簿中所有工作表列高與欄寬。

(實戰例) ▶ 調整所有工作表列高與欄寬

這個例子會取得活頁簿中所有工作表，再利用迴圈陸續針對每一個工作表，以 autofit() 函數自動調整工作表列高與欄寬。

範例檔案：無

```
01   import xlwings as xw
02   app = xw.App(visible=False, add_book=False)
03   wb = app.books.open('教育訓練_多工作表.xlsx')
04   ws = wb.sheets
05   for num in ws:
06       num.autofit()
07   wb.save('教育訓練_多工作表ok.xlsx')
08   wb.close()
09   app.quit()
```

執行結果

▲	A	B	C	D	E	F	G
1			新進員工教育訓練				
2	員工姓名	文書處理技巧	資訊搜尋與整理	簡報製作	公司企業文化	平均成績	
3	楊怡芳	90		96	87	91	
4	金世昌	86	84		94	88	
5	張佳蓉	94	85	84	無理由缺考	65.75	
6	鄭宛臻	62	95	86	94	84.25	
7	黃立伶	65	96	97	86	86	
8	許夢昇	90	94	95	85	91	
9	陳心邦	95	86	96	作弊	69.25	
10							

第1組　第2組

▲	A	B	C	D	E	F	G
1			新進員工教育訓練				
2	員工姓名	文書處理技巧	資訊搜尋與整理	簡報製作	公司企業文化	平均成績	
3	許伯如	87		96	68	83.66666667	
4	吳建文	80	84		無理由缺考	54.66666667	
5	胡健文	96	85	84		88.33333333	
6	胡昌強	95	95	86	94	92.5	
7	鄭苑鳳	64	96	97	86	85.75	
8	陳芸麗	87	94	95	85	90.25	
9	朱伯偉	88	86	96	64	83.5	
10							

第1組　第2組

程式解析

＊ 第 1 行：匯入 xlwings 套件並以 xw 作為別名。

＊ 第 2 行：啟動 Excel 程式。

＊ 第 3 行：讀取指定檔名的 Excel 檔案。

* 第 4 行：取出活頁簿檔案所有工作表。

* 第 5~6 行：將活頁簿中每一張工作表利用 autofit() 函數將工作表內的欄寬度與列高度變更為最合適的大小。

* 第 7 行：將自動調整欄寬與列高的所有工作表，以另外的檔案名稱加以儲存。

* 第 8 行：關閉活頁簿。

* 第 9 行：退出 Excel 程式。

4-2-4 調整多活頁簿所有工作表列高與欄寬

上一個例子是將一個活頁簿檔案所有工作表進行自動調整列高與欄寬，其實也可以透過程式的設計技巧，一次調整多個活頁簿中所有工作表的列高與欄寬。

實戰例 ▶ 調整多個活頁簿列高與欄寬

這個例子會先利用 Path 函數來取得存放活頁簿的資料夾所在路徑，接著利用 glob() 函數陸續取得所有的活頁簿檔案，並利用迴圈取出所有工作表，再進行自動調整活頁簿中所有工作表列高與欄寬。

範例檔案：「多活頁簿」資料夾

程式檔：adjust04.py

```
01  from pathlib import Path
02  import xlwings as xw
03  app = xw.App(visible=False, add_book=False)
04  folder_path = Path('多活頁簿')
05  files = folder_path.glob('*.xls*')
06  for num1 in files:
07      wb = app.books.open(num1)
08      ws = wb.sheets
09      for num2 in ws:
10          num2.autofit()
11      wb.save()
12      wb.close()
13  app.quit()
```

▲	A	B	C	D	E	F	G
1			新進員工教育訓練				
2	員工姓名	文書處理技巧	資訊搜尋與整理	簡報製作	公司企業文化	平均成績	
3	楊怡芳	90		96	87	91	
4	金世昌	86	84		94	88	
5	張佳蓉	94	85	84	無理由缺考	65.75	
6	鄭宛臻	62	95	86	94	84.25	
7	黃立伶	65	96	97	86	86	
8	許夢昇	90	94	95	85	91	
9	陳心邦	95	86	96	作幣	69.25	
10							

第1組　第2組　⊕

程式解析

* 第 1 行：匯入 pathlib 模組中的 Path 類別。

* 第 2 行：匯入 xlwings 套件並以 xw 作為別名。

* 第 3 行：啟動 Excel 程式。

* 第 4 行：取出要重新命名活頁簿的所在資料夾路徑。

* 第 5 行：取出要重新命名活頁簿的檔案路徑。

* 第 6~12 行：遍訪資料夾中所有活頁簿，並依序開啟各活頁簿中的工作表並自動調整欄寬與列高，每調整好一個活頁簿就進行儲存與關閉檔案的動作，接著再開啟資料夾另一個活頁簿，並進行上述的流程重複操作。

* 第 13 行：退出 Excel 程式。

4-3 欄列範圍的選取

本節會示範如何利用 pandas 模組在資料列表中進行資料的選取工作，這些工作包括欄選取、列選取及欄與列同時選取等三種情況，接下來就先來看如何在資料列表中進行列選取。

4-3-1　列選取

列選取的方式有分兩種方式：一種是利用普通索引的方式，另外一種則是透過位置索引的方式。

(實戰例)▶ 列選取

進行列選取時，有可能只選取單一列，也可能一次同時選取多列。本例除了示範如何利用 loc() 的方式來選取列資料之外，也會示範如何利用 iloc() 方法來選取連續多列，同時會以 Python 程式模擬 Excel 篩選功能，該程式功能會根據指定條件，篩選出符合條件的資料列。

範例檔案：trip.xlsx

	A	B	C	D
1	員工編號	姓名	第一喜好	部門
2	R0001	許富強	高雄	研發部
3	R0002	邱瑞祥	宜蘭	研發部
4	M0001	朱正富	台北	行銷部
5	A0001	陳貴玉	新北	行政部
6	M0002	鄭芸麗	台中	行銷部
7	M0003	許伯如	高雄	行銷部
8	A0002	林宜訓	高雄	行政部

程式檔：row_select.py

```
01  import pandas as pd
02  df=pd.read_excel("trip.xlsx")
03  pd.set_option('display.unicode.ambiguous_as_wide', True)
04  pd.set_option('display.unicode.east_asian_width', True)
05  pd.set_option('display.width', 180) # 設置寬度
06
07  print(df) #原始資料庫
08  print()
09  print(df.loc[0]) #單一列
10  print()
11  print(df.loc[[0,3,5]]) #多數列以串列表示
12  print()
13  print(df.iloc[0:5]) #選取連續多列
```

```
14   print()
15   print(df[df["員工編號"]=="A0001"])   #根據設定條件來篩選
16   print()
```

```
    員工編號     姓名  第一喜好        部門
0   R0001    許富強      高雄     研發部
1   R0002    邱瑞祥      宜蘭     研發部
2   M0001    朱正富      台北     行銷部
3   A0001    陳貴玉      新北     行政部
4   M0002    鄭芸麗      台中     行銷部
5   M0003    許伯如      高雄     行銷部
6   A0002    林宜訓      高雄     行政部

員工編號        R0001
姓名          許富強
第一喜好        高雄
部門          研發部
Name: 0, dtype: object

    員工編號     姓名  第一喜好        部門
0   R0001    許富強      高雄     研發部
3   A0001    陳貴玉      新北     行政部
5   M0003    許伯如      高雄     行銷部

    員工編號     姓名  第一喜好        部門
0   R0001    許富強      高雄     研發部
1   R0002    邱瑞祥      宜蘭     研發部
2   M0001    朱正富      台北     行銷部
3   A0001    陳貴玉      新北     行政部
4   M0002    鄭芸麗      台中     行銷部

    員工編號     姓名  第一喜好        部門
3   A0001    陳貴玉      新北     行政部
```

程式解析

* 第 1 行：匯入 pandas 套件並以 pd 作為別名。

* 第 2 行：讀取指定檔名的 Excel 檔案。

* 第 3~5 行：加入底下三道指令就可以解決這個中文無法對齊的問題。

* 第 7 行：輸出原始資料庫。

* 第 9 行：輸出單一列。

* 第 11 行：輸出多數列以串列表示。

* 第 13 行：選取連續多列。

* 第 15 行：根據設定條件來篩選。

4-3-2 欄選取

欄選取的方式有分兩種方式：一種是利用普通索引的方式，另外一種則是透過位置索引的方式。

(實戰例) ▶ 欄選取

在資料列表進行欄選取時，有可能只是選取單一欄位，也可能一次同時選取多個欄位。要取得單一欄位，只要在原始資料庫名稱後面的中括號，填入要選取的欄位名稱。如果要同時選取多個欄位時，則可以利用串列，將多個欄名一起傳入。上述這兩種直接填入欄名的選取的方式，在 Python 中稱之為「普通索引」的方式。本例除了示範以「普通索引」的方式來選取欄資料之外，也會一併示範如何利用 iloc() 方法，傳入具體欄所在位置的「位置索引」的方法。

範例檔案：trip.xlsx

	A	B	C	D
1	員工編號	姓名	第一喜好	部門
2	R0001	許富強	高雄	研發部
3	R0002	邱瑞祥	宜蘭	研發部
4	M0001	朱正富	台北	行銷部
5	A0001	陳貴玉	新北	行政部
6	M0002	鄭芸麗	台中	行銷部
7	M0003	許伯如	高雄	行銷部
8	A0002	林宜訓	高雄	行政部

程式檔：column_select.py

```
01  import pandas as pd
02  df=pd.read_excel("trip.xlsx")
03  pd.set_option('display.unicode.ambiguous_as_wide', True)
04  pd.set_option('display.unicode.east_asian_width', True)
05  pd.set_option('display.width', 180) # 設置寬度
06
07  print(df) #原始資料庫
08  print()
09  print(df["姓名"]) #單一欄位
10  print()
11  print(df[["員工編號","第一喜好"]]) #多數欄以串列表示
```

```
12  print()
13  print(df.iloc[:,[0,2]]) #另外一種位置索引法
14  print()
```

執行結果

```
     員工編號    姓名  第一喜好      部門
0    R0001   許富強    高雄    研發部
1    R0002   邱瑞祥    宜蘭    研發部
2    M0001   朱正富    台北    行銷部
3    A0001   陳貴玉    新北    行政部
4    M0002   鄭芸麗    台中    行銷部
5    M0003   許伯如    高雄    行銷部
6    A0002   林宜訓    高雄    行政部

0    許富強
1    邱瑞祥
2    朱正富
3    陳貴玉
4    鄭芸麗
5    許伯如
6    林宜訓
Name: 姓名, dtype: object

     員工編號  第一喜好
0    R0001    高雄
1    R0002    宜蘭
2    M0001    台北
3    A0001    新北
4    M0002    台中
5    M0003    高雄
6    A0002    高雄

     員工編號  第一喜好
0    R0001    高雄
1    R0002    宜蘭
2    M0001    台北
3    A0001    新北
4    M0002    台中
5    M0003    高雄
6    A0002    高雄
```

程式解析

* 第 1 行：匯入 pandas 套件並以 pd 作為別名。

* 第 2 行：讀取指定檔名的 Excel 檔案。

* 第 3~5 行：加入底下三道指令就可以解決這個中文無法對齊的問題。

* 第 7 行：輸出原始資料庫。

* 第 9 行：輸出單一欄位。

* 第 11 行：輸出多數欄以串列表示。

* 第 13 行：另外一種位置索引法。

4-3-3 欄與列同時選取

欄與列同時選取有好幾種作法，一種方式是利用 loc() 方法傳入「位置索引」搭配「普通索引」來同時選取欄與列；另外一種方式則是利用 iloc() 方法分別傳入列與欄的位置索引。

實戰例 ▶ 欄與列同時選取

這個例子會一併示範兩種不同「位置索引」的實作方法，程式最後則是加入篩選條件，最後列出滿足篩選條件的列與欄。

範例檔案：trip.xlsx

	A	B	C	D
1	員工編號	姓名	第一喜好	部門
2	R0001	許富強	高雄	研發部
3	R0002	邱瑞祥	宜蘭	研發部
4	M0001	朱正富	台北	行銷部
5	A0001	陳貴玉	新北	行政部
6	M0002	鄭芸麗	台中	行銷部
7	M0003	許伯如	高雄	行銷部
8	A0002	林宜訓	高雄	行政部

程式檔：both_select.py

```
01  import pandas as pd
02  df=pd.read_excel("trip.xlsx")
03  pd.set_option('display.unicode.ambiguous_as_wide', True)
04  pd.set_option('display.unicode.east_asian_width', True)
05  pd.set_option('display.width', 180) # 設置寬度
06
07  print(df) #原始資料庫
08  print()
09  print(df.loc[[0,2],["員工編號","第一喜好"]])
10  print()
11  print(df.iloc[[0,2],[0,2]])
12  print()
13  print(df.iloc[0:2,0:3])
14  print()
15  print(df[df["員工編號"]=="A0001"][["員工編號","第一喜好"]])
16  print()
```

```
    員工編號     姓名 第一喜好     部門
0    R0001    許富強     高雄   研發部
1    R0002    邱瑞祥     宜蘭   研發部
2    M0001    朱正富     台北   行銷部
3    A0001    陳貴玉     新北   行政部
4    M0002    鄭芸麗     台中   行銷部
5    M0003    許伯如     高雄   行銷部
6    A0002    林宜訓     高雄   行政部

    員工編號 第一喜好
0    R0001     高雄
2    M0001     台北

    員工編號 第一喜好
0    R0001     高雄
2    M0001     台北

    員工編號     姓名 第一喜好
0    R0001    許富強     高雄
1    R0002    邱瑞祥     宜蘭

    員工編號 第一喜好
3    A0001     新北
```

程式解析

* 第 1 行：匯入 pandas 套件並以 pd 作為別名。

* 第 2 行：讀取指定檔名的 Excel 檔案。

* 第 3~5 行：加入底下三道指令就可以解決這個中文無法對齊的問題。

* 第 7 行：輸出原始資料庫。

* 第 9 行：利用 loc() 方法傳入「位置索引」搭配「普通索引」來同時選取欄與列。

* 第 11 行：利用 iloc() 方法分別傳入列與欄的「位置索引」。

* 第 13 行：利用 iloc() 方法分別傳入列與欄的「位置索引」。

* 第 15 行：加入篩選條件來同時選取滿足條件的列與欄。

4-4 插入空白欄、列

本小節將介紹如何在工作表插入單一空白列及多空白列，同時會一併討論如何在工作表插入單一空白欄及多空白欄。

要在工作表中插入空白列，可以透過 openpyxl 模組中工作表物件的 insert_rows() 函式。這個函式的主要功能是在指定位置插入指定數量的空白列，它有兩個參數可以設定，第 1 個參數是設定要插入空白列的位置，例如設定為 3，表示要在工作表第 3 列前插入空白列。第 2 個參數是設定要插入空白列的數量，例如設定為 6，表示要在指定位置前插入 6 個空白列。但是如果只是想插入 1 個空白列，則可以省略第 2 個參數。例如 insert_rows(4) 和 insert_rows(4,1) 都是指示程式在第 4 列前插入一空白列。

要在工作表中插入空白欄，可以透過 openpyxl 模組中工作表物件的 insert_cols() 函式。這個函式的主要功能是在指定位置插入指定數量的空白欄，它有兩個參數可以設定，第 1 個參數是設定要插入空白欄的位置，例如設定為 3，表示要在工作表第 3 欄前插入空白欄。第 2 個參數是設定要插入空白欄的數量，例如設定為 6，表示要在指定位置前插入 6 個空白欄。但是如果只是想插入 1 個空白欄，則可以省略第 2 個參數。例如 insert_cols(4) 和 insert_cols(4,1) 都是指示程式在第 4 欄前插入一空白欄。

4-4-1　插入一個空白列

要在工作表中插入一行空白列，可以藉助 openpyxl 模組的 insert_rows() 方法在工作表中插入一個空白列。

(實戰例)▶ 在工作表插入空白列

請在本範例檔案的工作表第 4 列前插入一空白列。

範例檔案：外包錄音費.xlsx

	A	B	C	D	E
1	外包錄音費用結算表				
2	外包人員姓名	錄影時間(分)	計費時間	支付費用	
3	方雅雯	316	315	4200	
4	邵孟倫	428	420	5600	
5	元益喜	418	405	5400	
6	黃依婷	320	315	4200	
7	巫綺貴	168	165	2200	
8					

Sheet1　Sheet2　S …　(+)

程式檔：insert01.py

```
01   from openpyxl import load_workbook
02   wb = load_workbook('外包錄音費.xlsx')
03   ws = wb['Sheet1']
04   ws.insert_rows(4, 1)
05   wb.save('外包錄音費1.xlsx')
```

執行結果

	A	B	C	D	E
1	外包錄音費用結算表				
2	外包人員姓名	錄影時間(分)	計費時間	支付費用	
3	方雅雯	316	315	4200	
4					
5	邵孟倫	428	0	0	
6	元益喜	418	420	0	
7	黃依婷	320	405	5600	
8	巫綺貴	168	315	5400	
9					
10					

Sheet1　Sheet2　S …　(+)

程式解析

* 第 1 行：匯入 openpyxl 模組的 load_workbook 函數。

* 第 2 行：讀取指定檔名的 Excel 檔案。

* 第 3 行：指定要插入空白列的工作表。

* 第 4 行：在第 4 列的位置插入空白列。

* 第 5 行：以另外的檔案名稱加以儲存。

4-4-2 插入一個空白欄

藉助 openpyxl 模組的 insert_cols() 方法在工作表中插入空白欄。

實戰例 ▸ **在工作表插入空白欄**

這個例子會示範在工作表第 3 欄前插入一個空白欄。

範例檔案：外包錄音費.xlsx

	A	B	C	D	E
1	外包錄音費用結算表				
2	外包人員姓名	錄影時間(分)	計費時間	支付費用	
3	方雅雯	316	315	4200	
4	邵孟倫	428	420	5600	
5	元益喜	418	405	5400	
6	黃依婷	320	315	4200	
7	巫綺貴	168	165	2200	
8					

Sheet1　Sheet2　... ⊕

程式檔：insert02.py

```
01   from openpyxl import load_workbook
02   wb = load_workbook('外包錄音費.xlsx')
03   ws = wb['Sheet1']
04   ws.insert_cols(3)
05   wb.save('外包錄音費2.xlsx')
```

執行結果

	A	B	C	D	E	F
1	外包錄音費用結算表					
2	外包人員姓名	錄影時間(分)		計費時間	支付費用	
3	方雅雯	316		315	0	
4	邵孟倫	428		420	0	
5	元益喜	418		405	0	
6	黃依婷	320		315	0	
7	巫綺貴	168		165	0	
8						

Sheet1　Sheet2　She ... ⊕

* 第 1 行：匯入 openpyxl 模組的 load_workbook 函數。

* 第 2 行：讀取指定檔名的 Excel 檔案。

* 第 3 行：指定要插入空白欄的工作表。

* 第 4 行：在第 3 欄的位置插入空白欄。

* 第 5 行：以另外的檔案名稱加以儲存。

4-4-3　插入多行空白列

藉助 openpyxl 模組的 insert_rows() 方法插入指定數量的多行空白列。

實戰例 ▶ 一次插入多空白列

這個例子會示範在工作表第 4 列前插入 2 列空白列。

範例檔案：外包錄音費.xlsx

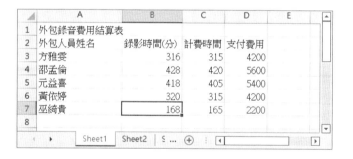

程式檔：insert03.py

```
01   from openpyxl import load_workbook
02   wb = load_workbook('外包錄音費.xlsx')
03   ws = wb['Sheet1']
04   ws.insert_rows(4, 2)
05   wb.save('外包錄音費3.xlsx')
```

	A	B	C	D	E
1	外包錄音費用結算表				
2	外包人員姓名	錄影時間(分)	計費時間	支付費用	
3	方雅雯	316	315	4200	
4					
5					
6	邵孟倫	428	0	0	
7	元益喜	418	0	0	
8	黃依婷	320	420	0	
9	巫綺貴	168	405	0	
10					

Sheet1　Sheet2　… ⊕

程式解析

* 第 1 行：匯入 openpyxl 模組的 load_workbook 函數。

* 第 2 行：讀取指定檔名的 Excel 檔案。

* 第 3 行：指定要插入空白列的工作表。

* 第 4 行：在第 4 列的位置插入兩列空白列。

* 第 5 行：以另外的檔案名稱加以儲存。

4-5 刪除空白欄（列）及刪除數值

本節將示範如何利用 openpyxl 及 pandas 模組所提供的功能，在工作表中刪除欄（列）或數值等目的，這些工作包括刪除空白欄、刪除空白列、使用 drop() 來刪除數值或欄位、使用 drop() 來刪除指定列及使用條件式設定刪除列。

4-5-1 刪除空白欄

在整理工作表的過程中，如果看到一些空白欄，可以透過 openpyxl 模組作表物件的 delete_cols() 函式，完成刪除空白欄這項工作，這個函式的功能是指定位置刪除指定數量的欄。它有兩個參數可以設定，第 1 個參數是設定要刪除欄的起始位置，例如設定為 3，表示要在工作表第 3 欄起刪除。第 2 個參數是設定要刪除欄的數量，例如設定為 6，表示要在指定位置前刪除 6 個欄。但是如果只是想刪除 1 個欄，則可以省略第 2 個參數。例如 delete_cols(5) 和 insert_cols(5,1) 都是指示程式在第 5 欄起刪除 1 個欄。

(實戰例)▸ 在工作表刪除欄

會示範 delete_cols() 來刪除多餘的空白欄，本例會將 C 欄的空白欄刪除。

範例檔案：刪除空白欄.xlsx

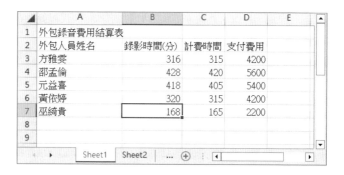

程式檔：delete_cols.py

```
01   from openpyxl import load_workbook
02   wb = load_workbook('刪除空白欄.xlsx')
03   ws = wb['Sheet1']
04   ws.delete_cols(3, 1)
05   wb.save('刪除空白欄ok.xlsx')
```

執行結果

程式解析

* 第 1 行：匯入 openpyxl 模組的 load_workbook 函數。
* 第 2 行：讀取指定檔名的 Excel 檔案。
* 第 3 行：指定要刪除空白欄的工作表。
* 第 4 行：在指定位置刪除空白欄。
* 第 5 行：以另外的檔案名稱加以儲存。

4-5-2 刪除空白列

在整理工作表的過程中，如果看到一些空白列，可以透過 openpyxl 模組作表物件的 delete_rows() 函式，完成刪除空白列這項工作。

這個函式的功能是指定位置刪除指定數量的列。它有兩個參數可以設定，第 1 個參數是設定要刪除列的起始位置，例如設定為 3，表示要在工作表第 3 列起刪除。第 2 個參數是設定要刪除列的數量，例如設定為 6，表示要在指定位置前刪除 6 個列。但是如果只是想刪除 1 個列，則可以省略第 2 個參數。例如 delete_cols(5) 和 insert_cols(5,1) 都是指示程式在第 5 列起刪除 1 個列。

實戰例 ▶ **在工作表刪除列**

這個例子將示範 delete_rows() 來刪除多餘空白列，本例會將第 4 列及第 5 列的空白列刪除。

範例檔案：刪除空白列.xlsx

	A	B	C	D	E
1	外包錄音費用結算表				
2	外包人員姓名	錄影時間(分)	計費時間	支付費用	
3	方雅雯	316	315	4200	
4					
5					
6	邵孟倫	428	0	0	
7	元益喜	418	0	0	
8	黃依婷	320	420	0	
9	巫綺貴	168	405	0	
10					

Sheet1　Sheet2　SI ...　⊕

```
01   from openpyxl import load_workbook
02   wb = load_workbook('刪除空白列.xlsx')
03   ws = wb['Sheet1']
04   ws.delete_rows(4, 2)
05   wb.save('刪除空白列ok.xlsx')
```

執行結果

	A	B	C	D	E
1	外包錄音費用結算表				
2	外包人員姓名	錄影時間(分)	計費時間	支付費用	
3	方雅雯	316	315	4200	
4	邵孟倫	428	420	5600	
5	元益喜	418	405	5400	
6	黃依婷	320	315	4200	
7	巫綺貴	168	165	2200	
8					
9					
10					

Sheet1　Sheet2　Sl ...

程式解析

* 第 1 行：匯入 openpyxl 模組的 load_workbook 函數。

* 第 2 行：讀取指定檔名的 Excel 檔案。

* 第 3 行：指定要刪除空白列的工作表。

* 第 4 行：在指定位置刪除空白列。

* 第 5 行：以另外的檔案名稱加以儲存。

4-5-3　使用 drop() 來刪除數值或欄位

在 pandas 模組的 drop() 函數可以幫助各位刪除數值或欄位，我們可以在 drop() 函數括號內指定要刪除欄位的「名稱」或「位置」兩種方式。如果指定參數 axis=0 表示要刪除列（row）；指定參數 axis=1 表示要刪除欄（column）。

（實戰例）▶ 使用 drop() 來刪除數值或欄位

這個例子將示範如何刪除指定名稱的兩個欄位，並分別以兩種不同的參數設定方式進行示範。

範例檔案：training.xlsx

	A	B	C	D	E	F	G	H	I
1	員工編號	員工姓名	電腦應用	英文對話	銷售策略	業務推廣	經營理念	總分	總平均
2	910001	王楨珍	98	95	86	80	88	447	89.4
3	910002	郭佳琳	80	90	82	83	82	417	83.4
4	910003	葉千瑜	86	91	86	80	93	436	87.2
5	910004	郭佳華	89	93	89	87	96	454	90.8
6	910005	彭天慈	90	78	90	78	90	426	85.2
7	910006	曾雅琪	87	83	88	77	80	415	83
8	910007	王貞琇	80	70	90	93	96	429	85.8
9	910008	陳光輝	90	78	92	85	95	440	88
10	910009	林子杰	78	80	95	80	92	425	85
11	910010	李宗勳	60	58	83	40	70	311	62.2
12	910011	蔡昌洲	77	88	81	76	89	411	82.2
13	910012	何福謀	72	89	84	90	67	402	80.4

程式檔：drop1.py

```
01  import pandas as pd
02  df=pd.read_excel("training.xlsx")
03  pd.set_option('display.unicode.ambiguous_as_wide', True)
04  pd.set_option('display.unicode.east_asian_width', True)
05  pd.set_option('display.width', 180) # 設置寬度
06
07  print(df.drop(["總分","總平均"],axis=1))
08  print()
09  print(df.drop(df.columns[[7,8]],axis=1))
10  print()
```

```
     員工編號 員工姓名 電腦應用 英文對話 銷售策略 業務推廣 經營理念
0    910001  王楨珍      98      95      86      80      88
1    910002  郭佳琳      80      90      82      83      82
2    910003  葉千瑜      86      91      86      80      93
3    910004  郭佳華      89      93      89      87      96
4    910005  彭天慈      90      78      90      78      90
5    910006  曾雅琪      87      83      88      77      80
6    910007  王貞琇      80      70      90      93      96
7    910008  陳光輝      90      78      92      85      95
8    910009  林子杰      78      80      95      80      92
9    910010  李宗勳      60      58      83      40      70
10   910011  蔡昌洲      77      88      81      76      89
11   910012  何福謀      72      89      84      90      67

     員工編號 員工姓名 電腦應用 英文對話 銷售策略 業務推廣 經營理念
0    910001  王楨珍      98      95      86      80      88
1    910002  郭佳琳      80      90      82      83      82
2    910003  葉千瑜      86      91      86      80      93
3    910004  郭佳華      89      93      89      87      96
4    910005  彭天慈      90      78      90      78      90
5    910006  曾雅琪      87      83      88      77      80
6    910007  王貞琇      80      70      90      93      96
7    910008  陳光輝      90      78      92      85      95
8    910009  林子杰      78      80      95      80      92
9    910010  李宗勳      60      58      83      40      70
10   910011  蔡昌洲      77      88      81      76      89
11   910012  何福謀      72      89      84      90      67
```

程式解析

* 第 1 行：匯入 pandas 套件並以 pd 作為別名。

* 第 2 行：讀取指定檔名的 Excel 檔案。

* 第 3~5 行：加入底下三道指令就可以解決這個中文無法對齊的問題。

* 第 7 行：在 drop() 方法括號內指定要刪除欄位的名稱。

* 第 9 行：在 drop() 方法括號內指定要刪除欄位的位置。

4-5-4　使用 drop() 來刪除指定列

在 pandas 模組的 drop() 函數也提供刪除指定列的功能，接下來的例子則是示範如何刪除指定列。

實戰例 ▶ 使用 drop() 來刪除指定列

本例將以兩種不同的參數設定的方式進行示範，請各位特別注意，要刪除列時，必須指定參數 axis=0。

	A	B	C	D	E	F	G	H	I
1	員工編號	員工姓名	電腦應用	英文對話	銷售策略	業務推廣	經營理念	總分	總平均
2	910001	王楨珍	98	95	86	80	88	447	89.4
3	910002	郭佳琳	80	90	82	83	82	417	83.4
4	910003	葉千瑜	86	91	86	80	93	436	87.2
5	910004	郭佳華	89	93	89	87	96	454	90.8
6	910005	彭天慈	90	78	90	78	90	426	85.2
7	910006	曾雅琪	87	83	88	77	80	415	83
8	910007	王貞琇	80	70	90	93	96	429	85.8
9	910008	陳光輝	90	78	92	85	95	440	88
10	910009	林子杰	78	80	95	80	92	425	85
11	910010	李宗勳	60	58	83	40	70	311	62.2
12	910011	蔡昌洲	77	88	81	76	89	411	82.2
13	910012	何福謀	72	89	84	90	67	402	80.4

程式檔：drop2.py

```
01  import pandas as pd
02  df=pd.read_excel("training.xlsx")
03  pd.set_option('display.unicode.ambiguous_as_wide', True)
04  pd.set_option('display.unicode.east_asian_width', True)
05  pd.set_option('display.width', 180) # 設置寬度
06
07  print(df.drop([0,1,2,3,4],axis=0))
08  print()
09  print(df.drop(index=[0,1,2,3,4]))
10  print()
```

執行結果

```
    員工編號 員工姓名 電腦應用 英文對話  ... 業務推廣 經營理念  總分  總平均
5   910006  曾雅琪    87    83  ...   77   80  415  83.0
6   910007  王貞琇    80    70  ...   93   96  429  85.8
7   910008  陳光輝    90    78  ...   85   95  440  88.0
8   910009  林子杰    78    80  ...   80   92  425  85.0
9   910010  李宗勳    60    58  ...   40   70  311  62.2
10  910011  蔡昌洲    77    88  ...   76   89  411  82.2
11  910012  何福謀    72    89  ...   90   67  402  80.4

[7 rows x 9 columns]

    員工編號 員工姓名 電腦應用 英文對話  ... 業務推廣 經營理念  總分  總平均
5   910006  曾雅琪    87    83  ...   77   80  415  83.0
6   910007  王貞琇    80    70  ...   93   96  429  85.8
7   910008  陳光輝    90    78  ...   85   95  440  88.0
8   910009  林子杰    78    80  ...   80   92  425  85.0
9   910010  李宗勳    60    58  ...   40   70  311  62.2
10  910011  蔡昌洲    77    88  ...   76   89  411  82.2
11  910012  何福謀    72    89  ...   90   67  402  80.4

[7 rows x 9 columns]
```

* 第 1 行：匯入 pandas 套件並以 pd 作為別名。

* 第 2 行：讀取指定檔名的 Excel 檔案。

* 第 3~5 行：加入底下三道指令就可以解決這個中文無法對齊的問題。

* 第 7 行：第一種刪除列的方式，必須指定參數 axis=0。

* 第 9 行：第二種刪除列的方式。

4-5-5　使用條件式設定刪除列

第三個刪除列的方式，則是以條件式設定的方式，來進行刪除列的動作。

實戰例 ▶ 使用條件式設定刪除列

請將「電腦應用」分數「小於或等於 88 分」的資料列進行刪除，實務上的作法，會在程式中直接以設定「大於 88 分」條件的資料篩選出來，而這個執行結果就是將「電腦應用」分數「小於或等於 88 分」的資料列進行刪除。

範例檔案：training.xlsx

	A	B	C	D	E	F	G	H	I
1	員工編號	員工姓名	電腦應用	英文對話	銷售策略	業務推廣	經營理念	總分	總平均
2	910001	王楨珍	98	95	86	80	88	447	89.4
3	910002	郭佳琳	80	90	82	83	82	417	83.4
4	910003	葉千瑜	86	91	86	80	93	436	87.2
5	910004	郭佳華	89	93	89	87	96	454	90.8
6	910005	彭天慈	90	78	90	78	90	426	85.2
7	910006	曾雅琪	87	83	88	77	80	415	83
8	910007	王貞琇	80	70	90	93	96	429	85.8
9	910008	陳光輝	90	78	92	85	95	440	88
10	910009	林子杰	78	80	95	80	92	425	85
11	910010	李宗勳	60	58	83	40	70	311	62.2
12	910011	蔡昌洲	77	88	81	76	89	411	82.2
13	910012	何福謀	72	89	84	90	67	402	80.4

程式檔：drop3.py

```
01   import pandas as pd
02   df=pd.read_excel("training.xlsx")
03   pd.set_option('display.unicode.ambiguous_as_wide', True)
04   pd.set_option('display.unicode.east_asian_width', True)
```

```
05   pd.set_option('display.width', 180) # 設置寬度
06
07   print(df[df["電腦應用"]>88])
08   print()
```

```
    員工編號 員工姓名  電腦應用  英文對話  ...  業務推廣  經營理念  總分  總平均
0   910001  王楨珍      98      95  ...    80      88  447   89.4
3   910004  郭佳華      89      93  ...    87      96  454   90.8
4   910005  彭天慈      90      78  ...    78      90  426   85.2
7   910008  陳光輝      90      78  ...    85      95  440   88.0

[4 rows x 9 columns]
```

程式解析

* 第 1 行：匯入 pandas 套件並以 pd 作為別名。

* 第 2 行：讀取指定檔名的 Excel 檔案。

* 第 3~5 行：加入底下三道指令就可以解決這個中文無法對齊的問題。

* 第 7 行：在程式中直接以設定「大於 88 分」條件的資料篩選出來，就是將「電腦應用」分數「小於或等於 88 分」的資料列進行刪除。

4-6 新增資料列及資料欄

　　本節將示範如何利用 xlwings 模組在工作表中新增資料列及新增資料欄，本節的例子中會使用到 xlwings 模組工作表物件的 Range() 函式，它可以幫助各位選取儲存格範圍，例如 range(2,3) 表示選取第 2 列第 3 欄，即儲存格 C2。另外，本節的例子中也會使用到 xlwings 模組 Range 物件的 shape 屬性，它會返回一個包含兩個元素的元組，元組中的第 1 個元素代表儲存格範圍的列數；元組中的第 2 個元素代表儲存格範圍的欄數。

4-6-1 新增資料列

　　接下來就先來看如何在工作表中新增資料列。

本實例會以串列的資料型態設定新增資料列的內容，再透過指定範圍，去設定該新增資料列各個儲存格的內容值。

範例檔案：書籍訂單.xlsx

	A	B	C	D	E	F
1	書名	定價	數量	折扣	總金額	
2	C語言	500	50	0.85	21250	
3	C++語言	540	100	0.9	48600	
4	C#語言	580	120	0.9	62640	
5	Java語言	620	40	0.8	19840	
6	Python語言	480	540	0.95	246240	
7						

工作表1

程式檔：new_rows.py

```
01  import xlwings as xw
02  app = xw.App(visible=False, add_book=False)
03  temprows = [['網路行銷', '420', '500', '0.9',' 189000']]
04  wb = app.books.open('書籍訂單.xlsx')
05  ws = wb.sheets['工作表1']
06  data = ws.range('A1').expand('table')
07  num = data.shape[0]
08  ws.range(num + 1, 1).value = temprows
09  wb.save('書籍訂單(新增列).xlsx')
10  wb.close()
11  app.quit()
```

執行結果

	A	B	C	D	E	F
1	書名	定價	數量	折扣	總金額	
2	C語言	500	50	0.85	21250	
3	C++語言	540	100	0.9	48600	
4	C#語言	580	120	0.9	62640	
5	Java語言	620	40	0.8	19840	
6	Python語言	480	540	0.95	246240	
7	網路行銷	420	500	0.9	189000	
8						

工作表1

* 第 1 行：匯入 xlwings 套件並以 xw 作為別名。

* 第 2 行：啟動 Excel 程式。

* 第 3 行：設定要新增資料列的內容。

* 第 4 行：讀取指定檔名的 Excel 檔案。

* 第 5 行：取出要新增資料的活頁簿。

* 第 6 行：選取工作表中包括資料的儲存格範圍。

* 第 7 行：利用 Range 物件的 shape 屬性回傳儲存格範圍的列數與欄數，
  這裡的 data.shape[0] 表示取得儲存格範圍的列數，並將該儲存格範圍的
  列數設定給 num 變數。

* 第 8 行：將要新增的資料加入到資料儲存格範圍的下一列。

* 第 9 行：以另外的檔案名稱加以儲存。

* 第 10 行：關閉活頁簿。

* 第 11 行：退出 Excel 程式。

4-6-2 新增資料欄

接下來就先來看如何在資料列表中新增資料欄。

(實戰例) ▶ 新增資料欄

本實例會以串列的資料型態設定新增資料欄的內容，再透過指定範圍去設定
該新增資料欄各個儲存格的內容值。

範例檔案：書籍訂單.xlsx

	A	B	C	D	E
1	書名	定價	數量	折扣	總金額
2	C語言	500	50	0.85	21250
3	C++語言	540	100	0.9	48600
4	C#語言	580	120	0.9	62640
5	Java語言	620	40	0.8	19840
6	Python語言	480	540	0.95	246240
7					

工作表1

```
01    import pandas as pd
02    data = pd.read_excel('書籍訂單.xlsx', sheet_name=0)
03    top = data['總金額'].max()
04    interval = [0, 25000, 50002, top]
05    conclusion = ['不佳', '普通', '暢銷']
06    data['銷售情況'] = pd.cut(data['總金額'], interval, labels=conclusion)
07    data.to_excel('書籍訂單(評語).xlsx', sheet_name='銷售評估表', index=False)
```

執行結果

	A	B	C	D	E	F	G
1	書名	定價	數量	折扣	總金額	銷售情況	
2	C語言	500	50	0.85	21250	不佳	
3	C++語言	540	100	0.9	48600	普通	
4	C#語言	580	120	0.9	62640	暢銷	
5	Java語言	620	40	0.8	19840	不佳	
6	Python語言	480	540	0.95	246240	暢銷	
7							

銷售評估表

程式解析

* 第 1 行：匯入 pandas 套件並以 pd 作為別名。

* 第 2 行：讀取指定檔名的 Excel 檔案的第 1 張工作表。

* 第 3 行：讀取總金額該欄資料的最大值。

* 第 4 行：設定總金額銷售量的各級距的邊界值。

* 第 5 行：設定各總金額銷售量的等級評語。

* 第 6 行：在工作表插入「銷售情況」欄。

* 第 7 行：以另外的檔名儲存新增資料欄後的工作表內容，並指定該活頁簿的工作表名稱為「銷售評估表」。

4-7 其他儲存格、欄列實用技巧

本小節將示範儲存格、欄（或列）等其他的實用技巧，包括如何折疊隱藏列（欄）資料、將工作表中欄與列進行轉置、一欄拆分多欄、多欄合併一欄，以及凍結窗格。

4-7-1 折疊隱藏列（欄）資料

本節會以兩個例子示範如何「折疊隱藏列資料」及「折疊隱藏欄資料」。

（實戰例）▶ 折疊隱藏列資料

請將本例開啟的範例檔案活頁簿指定工作表，並將第 2 列到第 14 列折疊隱藏。

範例檔案：隱藏列.xlsx

	A	B	C	D
1	授權號碼	被授權單位	授權產品	
2	ZCT394	高雄市立美濃國中	油漆式速記法-超右腦圖像英檢初級	
3	ZCT399	建國科技語言中心	超右腦多益精選字彙	
4	ZCT400	空軍航空技術學院	超右腦多益精選字彙	
5	ZCT401	美和科技大學護理系	醫護,N5 50組	
6	ZCT402	文山高中	學測8500字	
7	ZCT403	文山高中	超右腦英檢	
8	ZCT404	文山高中	超右腦多益	
9	ZCT405	大仁應外	超右印尼,超右泰語	
10	ZCT406	嶺東語言中心	超右越南	
11	ZCT407	長榮東南亞語系	11種	
12	ZCT408	嘉南藥理語言教學	超右進階	
13	ZCT409	台南應用運休系	運休英文單機及android	
14	ZCT410	南台科大財金系	8種見明細	
15	ZCT411	南台科大國企系	N4	
16	ZCT412	台中科技語言中心	越,印,泰	
17	ZCT413	明道大學圖書館	5種明細	
18	ZCT414	亞洲大學語文教學中心	超右泰,印,越	
19	ZCT415	南台科大國企系	N2,超右越,超右德	

Sheet1 Sheet3 (+)

程式檔：hide_rows.py

```
01  from openpyxl import load_workbook
02  wb = load_workbook('隱藏列.xlsx')
```

```
03  ws = wb['Sheet1']
04  ws.row_dimensions.group(2, 14, hidden=True)
05  wb.save('隱藏列ok.xlsx')
```

執行結果

程式解析

* 第 1 行：匯入 openpyxl 模組的 load_workbook 函數。

* 第 2 行：讀取指定檔名的 Excel 檔案。

* 第 3 行：指定要折疊隱藏列資料的工作表。

* 第 4 行：將第 2 列到第 14 列的資料進行隱藏列的處理。

* 第 5 行：以另外的檔案名稱加以儲存。

　　下一個例子將示範「折疊隱藏欄」資料。

實戰例 ▶ 折疊隱藏欄資料

　　這個例子會將第 C 欄到 D 欄折疊隱藏。

範例檔案：隱藏欄.xlsx

程式檔：hide_columns.py

```
01   from openpyxl import load_workbook
02   wb = load_workbook('隱藏欄.xlsx')
03   ws= wb['Sheet1']
04   ws.column_dimensions.group('C', 'D', hidden=True)
05   wb.save('隱藏欄ok.xlsx')
```

執行結果

程式解析

* 第 1 行：匯入 openpyxl 模組的 load_workbook 函數。

* 第 2 行：讀取指定檔名的 Excel 檔案。

* 第 3 行：指定要折疊隱藏欄資料的工作表。

* 第 4 行：將 C 欄到 D 欄的資料進行隱藏欄的處理。

* 第 5 行：以另外的檔案名稱加以儲存。

4-7-2　轉置工作表中欄與列

「轉置矩陣」(A^t) 就是把原矩陣的行座標元素與列座標元素相互調換，假設 A^t 為 A 的轉置矩陣，則有 $A^t[j,i]=A[i,j]$，如下圖所示：

$$A=\begin{bmatrix}1 & 2 & 3\\ 4 & 5 & 6\\ 7 & 8 & 9\end{bmatrix}_{3\times3} \qquad A^t=\begin{bmatrix}1 & 4 & 7\\ 2 & 5 & 8\\ 3 & 6 & 9\end{bmatrix}_{3\times3}$$

（實戰例）▶ 轉置工作表欄列

請將所讀入的工作表進行轉置工作，最後再將轉置後的工作表，以另外一個活頁簿的檔名儲存。

範例檔案：轉置.xlsx

	A	B	C	D	E	F
1	姓名	出生年	出生月	出生日		
2	黃昕慧	1966	7	23		
3	顏長靖	1988	5	4		
4	許郁婷	2001	4	12		
5	陳耀中	2003	5	16		
6	陳漢以	1999	8	1		
7	謝晉俊	2000	5	6		
8	游興亞	2008	6	6		
9	林怡伯	1988	7	12		
10	陳韻紫	1997	4	18		
11	楊淑琪	2002	8	4		
12	蔡卓財	2006	2	9		
13	蔡秀娟	1905	6	2		
14	趙彥霖	1984	12	22		
15	黃志偉	1997	11	23		
16	蔡善生	2001	10	24		
17	李威貴	1977	9	25		
18						

Sheet1　Sheet2　Sheet3 ...　＋

程式檔：transpose.py

```
01   import xlwings as xw
02   app = xw.App(visible=False, add_book=False)
03   wb = app.books.open('轉置.xlsx')
04   ws = wb.sheets[0]
05   data = ws.range('A1').expand('table').options(transpose=True).value
```

Python X Excel 的 12 堂關鍵必修課：資料分析自動化的 194 個高效實戰例

```
06  ws.clear()
07  ws.range('A1').expand().value = data
08  wb.save('轉置ok.xlsx')
09  wb.close()
10  app.quit()
```

執行結果

程式解析

* 第 1 行：匯入 xlwings 套件並以 xw 作為別名。

* 第 2 行：啟動 Excel 程式。

* 第 3 行：讀取指定檔名的 Excel 檔案。

* 第 4 行：取出活頁簿檔案的第 1 個工作表。

* 第 5 行：將取出的工作表內容進行欄列轉置的操作。

* 第 6 行：清除目前工作表的資料及套用的格式設定。

* 第 7 行：將剛才轉置後所取得的資料寫入工作表之中。

* 第 8 行：以另外的檔名將活頁簿儲存起來。

* 第 9 行：關閉活頁簿。

* 第 10 行：退出 Excel 程式。

4-7-3　一欄拆分多欄

我們也可以將工作表中的某一欄的資料內容拆分成多欄，請看底下的實例。

04

儲存格、欄（列）自動化操作

4-37

(實戰例)▶ 一欄拆分多欄

這個例子會利用 split() 函數將指定欄位內容拆分出不同的欄位，例如本例的「平均時間」的欄位拆分成時、分、秒三個欄位。

範例檔案：全馬平均時間.xlsx

⊿	A	B	C	D
1	年份	平均時間		
2	2018	03*52*35		
3	2017	03*53*40		
4	2016	03*55*21		
5	2015	03*58*19		
6	2014	03*58*45		
7	2013	03*59*30		
8	2012	04*10*12		
9	2011	04*21*15		
10	2010	04*32*49		
11				

Sheet1　Shee...　⊕

程式檔：split_cols.py

```
01  import pandas as pd
02  ave_time = pd.read_excel('全馬平均時間.xlsx', sheet_name=0)
03  temp = ave_time['平均時間'].str.split('*', expand=True)
04  ave_time['時'] = temp[0]
05  ave_time['分'] = temp[1]
06  ave_time['秒'] = temp[2]
07  ave_time.drop(columns=['平均時間'], inplace=True)
08  ave_time.to_excel('全馬平均時間ok.xlsx', sheet_name='總表', index=False)
```

執行結果

⊿	A	B	C	D	E	F
1	年份	時	分	秒		
2	2018	03	52	35		
3	2017	03	53	40		
4	2016	03	55	21		
5	2015	03	58	19		
6	2014	03	58	45		
7	2013	03	59	30		
8	2012	04	10	12		
9	2011	04	21	15		
10	2010	04	32	49		

總表　⊕

程式解析

* 第 1 行：匯入 pandas 套件並以 pd 作為別名。

* 第 2 行：讀取指定檔名的 Excel 檔案的第 1 個工作表。

* 第 3 行：根據「*」來拆分「平均時間」欄位內的資料內容。

* 第 4~6 行：拆分後的第 1 個欄位為「時」欄位；拆分後的第 2 個欄位為「分」欄位；拆分後的第 3 個欄位為「秒」欄位。

* 第 7 行：刪除原作用工作表的「平均時間」欄。

* 第 8 行：將處理好「一欄拆分多欄」的活頁簿以另外的檔案儲存。

4-7-4 多欄合併一欄

我們也可以將工作表多欄資料合併成一欄，請看底下的實例。

實戰例 ▶ 多欄合併一欄

這個例子時、分、秒三欄合併成一欄。

範例檔案：全馬平均時間ok.xlsx

程式檔：many2one.py

```
01   import pandas as pd
02   ave_time = pd.read_excel('全馬平均時間ok.xlsx', sheet_name='總表')
03   ave_time['平均時間'] = ave_time['時'].astype(str) + '*' \
```

```
04    + ave_time['分'].astype(str) + '*' + ave_time['秒'].astype(str)
05  ave_time.drop(columns=['時', '分', '秒'], inplace=True)
06  ave_time.to_excel('全馬平均時間1.xlsx', sheet_name='Sheet1', index=False)
```

執行結果

	A	B	C	D	E	F
1	年份	平均時間				
2	2018	3*52*35				
3	2017	3*53*40				
4	2016	3*55*21				
5	2015	3*58*19				
6	2014	3*58*45				
7	2013	3*59*30				
8	2012	4*10*12				
9	2011	4*21*15				
10	2010	4*32*49				
11						

Sheet1

程式解析

* 第 1 行：匯入 pandas 套件並以 pd 作為別名。

* 第 2 行：讀取指定檔名的 Excel 檔案工作表名稱為「總表」的工作表。

* 第 3~4 行：將「時」欄位、「分」欄位及「秒」欄位三欄資料進行合併。

* 第 5 行：刪除「時」欄位、「分」欄位及「秒」欄位。

* 第 6 行：將處理好「多欄合併一欄」的活頁簿以另外的檔案名稱儲存。

4-7-5 凍結窗格

如果您希望在捲動工作表時，能保持在畫面上的那些列下方，以及那些欄右側的儲存格，這種情況下就可以使用凍結窗格功能。

實戰例 ▶ 凍結窗格

本例將以 B2 儲存格為基準點，實作如何利用 freeze_panes() 來進行凍結窗格。

範例檔案：授權碼對應表.xlsx

	A	B	C	D
1	授權號碼	被授權單位	授權產品	
2	ZCT394	高雄市立美濃國中	油漆式速記法-超右腦圖像英檢初級	
3	ZCT399	建國科技語言中心	超右腦多益精選字彙	
4	ZCT400	空軍航空技術學院	超右腦多益精選字彙	
5	ZCT401	美和科技大學護理系	醫護,N5 50組	
6	ZCT402	文山高中	學測8500字	
7	ZCT403	文山高中	超右腦英檢	
8	ZCT404	文山高中	超右腦多益	
9	ZCT405	大仁應外	超右印尼,超右泰語	
10	ZCT406	嶺東語言中心	超右越南	
11	ZCT407	長榮東南亞語系	11種	
12	ZCT408	嘉南藥理語言教學	超右進階	
13	ZCT409	台南應用運休系	運休英文單機及android	
14	ZCT410	南台科大財金系	8種見明細	
15	ZCT411	南台科大國企系	N4	
16	ZCT412	台中科技語言中心	越,印,泰	
17	ZCT413	明道大學圖書館	5種明細	
18	ZCT414	亞洲大學語文教學中心	超右泰,印,越	

Sheet1 Sheet3 ⊕

程式檔：freeze_pane.py

```
01  from openpyxl import load_workbook
02  wb = load_workbook('授權碼對應表.xlsx')
03  ws = wb['Sheet1']
04  ws.freeze_panes = 'B2'
05  wb.save('授權碼對應表ok.xlsx')
```

執行結果

	A	B	C	D
1	授權號碼	被授權單位	授權產品	
26	ZCT422	美和科大	單機版, 見明細	
27	ZCT423	美和科大護理系	醫護日文	
28	ZCT424	美和科大語言中心	N1-N4	
29	ZCT425	蘭陽技術學院觀光旅遊系	觀光英語android	
30	ZCT426	蘭陽技術學院觀光旅遊系	超右泰語android	
31	ZCT427	高雄科技大學	用英文學中學	
32	ZCT428	美和科大語言中心	越語雙向	
33	ZCT429	明新科技大學圖書館	越語雙向	
34	ZCT430	台中大語言中心	N5_200,德語_	
35	ZCT431	台南護理護理科	醫護英文_	
36	ZCT432	嘉南藥理應外系	N4,N5	
37	ZCT433	明志科技大學	越	
38	ZCT434	美和科大語言中心	多,中級	
39	ZCT435	弘光科技大學語言中心	南越,泰,N5	
40	ZCT436	育英護理	醫護英	
41	ZCT437	慈濟科大行銷流通系	N5,mice	
42	ZCT438	屏東科技大學語言中心	泰,越_60	

Sheet1 Sheet3 ⊕

* 第 1 行：匯入 openpyxl 模組的 load_workbook 函數。

* 第 2 行：讀取指定檔名的 Excel 檔案。

* 第 3 行：指定要凍結窗格的工作表。

* 第 4 行：將 B2 儲存格左邊的欄及上面的列凍結。如果要取消凍結窗格
  則可以將這一列的程式修改成「ws.freeze_panes=None」或「ws.freeze_
  panes='A1'」。

* 第 5 行：以另外的檔案名稱加以儲存。

CHAPTER

05

以 Python 實作
資料匯入與整理

資料的取得管道不外乎從外部資料匯入或自行新增的兩種管道，當資料從外部檔案或資料庫匯入後，還有一項重要工作就是要為資料進行一些處理動作，這些處理動作可能包括去除重複的資料、資料的取代或是一些異常值的處理，這些處理工作在 Excel 已有不錯的工具進行處理，如果想要利用 Python 語言將 Excel 或 csv 格式的資料匯入，甚至進一步作資料的整理工作，這些 pandas 內重要的函數，包含資料的顯示、新增、刪除與排序，將會於本單元中加以陳述。

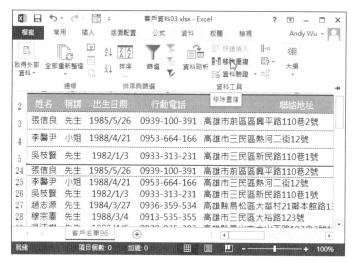

Excel「移除重複」功能可將重複的部分自動刪除

　　本章主要以 pandas 模組來操作 Excel 檔案相關指令的介紹為主，請接著看以下的說明。另外，也可以從 Excel 讀取資料進入 DataFrame，再將處理完的資料存回 Excel 檔案中。

5-1 資料匯入

　　要匯入必須使用外部模組 pandas 的 read_excel() 方法，事實上，這是一系列的方法，除了可以匯入 excel 的檔案格式外，也可以利用 read_csv() 方法來匯入 .csv 檔案格式，接下來就來示範這些方法的各種實例。不過要使用這些方法之前，必須先確認已安裝了外部模組 pandas，Python 安裝方式一樣都是透過 pip install 即可完成安裝，如果還沒有安裝這兩個模組，可以在「命令提示字元」輸入以下的兩道指令，語法如下：

```
pip install pandas
```

　　有關如何透過 Python 指令去操作活頁簿物件的工作表或儲存格的相關操作，在後續的章節還會作更詳細的介紹。

5-1-1　匯入 .xlsx 檔案格式

這個小節將學會如何透過 pandas 模組的 read_excel() 方法來匯入 .xlsx 檔案格式，同時也會示範當輸出的中文資料無法對齊時，如何加入適當的指令加修正輸出外觀中文不對齊的問題。

(實戰例)▶ 匯入 .xlsx 檔案格式（純英文資料）

要使用 Python 匯入 .xlsx 檔案格式必須透過 pandas 模組的 read_excel() 方法，這個方法最簡單的方式就是只傳入一個參數，語法如下：

```
read_excel("檔案名稱.xlsx")
```

底下例子所匯入的資料是以英文為主，可以看出輸出結果並沒有無法對齊的問題。

範例檔案：import01.xlsx

	A	B
1	Number	Week
2	one	Monday
3	two	Tuesday
4	three	Wednesday

程式檔：import01.py

```
01  import pandas as pd
02  df=pd.read_excel("import01.xlsx")
03  print(df)
```

執行結果

```
   Number       Week
0     one     Monday
1     two    Tuesday
2   three  Wednesday
```

程式解析

＊ 第 1 行：匯入 pandas 套件並以 pd 作為別名。

* 第 2 行：使用 pandas 模組的 read_excel() 方法匯入「import01.xlsx」檔案。

* 第 3 行：輸出資料表內容，可以注意到這些英文內容，在輸出時沒有無法對齊的問題。

(實戰例)▶ 匯入 .xlsx 檔案格式（中文資料無法對齊）

但是如果所輸入的資料中包括中文，同樣的語法從 Excel 檔匯入後，並利用 print() 指令輸出資料，就會出現中文無法對齊的外觀，例如以下的程式範例。

範例檔案：import01_chi.xlsx

	A	B
1	數字	星期
2	one	Monday
3	two	Tuesday
4	three	Wednesday

程式檔：import01_chi.py

```
01  import pandas as pd
02  df=pd.read_excel("import01_chi.xlsx")
03  print(df)
```

執行結果

中文資料會產生無法對齊的問題

程式解析

* 第 1 行：匯入 pandas 套件並以 pd 作為別名。

* 第 2 行：使用 pandas 模組的 read_excel() 方法匯入「import01_chi.xlsx」檔案。

* 第 3 行：輸出資料表內容，這個 Excel 原始檔案中包含了中文及英文，各位可以注意到，在輸出時中文資料會產生無法對齊的問題。

實戰例 ▶ 匯入 .xlsx 檔案格式（中文資料準確對齊）

其實要修正輸出外觀中文不對齊的問題，只要加入底下三道指令就可以解決這個中文無法對齊的問題，這三道指令如下：

```
pd.set_option('display.unicode.ambiguous_as_wide', True)
pd.set_option('display.unicode.east_asian_width', True)
pd.set_option('display.width', 180) # 設置寬度
```

請看底下的完整範例程式碼及程式執行結果，就可以看出中文也可以精準地對齊。

範例檔案：import01_chi.xlsx

	A	B
1	數字	星期
2	one	Monday
3	two	Tuesday
4	three	Wednesday

程式檔：import01_right.py

```
01   import pandas as pd
02   df=pd.read_excel("import01_chi.xlsx")
03   pd.set_option('display.unicode.ambiguous_as_wide', True)
04   pd.set_option('display.unicode.east_asian_width', True)
05   pd.set_option('display.width', 180) # 設置寬度
06   print(df)
```

執行結果

```
    數字        星期
0    one      Monday
1    two     Tuesday
2  three   Wednesday
```

程式解析

＊ 第 1 行：匯入 pandas 套件並以 pd 作為別名。

* 第 2 行：使用 pandas 模組的 read_excel() 方法匯入「import01_chi.xlsx」檔案。

* 第 3~5 行：加入底下三道指令就可以解決這個中文無法對齊的問題。

* 第 6 行：輸出資料表內容，這個 Excel 原始檔案中包含了中文及英文，但在輸出中文時，也可以精準地對齊。

5-1-2 讀取指定工作表的各種方式

除了上述的方式，也可以指定匯入這個活頁簿檔案的哪一個工作表，要指定工作表必須傳入另一個參數名稱 sheet_name，設定格式如下：

```
read_excel("檔案名稱.xlsx", sheet_name="工作表名稱")
```

除了直接指定工作表名稱外，也能以數值設定給 sheet_name，第一張工作表的數值為 0，第二張工作表的數值為 1，第三張工作表的數值為 2，…以此類推。

在這個單元中也會示範如何只取出指定欄的內容，例如只取出指定工作表的 B 欄及 D 欄的資料。

(實戰例)▶ 以工作名稱讀取指定工作表

這個例子將示範如何以指定工作表名稱來讀取活頁簿中的指定工作表，並將該工作表內容進行輸出。

範例檔案：import02.xlsx

	A	B
1	數字	星期
2	one	Monday
3	two	Tuesday
4	three	Wednesday

程式檔：import02.py

```
01  import pandas as pd
02  pd.set_option('display.unicode.ambiguous_as_wide', True)
03  pd.set_option('display.unicode.east_asian_width', True)
```

```
04    pd.set_option('display.width', 180) # 設置寬度
05    df=pd.read_excel("import02.xlsx", sheet_name="工作表1")
06    print(df)
```

執行結果

```
    數字        星期
0    one     Monday
1    two    Tuesday
2  three  Wednesday
```

程式解析

* 第 1 行：匯入 pandas 套件並以 pd 作為別名。

* 第 2~4 行：加入底下三道指令就可以解決這個中文無法對齊的問題。

* 第 5 行：讀取活頁簿中的指定工作表，並將該工作表內容進行輸出。

實戰例 ▶ 以 index_col 讀取指定工作表

上圖中可以看出列的預設索引是以 0 開始，事實上也可以透過 index_col 參數來設定列索引，請參考底下的程式：

範例檔案：import03.xlsx

	A	B
1	數字	星期
2	one	Monday
3	two	Tuesday
4	three	Wednesday

程式檔：import03.py

```
01    import pandas as pd
02    pd.set_option('display.unicode.ambiguous_as_wide', True)
03    pd.set_option('display.unicode.east_asian_width', True)
04    pd.set_option('display.width', 180) # 設置寬度
05    df=pd.read_excel("import03.xlsx", sheet_name="工作表1", index_col=0)
06    print(df)
```

```
                         星期
數字
one          Monday
two          Tuesday
three       Wednesday
```

程式解析

* 第 1 行：匯入 pandas 套件並以 pd 作為別名。

* 第 2~4 行：加入底下三道指令就可以解決這個中文無法對齊的問題。

* 第 5 行：透過 index_col 參數來設定列索引。

實戰例 ▶ 以參數 header 讀取指定工作表

另外在匯入 DataFrame 時，它的欄索引預設是以第一列作其欄索引，如果要自行指定欄索引則必須透過參數 header 來進行設定，這個參數預設值為 0，即是以第一列作為欄索引，如果要指定第二列作為欄索引，則參數 header 必須設定為1，同理，如果要指定第三列作為欄索引，則參數 header 必須設定為 2，以此類推。請看接下來的例子。

範例檔案：table.xlsx

```
        A        B
1     水果      顏色
2    banana    yellow
3    apple      red
4    grape     purple
```

程式檔：import04.py

```
01  import pandas as pd
02  pd.set_option('display.unicode.ambiguous_as_wide', True)
03  pd.set_option('display.unicode.east_asian_width', True)
04  pd.set_option('display.width', 180) # 設置寬度
05  df=pd.read_excel("table.xlsx", sheet_name="工作表1", header=0)
06  print(df)
```

```
       水果      顏色
0   banana   yellow
1    apple      red
2    grape   purple
```

程式解析

* 第 1 行：匯入 pandas 套件並以 pd 作為別名。

* 第 2~4 行：加入底下三道指令就可以解決這個中文無法對齊的問題。

* 第 5 行：如果要自行指定欄索引則必須透過參數 header 來進行設定，這個參數預設值為 0，即是以第一列作為欄索引。

實戰例 ▶ **讀取工作表指定欄的內容**

下一個例子則示範如何只取出指定欄的內容，例如只取出 B 欄及 D 欄的資料，其完整的程式碼如下：

範例檔案：table1.xlsx

	A	B	C	D
1	水果	顏色	數字	季節
2	banana	yellow	one	spring
3	apple	red	two	summer
4	grape	purple	three	fall

程式檔：import05.py

```
01  import pandas as pd
02  pd.set_option('display.unicode.ambiguous_as_wide', True)
03  pd.set_option('display.unicode.east_asian_width', True)
04  pd.set_option('display.width', 180) # 設置寬度
05  df=pd.read_excel("table1.xlsx", sheet_name="工作表1", header=0,usecols=[1,3])
06  print(df)
```

執行結果

```
      顏色      季節
0   yellow   spring
1      red   summer
2   purple     fall
```

* 第 1 行：匯入 pandas 套件並以 pd 作為別名。

* 第 2~4 行：加入底下三道指令就可以解決這個中文無法對齊的問題。

* 第 5 行：只取出 B 欄及 D 欄的資料。

5-1-3　匯入 .csv 或 .txt 檔案格式

　　使用者也可以透過匯入 .csv/.txt 檔案格式讀取檔案內容，並將資料放入 DataFrame 中，再來進行資料篩選、資料檢視、資料取代、資料異常處理、資料切片等運算。要讀取 CSV 檔案的語法如下：

```python
import pandas as pd # 引用套件並縮寫為 pd
df = pd.read_csv('test.csv')
print(df)
```

實戰例 ▶ 匯入 .csv 檔案格式

　　這個例子將示範如何讀取 CSV 檔案，並將檔案內容進行輸出。

範例檔案：table1.csv

```
水果,顏色,數字,季節
banana,yellow,one,spring
apple,red,two,summer
grape,purple,three,fall
```

程式檔：import_csv.py

```python
01  import pandas as pd
02  pd.set_option('display.unicode.ambiguous_as_wide', True)
03  pd.set_option('display.unicode.east_asian_width', True)
04  pd.set_option('display.width', 180) # 設置寬度
05  df=pd.read_csv("table1.csv",encoding="big5")
06  print(df)
```

執行結果

```
    水果      顏色     數字      季節
0  banana   yellow    one    spring
1   apple      red    two    summer
2   grape   purple  three      fall
```

程式解析

* 第 1 行：匯入 pandas 套件並以 pd 作為別名。

* 第 2~4 行：加入底下三道指令就可以解決這個中文無法對齊的問題。

* 第 5~6 行：讀取 CSV 檔案，並將檔案內容進行輸出。

實戰例 ▶ 匯入 .txt 檔案格式

這個例子來示範如何讀取 TXT 檔案，並將檔案內容進行輸出。

範例檔案：table1.txt

```
水果      顏色     數字      季節
banana  yellow   one     spring
apple   red      two     summer
grape   purple   three   fall
```

程式檔：import_txt.py

```python
01  import pandas as pd
02  pd.set_option('display.unicode.ambiguous_as_wide', True)
03  pd.set_option('display.unicode.east_asian_width', True)
04  pd.set_option('display.width', 180) # 設置寬度
05  df=pd.read_csv("table1.txt", sep="\t")
06  print(df)
```

執行結果

```
    水果      顏色     數字      季節
0  banana   yellow    one    spring
1   apple      red    two    summer
2   grape   purple  three      fall
```

程式解析

* 第 1 行：匯入 pandas 套件並以 pd 作為別名。

* 第 2~4 行：加入底下三道指令就可以解決這個中文無法對齊的問題。

* 第 5~6 行：讀取 TXT 檔案，並將檔案內容進行輸出。

5-2 資料讀取與取得資訊

當透過 pandas 模組匯入檔案之後，接著就可以針對這個 pandas 的資料結構物件進行讀取及資料預覽，除此之外，也可以藉助 info() 函數可以查看檔案的資訊；使用 shape 屬性檢查檔案大小；或利用 value_counts() 觀察出某些數值的出現次數；也可以藉助 describe() 取得數值分佈的各種統計資訊，這些相關工作的操作技巧會是本單元的介紹重點。

5-2-1 資料預覽

資料預覽可以只顯示特定欄位的前幾筆資料，也可以一次顯示多欄資訊。另外還可以利用 head() 函數或 tail() 函數來預覽前面或後面幾筆資料。先來示範如何如何讀取特定欄位的資料。

實戰例 ▶ 讀取資料的特定欄位

如果要顯示某一特定欄位的前幾筆資料，例如 ' 學生 ' 欄位，其語法如下：

```
df['學生'][0:5]
```

但是如果要一次顯示多項欄位資訊時，就必須分別將這些欄位名稱列出，中間以逗號隔開，例如底下的語法：

```
df[['學生','校內檢測']]
```

如果仔細查看語法，應該注意到要一次顯示多項欄位的資料時，事實上是用 Python 的 list（列表）資料型當作參數。

範例檔案：exam.xlsx

	A	B	C	D	E
1	學生	學號	初級	複試	校內檢測
2	許富強	A001	58	58	62
3	邱瑞祥	A002	62	68	67
4	朱正富	A003	63	64	72
5	陳貴玉	A004	87	90	86
6	莊自強	A005	46	60	54
7	陳大慶	A006	95	68	88
8	莊照如	A007	78	96	84
9	吳建文	A008	87	94	85
10	鍾英誠	A009	69	93	79
11	賴唯中	A010	67	87	78

程式檔：read.py

```python
01  import pandas as pd
02  df=pd.read_excel("exam.xlsx")
03  pd.set_option('display.unicode.ambiguous_as_wide', True)
04  pd.set_option('display.unicode.east_asian_width', True)
05  pd.set_option('display.width', 180) # 設置寬度
06
07  #資料庫內容
08  print(df)
09  print()
10  print("資料庫前五列學生欄位的內容:")
11  print(df['學生'][0:5])
12  print()
13  print("資料庫前三列學生欄位及校內檢測的內容:")
14  print(df[['學生','校內檢測']][0:3])
15  print()
```

```
      學生   學號  初級   複試  校內檢測
0   許富強  A001    58    58       62
1   邱瑞祥  A002    62    68       67
2   朱正富  A003    63    64       72
3   陳貴玉  A004    87    90       86
4   莊自強  A005    46    60       54
5   陳大慶  A006    95    68       88
6   莊照如  A007    78    96       84
7   吳建文  A008    87    94       85
8   鍾英誠  A009    69    93       79
9   賴唯中  A010    67    87       78

資料庫前五列學生欄位的內容:
0     許富強
1     邱瑞祥
2     朱正富
3     陳貴玉
4     莊自強
Name: 學生, dtype: object

資料庫前三列學生欄位及校內檢測的內容:
      學生   校內檢測
0   許富強        62
1   邱瑞祥        67
2   朱正富        72
```

程式解析

* 第 1 行：匯入 pandas 套件並以 pd 作為別名。

* 第 2 行：讀取指定檔名的 Excel 檔案。

* 第 3~5 行：加入底下三道指令就可以解決這個中文無法對齊的問題。

* 第 8 行：輸出原資料庫內容。

* 第 10 行：輸出資料庫前五列學生欄位的內容。

* 第 14 行：資料庫前三列學生欄位及校內檢測的內容。

實戰例 ▶ 前幾筆及後幾筆資料預覽

　　head() 函數是用來預覽前面幾筆資料，在預設的情況下會顯示前 5 筆資料，其語法如下：

```
df.head()
```

如果你要自行決定要顯示前幾筆資料，只要在函數中傳入數字，例如：10，就會顯示 10 筆資料，其語法如下：

```
df.head(10)
```

　　同樣的道理，tail() 函數是用來預覽後面幾筆資料，在預設的情況下會顯示前 5 筆資料，其語法如下：

```
df.tail()
```

　　如果你要自行決定要顯示後面幾筆資料，只要在函數中傳入數字，例如：10，就會顯示 10 筆資料，其語法如下：

```
df.tail(10)
```

範例檔案：exam.xlsx

程式檔：head_tail.py

```
01  import pandas as pd
02  df=pd.read_excel("exam.xlsx")
03  pd.set_option('display.unicode.ambiguous_as_wide', True)
04  pd.set_option('display.unicode.east_asian_width', True)
05  pd.set_option('display.width', 180) # 設置寬度
06
07  #資料庫內容
08  print(df)
09  print()
10  print("資料庫前五列內容:")
11  print(df.head())
12  print()
13  print("資料庫後三列內容:")
14  print(df.tail(3))
15  print()
```

```
    學生    學號   初級   複試   校內檢測
0   許富強   A001    58     58          62
1   邱瑞祥   A002    62     68          67
2   朱正富   A003    63     64          72
3   陳貴玉   A004    87     90          86
4   莊自強   A005    46     60          54
5   陳大慶   A006    95     68          88
6   莊照如   A007    78     96          84
7   吳建文   A008    87     94          85
8   鍾英誠   A009    69     93          79
9   賴唯中   A010    67     87          78

資料庫前五列內容：
    學生    學號   初級   複試   校內檢測
0   許富強   A001    58     58          62
1   邱瑞祥   A002    62     68          67
2   朱正富   A003    63     64          72
3   陳貴玉   A004    87     90          86
4   莊自強   A005    46     60          54

資料庫後三列內容：
    學生    學號   初級   複試   校內檢測
7   吳建文   A008    87     94          85
8   鍾英誠   A009    69     93          79
9   賴唯中   A010    67     87          78
```

程式解析

* 第 1 行：匯入 pandas 套件並以 pd 作為別名。

* 第 2 行：讀取指定檔名的 Excel 檔案。

* 第 3~5 行：加入底下三道指令就可以解決這個中文無法對齊的問題。

* 第 8 行：輸出原資料庫內容。

* 第 11 行：輸出資料庫前五列內容。

* 第 14 行：輸出資料庫後三列內容。

5-2-2　查看檔案資訊、資料型態及大小

　　如果想進一步查看檔案的詳細資訊、指定欄位的資料類型、欄位大小及檔案大小等資訊，可以藉助 info() 函數、dtypes 屬性或 shape 屬性，首先來示範如何利用 info() 函數查看檔案資訊。

(實戰例) ▶ **info() 函數查看檔案資訊**

info() 函數可以查看檔案的資訊，這些資訊包括了這個檔案有多少個欄位，每個欄位的大小及資料類型等資訊，其語法如下：

```
df.info()
```

(範例檔案：exam.xlsx)

(程式檔：info.py)

```
01  import pandas as pd
02  df=pd.read_excel("exam.xlsx")
03  pd.set_option('display.unicode.ambiguous_as_wide', True)
04  pd.set_option('display.unicode.east_asian_width', True)
05  pd.set_option('display.width', 180) # 設置寬度
06
07  #資料庫內容
08  print(df)
09  print()
10  print("查看檔案的資訊:")
11  print(df.info())
```

(執行結果)

```
    學生    學號  初級  複試  校內檢測
0  許富強  A001   58   58     62
1  邱瑞祥  A002   62   68     67
2  朱正富  A003   63   64     72
3  陳貴玉  A004   87   90     86
4  莊自強  A005   46   60     54
5  陳大慶  A006   95   68     88
6  莊照如  A007   78   96     84
7  吳建文  A008   87   94     85
8  鍾英誠  A009   69   93     79
9  賴唯中  A010   67   87     78

查看檔案的資訊:
<class 'pandas.core.frame.DataFrame'>
RangeIndex: 10 entries, 0 to 9
Data columns (total 5 columns):
 #   Column  Non-Null Count  Dtype
---  ------  --------------  -----
 0   學生      10 non-null     object
 1   學號      10 non-null     object
 2   初級      10 non-null     int64
 3   複試      10 non-null     int64
 4   校內檢測    10 non-null     int64
dtypes: int64(3), object(2)
memory usage: 528.0+ bytes
None
```

* 第 1 行：匯入 pandas 套件並以 pd 作為別名。

* 第 2 行：讀取指定檔名的 Excel 檔案。

* 第 3~5 行：加入底下三道指令就可以解決這個中文無法對齊的問題。

* 第 8 行：輸出原資料庫內容。

* 第 11 行：info() 函數可以查看檔案的資訊，這些資訊包括了這個檔案有多少個欄位，每個欄位的大小及資料類型等資訊。

實戰例 ▶ 以 dtypes 屬性取得欄位資料類型

上面的 info() 函數可以查看出每一個欄位的資料類型，而 dtypes 屬性，則可以找出 DataFrame 指定欄位的資料類型。例如要取得學號欄位的資料類型，可以透過底下的指令：

```
df["學號"].dtype
```

範例檔案：exam.xlsx

程式檔：dtype.py

```
01  import pandas as pd
02  df=pd.read_excel("exam.xlsx")
03  pd.set_option('display.unicode.ambiguous_as_wide', True)
04  pd.set_option('display.unicode.east_asian_width', True)
05  pd.set_option('display.width', 180) # 設置寬度
06
07  #資料庫內容
08  print(df)
09  print()
10  print("取得學生欄位的資料類型:")
11  print(df["學生"].dtype)
12  print("取得學號欄位的資料類型:")
13  print(df["學號"].dtype)
14  print("取得校內檢測欄位的資料類型:")
15  print(df["校內檢測"].dtype)
```

```
      學生    學號   初級   複試   校內檢測
0   許富強  A001    58     58        62
1   邱瑞祥  A002    62     68        67
2   朱正富  A003    63     64        72
3   陳貴玉  A004    87     90        86
4   莊自強  A005    46     60        54
5   陳大慶  A006    95     68        88
6   莊照如  A007    78     96        84
7   吳建文  A008    87     94        85
8   鍾英誠  A009    69     93        79
9   賴唯中  A010    67     87        78
取得學生欄位的資料類型：
object
取得學號欄位的資料類型：
object
取得校內檢測欄位的資料類型：
int64
```

程式解析

* 第 1 行：匯入 pandas 套件並以 pd 作為別名。

* 第 2 行：讀取指定檔名的 Excel 檔案。

* 第 3~5 行：加入底下三道指令就可以解決這個中文無法對齊的問題。

* 第 8 行：輸出原資料庫內容。

* 第 11 行：取得學生欄位的資料類型。

* 第 13 行：取得學號欄位的資料類型。

* 第 15 行：取得校內檢測欄位的資料類型。

實戰例 ▶ 以 shape 屬性取得檔案大小

要如何知道檔案的大小呢？使用 shape 屬性。其語法如下：

```
df.shape
```

其執行結果會以一組括號來顯示這個檔案目前由多少列（rows）及多少行（columns）所組成，例如下圖的輸出結果為範例檔案「exam.xlsx」的檔案大小的執行外觀。

程式檔：shape.py

```
01  import pandas as pd
02  df=pd.read_excel("exam.xlsx")
03  pd.set_option('display.unicode.ambiguous_as_wide', True)
04  pd.set_option('display.unicode.east_asian_width', True)
05  pd.set_option('display.width', 180) # 設置寬度
06
07  #資料庫內容
08  print(df)
09  print()
10  print("檢查檔案大小:")
11  print('會以一組括號來顯示這個檔案目前由多少列(rows)及多少行(columns)')
12  print(df.shape)
```

執行結果

```
    學生    學號   初級   複試   校內檢測
0   許富強   A001   58   58       62
1   邱瑞祥   A002   62   68       67
2   朱正富   A003   63   64       72
3   陳貴玉   A004   87   90       86
4   莊自強   A005   46   60       54
5   陳大慶   A006   95   68       88
6   莊照如   A007   78   96       84
7   吳建文   A008   87   94       85
8   鍾英誠   A009   69   93       79
9   賴唯中   A010   67   87       78

檢查檔案大小:
會以一組括號來顯示這個檔案目前由多少列(rows)及多少行(columns)
(10, 5)
```

程式解析

* 第 1 行：匯入 pandas 套件並以 pd 作為別名。

* 第 2 行：讀取指定檔名的 Excel 檔案。

* 第 3~5 行：加入底下三道指令就可以解決這個中文無法對齊的問題。

* 第 8 行：輸出原資料庫內容。

Python X Excel 的 12 堂關鍵必修課：資料分析自動化的 194 個高效實戰例

* 第 12 行：使用 shape 屬性檢查檔案大小，它會以一組括號來顯示這個檔案目前由多少列（rows）及多少行（columns）。

5-2-3 數值計次及回傳 DataFrame 統計資料

透過 value_counts() 觀察特定欄位不同數值出現次數，另外還能以 describe() 函數輸出統計資訊。

（實戰例）▶ 以 value_counts() 觀察某數值出現次數

value_counts() 這個函數會傳回一個包含唯一值計數的數列，從這個數列中可以觀察出某些數值的出現次數。

範例檔案：exam.xlsx

	A	B	C	D	E
1	學生	學號	初級	複試	校內檢測
2	許富強	A001	58	58	62
3	邱瑞祥	A002	62	68	67
4	朱正富	A003	63	64	72
5	陳貴玉	A004	87	90	86
6	莊自強	A005	46	60	54
7	陳大慶	A006	95	68	88
8	莊照如	A007	78	96	84
9	吳建文	A008	87	94	85
10	鍾英誠	A009	69	93	79
11	賴唯中	A010	67	87	78

程式檔：value_counts.py

```
01  import pandas as pd
02  df=pd.read_excel("exam.xlsx")
03  pd.set_option('display.unicode.ambiguous_as_wide', True)
04  pd.set_option('display.unicode.east_asian_width', True)
05  pd.set_option('display.width', 180) # 設置寬度
06
07  print("取得複試欄位的數值的出現次數:")
08  print(df["複試"].value_counts())
09  print("取得複試欄位的數值的出現次數, 並列出不同值出現的佔比:")
10  print(df["複試"].value_counts(normalize=True))
```

```
取得複試欄位的數值的出現次數：
68    2
58    1
64    1
90    1
60    1
96    1
94    1
93    1
87    1
Name: 複試, dtype: int64
取得複試欄位的數值的出現次數，並列出不同值出現的佔比：
68    0.2
58    0.1
64    0.1
90    0.1
60    0.1
96    0.1
94    0.1
93    0.1
87    0.1
Name: 複試, dtype: float64
```

程式解析

* 第 1 行：匯入 pandas 套件並以 pd 作為別名。

* 第 2 行：讀取指定檔名的 Excel 檔案。

* 第 3~5 行：加入底下三道指令就可以解決這個中文無法對齊的問題。

* 第 8 行：取得複試欄位的數值的出現次數。

* 第 10 行：取得複試欄位的數值的出現次數，並列出不同值出現的佔比。

實戰例 ▶ 以 describe() 函數輸出統計資訊

這個函式回傳一個 DataFrame 的統計資料。如果 describe() 方法沒有傳遞任何引數，函式會使用所有的預設值。

範例檔案：exam.xlsx

程式檔：describe.py

```
01  import pandas as pd
02  df=pd.read_excel("exam.xlsx")
```

```
03  pd.set_option('display.unicode.ambiguous_as_wide', True)
04  pd.set_option('display.unicode.east_asian_width', True)
05  pd.set_option('display.width', 180) # 設置寬度
06
07  #資料庫內容
08  print(df)
09  print()
10  print("取得所有數值型別的分佈值情況:")
11  print(df.describe())
```

執行結果

```
     學生   學號   初級   複試  校內檢測
0   許富強  A001   58   58    62
1   邱瑞祥  A002   62   68    67
2   朱正富  A003   63   64    72
3   陳貴玉  A004   87   90    86
4   莊自強  A005   46   60    54
5   陳大慶  A006   95   68    88
6   莊照如  A007   78   96    84
7   吳建文  A008   87   94    85
8   鍾英誠  A009   69   93    79
9   賴唯中  A010   67   87    78
取得所有數值型別的分佈值情況:
             初級         複試      校內檢測
count  10.000000  10.000000  10.000000
mean   71.200000  77.800000  75.500000
std    15.259241  15.454593  11.433382
min    46.000000  58.000000  54.000000
25%    62.250000  65.000000  68.250000
50%    68.000000  77.500000  78.500000
75%    84.750000  92.250000  84.750000
max    95.000000  96.000000  88.000000
```

程式解析

* 第 1 行：匯入 pandas 套件並以 pd 作為別名。

* 第 2 行：讀取指定檔名的 Excel 檔案。

* 第 3~5 行：加入底下三道指令就可以解決這個中文無法對齊的問題。

* 第 8 行：輸出原資料庫內容。

* 第 11 行：describe() 會回傳一個 DataFrame 的統計資料，它會取得所有數值型別的分佈值情況。

5-3 資料整理前置工作

當將 Excel 檔案套用 pandas 模組匯入成 DataFrame 的資料格式物件後，可以在資料操作前先進行資料預處理的前置工作，這些工作可能包含缺失值查詢與刪除、刪除缺失值、空白資料填充、重複值處理等，本節就來示範如何利用 pandas 模組的各種資料整理的前置工作。

5-3-1 缺失值查詢與替換

函數 isnull() 是用來檢查空值，並會回傳布林值。另外，當知道如何查詢缺失值之後，還會示範如何刪除缺失值！如果不打算刪除空值的資料，還有一個方法可以做就是把 NaN 的資料代換掉。

實戰例 ▸ 缺失值查詢

以下例子將示範各種缺失值的查詢方式，包括直接由 print 函數查看缺失值、利用 isnull 函數查看缺失值及利用 info 函數查看缺失值。

範例檔案：isnull.xlsx

	A	B	C
1	書名	定價	數量
2	C語言	500	50
3	C++語言		100
4	C#語言	580	120
5	Java語言	620	
6	Python語言	480	540

程式檔：isnull.py

```
01  import pandas as pd
02  df=pd.read_excel("isnull.xlsx")
03  pd.set_option('display.unicode.ambiguous_as_wide', True)
04  pd.set_option('display.unicode.east_asian_width', True)
05  pd.set_option('display.width', 180) # 設置寬度
06
```

```
07    #資料庫內容
08    print("直接由print函數就可以查看缺失值:")
09    print(df)
10    print()
11    print("利用isnull函數查看缺失值:")
12    print(df.isnull())
13    print()
14    print("利用info函數查看缺失值:")
15    print(df.info())
16    print()
```

執行結果

```
直接由print函數就可以查看缺失值:
          書名      定價      數量
0       C語言     500.0    50.0
1      C++語言     NaN    100.0
2       C#語言    580.0   120.0
3      Java語言   620.0     NaN
4    Python語言   480.0   540.0

利用isnull函數查看缺失值:
      書名      定價      數量
0    False    False    False
1    False    True     False
2    False    False    False
3    False    False    True
4    False    False    False

利用info函數查看缺失值:
<class 'pandas.core.frame.DataFrame'>
RangeIndex: 5 entries, 0 to 4
Data columns (total 3 columns):
 #    Column   Non-Null Count   Dtype
---   ------   --------------   -----
 0    書名        5 non-null      object
 1    定價        4 non-null      float64
 2    數量        4 non-null      float64
dtypes: float64(2), object(1)
memory usage: 248.0+ bytes
None
```

程式解析

* 第 1 行：匯入 pandas 套件並以 pd 作為別名。

* 第 2 行：讀取指定檔名的 Excel 檔案。

＊ 第 3~5 行：加入底下三道指令就可以解決這個中文無法對齊的問題。

＊ 第 9 行：輸出原資料庫內容，其實直接由 print 函數就可以查看缺失值。

＊ 第 12 行：isnull() 這個函數是用來檢查空值，並會回傳布林值。

＊ 第 15 行：利用 info 函數查看缺失值。

實戰例 ▶ 刪除缺失值

很多時候所得到的資料不一定是完全都有數值，很可能含有 NaN，這時候就需要把它給刪除，有一個叫做 dropna() 的函式可以幫助刪除 NaN 的資料！這個函數會刪除掉有缺失值的列，再將資料回傳。

範例檔案：isnull.xlsx

	A	B	C
1	書名	定價	數量
2	C語言	500	50
3	C++語言		100
4	C#語言	580	120
5	Java語言	620	
6	Python語言	480	540

程式檔：dropna.py

```
01  import pandas as pd
02  df=pd.read_excel("isnull.xlsx")
03  pd.set_option('display.unicode.ambiguous_as_wide', True)
04  pd.set_option('display.unicode.east_asian_width', True)
05  pd.set_option('display.width', 180) # 設置寬度
06
07  #資料庫內容
08  print("直接由print函數就可以查看缺失值:")
09  print(df)
10  print()
11  print("利用dropna函數刪除缺失值的所在列:")
12  print(df.dropna())
13  print()
```

```
直接由print函數就可以查看缺失值：
          書名      定價      數量
0         C語言     500.0     50.0
1       C++語言      NaN    100.0
2         C#語言    580.0    120.0
3       Java語言    620.0      NaN
4     Python語言    480.0    540.0

利用dropna函數刪除缺失值的所在列：
          書名      定價      數量
0         C語言     500.0     50.0
2         C#語言    580.0    120.0
4     Python語言    480.0    540.0
```

程式解析

* 第 1 行：匯入 pandas 套件並以 pd 作為別名。

* 第 2 行：讀取指定檔名的 Excel 檔案。

* 第 3~5 行：加入底下三道指令就可以解決這個中文無法對齊的問題。

* 第 9 行：輸出原資料庫內容，其實直接由 print 函數就可以查看缺失值。

* 第 12 行：利用 dropna 函數刪除缺失值的所在列。

實戰例 ▶ 空值資料的填充

　　如果不打算刪除空值的資料，還有一個方法就是把 NaN 的資料代換掉，這個方法就是 fillna() 函數，其語法格式如下：

```
nba = nba.fillna()
```

　　使用 fillna() 函式，可以在括弧中填入自己想要填入的值，當檔案內容修改完畢後，還可以將其匯出成另一個檔案。

範例檔案：isnull.xlsx

	A	B	C
1	書名	定價	數量
2	C語言	500	50
3	C++語言		100
4	C#語言	580	120
5	Java語言	620	
6	Python語言	480	540

```python
01  import pandas as pd
02  df=pd.read_excel("isnull.xlsx")
03  pd.set_option('display.unicode.ambiguous_as_wide', True)
04  pd.set_option('display.unicode.east_asian_width', True)
05  pd.set_option('display.width', 180) # 設置寬度
06
07  #資料庫內容
08  print("直接由print函數就可以查看缺失值:")
09  print(df)
10  print()
11  print("使用fillna函數將缺失值填入值:")
12  print(df.fillna(0))
13
14  print("利用fillna函數以字典方式填入值:")
15  df1=df.fillna({"定價":500,"數量":100})
16  print(df1)
17  df1.to_excel(excel_writer="fillna.xlsx")
```

執行結果

```
直接由print函數就可以查看缺失值:
            書名      定價      數量
0         C語言   500.0    50.0
1       C++語言     NaN   100.0
2        C#語言   580.0   120.0
3      Java語言   620.0     NaN
4    Python語言   480.0   540.0

使用fillna函數將缺失值填入值:
            書名      定價      數量
0         C語言   500.0    50.0
1       C++語言     0.0   100.0
2        C#語言   580.0   120.0
3      Java語言   620.0     0.0
4    Python語言   480.0   540.0
利用fillna函數以字典方式填入值:
            書名      定價      數量
0         C語言   500.0    50.0
1       C++語言   500.0   100.0
2        C#語言   580.0   120.0
3      Java語言   620.0   100.0
4    Python語言   480.0   540.0
```

結果檔案：fillna.xlsx

	A	B	C	D
1		書名	定價	數量
2	0	C語言	500	50
3	1	C++語言	500	100
4	2	C#語言	580	120
5	3	Java語言	620	100
6	4	Python語言	480	540

程式解析

* 第 1 行：匯入 pandas 套件並以 pd 作為別名。
* 第 2 行：讀取指定檔名的 Excel 檔案。
* 第 3~5 行：加入底下三道指令就可以解決這個中文無法對齊的問題。
* 第 9 行：輸出原資料庫內容，其實直接由 print 函數就可以查看缺失值。
* 第 12 行：使用 fillna 函數將缺失值填入數值 0。
* 第 15 行：利用 fillna 函數以字典方式填入值。
* 第 17 行：當檔案內容修改完畢後，還可以將其匯出成另一個檔案。

5-3-2 移除重複—drop_duplicates()

Excel 有提供一種移除重複資料的功能，其作法是選取要刪除重複資料的範圍後，再從「資料」索引標籤中點選「移除重複」。確認資料的欄位以及格式，接著點選「確定」。當執行「移除重複」的動作之後，會顯示執行結果，包含移除了幾筆重複資料，以及保留幾筆唯一的資料。如此一來就可以把重複的資料刪除。例如底下二圖，左圖為未刪除重複資料的 Excel 工作表外觀，右圖則是利用 Excel 的「移除重複」功能將 A 欄中有重複資料的欄位刪除。

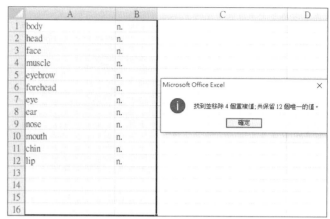

Python 語言非常適合進行數據分析，尤其是 Pandas 更是方便於資料的導入與分析工作，在數據分析的重要部分是分析重複值並將其刪除，要達到這項工作的要求可以藉助 drop_duplicates() 方法從 DataFrame 中刪除重複項。Pandas drop_duplicates() 方法的用法如下：

```
DataFrame.drop_duplicates(subset=None, keep= "first", inplace=False)
```

參數：

- subset：子集採用一列或一列標籤列表。預設為無。
- keep：是控制如何考慮重複值。它有三個不同的值，預設值為
  » 如果為 "first"，則它將第一個值視為唯一值，並將其餘相同的值視為重複值。
  » 如果為 "last"，則它將 last 值視為唯一值，並將其餘相同的值視為重複值。
  » 如果為 False，則將所有相同的值視為重複項。
- inplace：布林值，如果為 True，則刪除重複的行。

這個函數會根據傳遞的參數刪除了重複行的 DataFrame 資料類型。

實戰例 ▶ 移除重複—drop_duplicates()

這個例子將示範 drop_duplicates() 方法，不同參數設定的使用方法，及觀察各種刪除重複項的各種輸出結果。

範例檔案：book.xlsx

	A	B	C	D
1	書名	定價	書號	作者
2	C語言	500	A101	陳一豐
3	C++語言	480	A102	許富強
4	C++語言	480	A102	許富強
5	C++語言	480	A102	陳伯如
6	C#語言	580	A103	李天祥
7	Java語言	620	A104	吳建文
8	Python語言	480	A105	吳建文

程式檔：drop_duplicates.py

```
01  import pandas as pd
02  df=pd.read_excel("book.xlsx")
03  pd.set_option('display.unicode.ambiguous_as_wide', True)
04  pd.set_option('display.unicode.east_asian_width', True)
05  pd.set_option('display.width', 180) # 設置寬度
06
07  print(df.drop_duplicates())
08  print()
09  print(df.drop_duplicates(subset="書名"))
10  print()
11  print(df.drop_duplicates(subset=["書名","作者"]))
12  print()
13  print(df.drop_duplicates(subset=["書名","作者"],keep="last"))
```

```
       書名      定價    書號      作者
0      C語言     500    A101    陳一豐
1     C++語言    480    A102    許富強
3     C++語言    480    A102    陳伯如
4     C#語言     580    A103    李天祥
5     Java語言   620    A104    吳建文
6     Python語言  480    A105    吳建文

       書名      定價    書號      作者
0      C語言     500    A101    陳一豐
1     C++語言    480    A102    許富強
4     C#語言     580    A103    李天祥
5     Java語言   620    A104    吳建文
6     Python語言  480    A105    吳建文

       書名      定價    書號      作者
0      C語言     500    A101    陳一豐
1     C++語言    480    A102    許富強
3     C++語言    480    A102    陳伯如
4     C#語言     580    A103    李天祥
5     Java語言   620    A104    吳建文
6     Python語言  480    A105    吳建文

       書名      定價    書號      作者
0      C語言     500    A101    陳一豐
2     C++語言    480    A102    許富強
3     C++語言    480    A102    陳伯如
4     C#語言     580    A103    李天祥
5     Java語言   620    A104    吳建文
6     Python語言  480    A105    吳建文
```

程式解析

* 第 1 行：匯入 pandas 套件並以 pd 作為別名。

* 第 2 行：讀取指定檔名的 Excel 檔案。

* 第 3~5 行：加入底下三道指令就可以解決這個中文無法對齊的問題。

* 第 7~13 行：示範 drop_duplicates() 方法不同參數設定的使用方法及觀察各種刪除重複項的各種輸出結果。

5-4 取代資料

本小節將介紹如何利用 Python 程式設計來完成工作表資料的取代工作，這些工作包括如何在單一工作表進行資料的取代，及取代活頁簿所有工作表中的指定資料，也會一併示範如何取代指定欄資料及利用其他值替換 DataFrame 中的值。

5-4-1 工作表資料的取代

這個單元將以實例介紹各種工作表資料的取代需求，包括單一工作表資料取代、活頁簿所有工作表資料取代及取代工作表的欄資料。

(實戰例) ▶ **單一工作表資料取代**

這個例子將示範如何在單一工作表進行資料的取代。

範例檔案：書籍資訊.xlsx

	A	B	C	D	E	F
1	書名	定價	數量			
2	C語言	500	50			
3	C++語言	540	100			
4	C#語言	580	120			
5	Java語言	620	40			
6	Python語言	480	540			
7	網路行銷	480	50			
8	行動行銷	420	100			
9	FACEBOOK行銷	380	120			
10	IG行銷	350	40			
11	APCS檢定	420	540			
12						

工作表1

程式檔：replace01.py

```
01   import pandas as pd
02   d = pd.read_excel('書籍資訊.xlsx', sheet_name=0)
03   data = data.replace('網路行銷', '網際網路行銷')
04   data.to_excel('書籍資訊ok.xlsx', sheet_name='取代後', index=False)
```

執行結果

	A	B	C	D	E	F
1	書名	定價	數量			
2	C語言	500	50			
3	C++語言	540	100			
4	C#語言	580	120			
5	Java語言	620	40			
6	Python語言	480	540			
7	網際網路行銷	480	50			
8	行動行銷	420	100			
9	FACEBOOK行銷	380	120			
10	IG行銷	350	40			
11	APCS檢定	420	540			
12						

取代後

✻ 第 1 行：匯入 pandas 套件並以 pd 作為別名。

✻ 第 2 行：讀取指定檔名的 Excel 檔案。

✻ 第 3 行：取代資料。

✻ 第 4 行：將取代資料後的以新的活頁簿的指定工作表名稱儲存。

實戰例 ▶ 活頁簿所有工作表資料取代

這個例子將示範如何取代活頁簿所有工作表中的指定資料。

範例檔案：外包人員.xlsx

	A	B	C	D	E
1	外包人員姓名	錄影時間(分)	計費時間	支付費用	
2	方雅雯	316	315	4200	
3	邵孟倫	428	420	5600	
4	元益喜	418	405	5400	
5	黃依婷	320	315	4200	
6	巫綺貴	168	165	2200	
7					
8					

第一季　第二季　曰 ... ⊕

程式檔：replace02.py

```
01  import pandas as pd
02  df = pd.read_excel('外包人員.xlsx', sheet_name=None)
03  with pd.ExcelWriter('外包人員ok.xlsx') as wb:
04      for i, j in df.items():
05          df = j.replace('元益喜', '袁益喜')
06          df.to_excel(wb, sheet_name=i, index=False)
```

執行結果

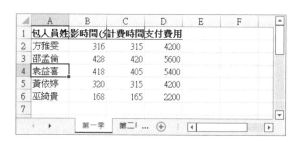

	A	B	C	D	E	F
1	包人員姓	影時間(	計費時間	支付費用		
2	方雅雯	316	315	4200		
3	邵孟倫	428	420	5600		
4	袁益喜	418	405	5400		
5	黃依婷	320	315	4200		
6	巫綺貴	168	165	2200		
7						

第一季　第二 ... ⊕

程式解析

* 第 1 行：匯入 pandas 套件並以 pd 作為別名。

* 第 2 行：讀取指定檔名的 Excel 檔案。

* 第 3~6 行：遍訪活頁簿中所有工作表，並進行資料取代的工作，再將取代後的資料內容寫入到新建活頁的工作表中。

實戰例 ▸ 取代工作表的欄資料

範例檔案：調整價格.xlsx

	A	B	C	D	E
1	書名	定價	數量		
2	C語言	500	50		
3	C++語言	540	100		
4	C#語言	580	120		
5	Java語言	620	40		
6	Python語言	480	540		
7	網路行銷	480	50		
8	行動行銷	420	100		
9	FACEBOOK行銷	380	120		
10	IG行銷	350	40		
11	APCS檢定	420	540		
12					

工作表1

程式檔：addprice.py

```
01  import xlwings as xw
02  app = xw.App(visible=False, add_book=False)
03  wb = app.books.open('調整價格.xlsx')
04  ws = wb.sheets[0]
05  data = ws.range('A2').expand('table').value
06  for i, j in enumerate(data):
07      data[i][1] = j[1]+30
08  ws.range('A2').expand('table').value = data
09  wb.save('調整價格ok.xlsx')
10  wb.close()
11  app.quit()
```

	A	B	C	D	E
1	書名	定價	數量		
2	C語言	530	50		
3	C++語言	570	100		
4	C#語言	610	120		
5	Java語言	650	40		
6	Python語言	510	540		
7	網路行銷	510	50		
8	行動行銷	450	100		
9	FACEBOOK行銷	410	120		
10	IG行銷	380	40		
11	APCS檢定	450	540		
12					

工作表1

程式解析

* 第 1 行：匯入 xlwings 套件並以 xw 作為別名。

* 第 2 行：開啟 Excel 程式。

* 第 3 行：開啟指定的活頁簿檔案。

* 第 4 行：指定要進行資料取代的工作表。

* 第 5 行：從儲存格 A2 讀取工作表中的資料。

* 第 6~7 行：遍訪工作表中的資料，並進行資料的取代工作，此處會將 B 欄的定價調高 30 元。

* 第 8 行：將調整價格後的資料寫入工作表中。

* 第 9 行：以新的活頁簿名稱進行儲存。

5-4-2　以串列或字典替換多筆資料

這個小節中將學會如何利用其他值替換 DataFrame 中的值，同時可以學到如何以字典進行多對多的數值替換。

(實戰例) ▶ 用其他值替換 **DataFrame** 中的值

這個例子會示範各種不同參數表示方式的替換，其中包括了字串的替換，也包括將某一個指定的數值換成另一個指定的數值。同時也示範如何在串列中指定數值全部替換成指定的數值。

範例檔案：book1.xlsx

	A	B	C	D	E
1	書名	定價	書號	作者	出版年
2	C語言	500	A101	陳一豐	2018
3	C++語言	480	A102	許富強	2019
4	C++語言	480	A102	許富強	2020
5	C++語言	480	A102	陳伯如	2021
6	C#語言	580	A103	李天祥	2021
7	Java語言	620	A104	吳建文	2019
8	Python語言	480	A105	吳建文	2120

程式檔：replace.py

```
01   import pandas as pd
02   df=pd.read_excel("book1.xlsx")
03   pd.set_option('display.unicode.ambiguous_as_wide', True)
04   pd.set_option('display.unicode.east_asian_width', True)
05   pd.set_option('display.width', 180) # 設置寬度
06
07   print()
08   print(df)    #原資料內容
09   print()
10   print(df.replace("C#語言", "C Sharp"))
11   print()
12   df["定價"].replace(620,600,inplace=True)
13   print(df)
14   print() #新資料內容
15   df["定價"].replace([480,500],520,inplace=True)
16   print(df)
17   print() #新資料內容
```

```
        書名    定價   書號       作者   出版年
0       C語言    500   A101    陳一豐    2018
1     C++語言    480   A102    許富強    2019
2     C++語言    480   A102    許富強    2020
3     C++語言    480   A102    陳伯如    2021
4      C#語言    580   A103    李天祥    2021
5     Java語言   620   A104    吳建文    2019
6   Python語言   480   A105    吳建文    2120

        書名    定價   書號       作者   出版年
0       C語言    500   A101    陳一豐    2018
1     C++語言    480   A102    許富強    2019
2     C++語言    480   A102    許富強    2020
3     C++語言    480   A102    陳伯如    2021
4    C Sharp   580   A103    李天祥    2021
5     Java語言   620   A104    吳建文    2019
6   Python語言   480   A105    吳建文    2120

        書名    定價   書號       作者   出版年
0       C語言    500   A101    陳一豐    2018
1     C++語言    480   A102    許富強    2019
2     C++語言    480   A102    許富強    2020
3     C++語言    480   A102    陳伯如    2021
4      C#語言    580   A103    李天祥    2021
5     Java語言   600   A104    吳建文    2019
6   Python語言   480   A105    吳建文    2120

        書名    定價   書號       作者   出版年
0       C語言    520   A101    陳一豐    2018
1     C++語言    520   A102    許富強    2019
2     C++語言    520   A102    許富強    2020
3     C++語言    520   A102    陳伯如    2021
4      C#語言    580   A103    李天祥    2021
5     Java語言   600   A104    吳建文    2019
6   Python語言   520   A105    吳建文    2120
```

程式解析

＊ 第 1 行：匯入 pandas 套件並以 pd 作為別名。

＊ 第 2 行：讀取指定檔名的 Excel 檔案。

＊ 第 3~5 行：加入底下三道指令就可以解決這個中文無法對齊的問題。

＊ 第 8 行：輸出原資料庫內容。

＊ 第 10 行：將「C# 語言」以「C Sharp」字串取代。

＊ 第 12 行：將數值 620 以數值 600 取代。

＊ 第 15 行：將數值 480 及 500 都以數值 520 取代。

實戰例 ▶ **以字典進行多對多數值替換**

這個例子則示範如何以字典資料型態,來同時進行資料庫中多對多數值的替換工作。

範例檔案:book1.xlsx

	A	B	C	D	E
1	書名	定價	書號	作者	出版年
2	C語言	500	A101	陳一豐	2018
3	C++語言	480	A102	許富強	2019
4	C++語言	480	A102	許富強	2020
5	C++語言	480	A102	陳伯如	2021
6	C#語言	580	A103	李天祥	2021
7	Java語言	620	A104	吳建文	2019
8	Python語言	480	A105	吳建文	2120

程式檔:replace1.py

```
01  import pandas as pd
02  df=pd.read_excel("book1.xlsx")
03  pd.set_option('display.unicode.ambiguous_as_wide', True)
04  pd.set_option('display.unicode.east_asian_width', True)
05  pd.set_option('display.width', 180) # 設置寬度
06
07  print()
08  print(df)    #原資料內容
09  print()
10  print(df.replace({620:600,480:500,2120:2020}))
```

執行結果

```
          書名   定價   書號      作者   出版年
0        C語言   500   A101    陳一豐   2018
1      C++語言   480   A102    許富強   2019
2      C++語言   480   A102    許富強   2020
3      C++語言   480   A102    陳伯如   2021
4       C#語言   580   A103    李天祥   2021
5     Java語言   620   A104    吳建文   2019
6   Python語言   480   A105    吳建文   2120

          書名   定價   書號      作者   出版年
0        C語言   500   A101    陳一豐   2018
1      C++語言   500   A102    許富強   2019
2      C++語言   500   A102    許富強   2020
3      C++語言   500   A102    陳伯如   2021
4       C#語言   580   A103    李天祥   2021
5     Java語言   600   A104    吳建文   2019
6   Python語言   500   A105    吳建文   2020
```

程式解析

* 第 1 行：匯入 pandas 套件並以 pd 作為別名。

* 第 2 行：讀取指定檔名的 Excel 檔案。

* 第 3~5 行：加入底下三道指令就可以解決這個中文無法對齊的問題。

* 第 8 行：輸出原資料庫內容。

* 第 10 行：以字典資料型態來同時進行資料庫中多對多數值的替換工作。

5-5 索引設定

本單元將說明如何利用 pandas 模組在資料列表中加入列索引及欄索引、重新設定索引、重新命名索引、重置索引等工作，接下來就先來看如何在資料列表加入列索引及欄索引。

5-5-1 在資料列表加入索引

在 Python 中如果資料列表沒有列索引，在預設的情況下為以數值 0 開始計數作為該資料列表的列索引。如果想要變更列索引，則必須透過 index 屬性以列表的方式傳入，來達到為該資料列表加入列索引的目的。另外一種情況，如果想要變更欄索引，則必須透過 columns 屬性以列表的方式傳入，來達到為該資料列表加入欄索引的目的。

實戰例 ▶ 加入列索引及欄索引

本實例將示範三種索引的設定方式：一種是預設的情況下列索引值會從 0 開始的整數做索引，另一種則是示範如何利用 index 屬性加入列索引，第三種則是利用 columns 屬性加入欄索引。

範例檔案：index.xlsx

	A	B	C
1	中元金融	2500	春季班
2	中元金融	6400	秋季班
3	中信科技	6800	春季班
4	中信科技	6900	秋季班
5	立志大學	9800	春季班
6	立志大學	7566	秋季班
7	好出路大學	5761	春季班
8	好出路大學	6000	秋季班
9	東方醫學	7800	春季班
10	東方醫學	4600	秋季班

程式檔：index.py

```
01  import pandas as pd
02  df=pd.read_excel("index.xlsx")
03  pd.set_option('display.unicode.ambiguous_as_wide', True)
04  pd.set_option('display.unicode.east_asian_width', True)
05  pd.set_option('display.width', 180) # 設置寬度
06
07  print(df)    #原資料內容
08  print()
09  df.index=[1,2,3,4,5,6,7,8,9]
10  print(df)    #新增列索引
11  print()
12  df.columns=["學校名稱","人數","季別"]
13  print(df)    #新增欄索引
14  print()
```

```
        中元金融    2500    春季班
0       中元金融    6400    秋季班
1       中信科技    6800    春季班
2       中信科技    6900    秋季班
3       立志大學    9800    春季班
4       立志大學    7566    秋季班
5       好出路大學   5761    春季班
6       好出路大學   6000    秋季班
7       東方醫學    7800    春季班
8       東方醫學    4600    秋季班

        中元金融    2500    春季班
1       中元金融    6400    秋季班
2       中信科技    6800    春季班
3       中信科技    6900    秋季班
4       立志大學    9800    春季班
5       立志大學    7566    秋季班
6       好出路大學   5761    春季班
7       好出路大學   6000    秋季班
8       東方醫學    7800    春季班
9       東方醫學    4600    秋季班

        學校名稱    人數     季別
1       中元金融    6400    秋季班
2       中信科技    6800    春季班
3       中信科技    6900    秋季班
4       立志大學    9800    春季班
5       立志大學    7566    秋季班
6       好出路大學   5761    春季班
7       好出路大學   6000    秋季班
8       東方醫學    7800    春季班
9       東方醫學    4600    秋季班
```

程式解析

* 第 1 行：匯入 pandas 套件並以 pd 作為別名。

* 第 2 行：讀取指定檔名的 Excel 檔案。

* 第 3~5 行：加入底下三道指令就可以解決這個中文無法對齊的問題。

* 第 7 行：輸出原資料庫內容，預設的情況下列索引值會從 0 開始的整數做索引。

* 第 9~10 行：示範如何利用 index 屬性加入列索引。

* 第 12~13 行：示範如何利用 columns 屬性加入欄索引。

實戰例 ▸ 使用 **set_index()** 設定索引

前一個例子示範了如何加入列索引及欄索引，接下來的例子將利用 set_index() 方法將「學校名稱」設定為 index。

範例檔案：index1.xlsx

	A	B	C
1	學校名稱	人數	季別
2	中元金融	2500	春季班
3	中元金融	6400	秋季班
4	中信科技	6800	春季班
5	中信科技	6900	秋季班
6	立志大學	9800	春季班
7	立志大學	7566	秋季班
8	好出路大學	5761	春季班
9	好出路大學	6000	秋季班
10	東方醫學	7800	春季班
11	東方醫學	4600	秋季班

程式檔：index1.py

```
01   import pandas as pd
02   df=pd.read_excel("index1.xlsx")
03   pd.set_option('display.unicode.ambiguous_as_wide', True)
04   pd.set_option('display.unicode.east_asian_width', True)
05   pd.set_option('display.width', 180) # 設置寬度
06
07   print(df)   #原資料內容
08   print()
09   df1=df.set_index("學校名稱")
10   print(df1)
11   print()
```

```
       學校名稱     人數       季別
0      中元金融     2500     春季班
1      中元金融     6400     秋季班
2      中信科技     6800     春季班
3      中信科技     6900     秋季班
4      立志大學     9800     春季班
5      立志大學     7566     秋季班
6      好出路大學   5761     春季班
7      好出路大學   6000     秋季班
8      東方醫學     7800     春季班
9      東方醫學     4600     秋季班

                人數       季別
學校名稱
中元金融         2500     春季班
中元金融         6400     秋季班
中信科技         6800     春季班
中信科技         6900     秋季班
立志大學         9800     春季班
立志大學         7566     秋季班
好出路大學       5761     春季班
好出路大學       6000     秋季班
東方醫學         7800     春季班
東方醫學         4600     秋季班
```

程式解析

* 第 1 行：匯入 pandas 套件並以 pd 作為別名。

* 第 2 行：讀取指定檔名的 Excel 檔案。

* 第 3~5 行：加入底下三道指令就可以解決這個中文無法對齊的問題。

* 第 7 行：輸出原資料庫內容，預設的情況下列索引值會從 0 開始的整數做索引。

* 第 9~10 行：利用 set_index() 方法將「學校名稱」設定為 index。

實戰例 ▶ **使用 reset_index() 重置索引**

　　這裡還要一併介紹另一個 reset_index() 重置索引的方法，它的主要功能是將索引回復成原來的預設的外觀，讓 index 重置成原本的樣子。

	A	B	C
1	學校名稱	人數	季別
2	中元金融	2500	春季班
3	中元金融	6400	秋季班
4	中信科技	6800	春季班
5	中信科技	6900	秋季班
6	立志大學	9800	春季班
7	立志大學	7566	秋季班
8	好出路大學	5761	春季班
9	好出路大學	6000	秋季班
10	東方醫學	7800	春季班
11	東方醫學	4600	秋季班

程式檔：reset_index.py

```
01  import pandas as pd
02  df=pd.read_excel("index1.xlsx")
03  pd.set_option('display.unicode.ambiguous_as_wide', True)
04  pd.set_option('display.unicode.east_asian_width', True)
05  pd.set_option('display.width', 180) # 設置寬度
06
07  df1=df.set_index("學校名稱")
08  print(df1)
09  print()
10  df1=df.reset_index()
11  print(df1)
12  print()
```

```
                        人數      季別
學校名稱
中元金融        2500    春季班
中元金融        6400    秋季班
中信科技        6800    春季班
中信科技        6900    秋季班
立志大學        9800    春季班
立志大學        7566    秋季班
好出路大學      5761    春季班
好出路大學      6000    秋季班
東方醫學        7800    春季班
東方醫學        4600    秋季班

        index      學校名稱    人數        季別
0        0        中元金融    2500    春季班
1        1        中元金融    6400    秋季班
2        2        中信科技    6800    春季班
3        3        中信科技    6900    秋季班
4        4        立志大學    9800    春季班
5        5        立志大學    7566    秋季班
6        6        好出路大學  5761    春季班
7        7        好出路大學  6000    秋季班
8        8        東方醫學    7800    春季班
9        9        東方醫學    4600    秋季班
```

程式解析

* 第 1 行：匯入 pandas 套件並以 pd 作為別名。

* 第 2 行：讀取指定檔名的 Excel 檔案。

* 第 3~5 行：加入底下三道指令就可以解決這個中文無法對齊的問題。

* 第 7~8 行：利用 set_index() 方法將「學校名稱」設定為 index。

* 第 10~11 行：reset_index() 重置索引方法的主要功能是將索引回復成原來的預設的外觀，讓 index 重置成原本的樣子。

5-5-2 為索引名稱重新命名

如果想對目前資料表欄索引及列索列的名稱進行變更，這種情況下就可以使用 rename() 方法重新更改索引的名稱。

實戰例 ▸ 使用 **rename()** 重新命名索引

本例將示範將 index 或是 columns 的名稱使用 rename() 方法改名。

範例檔案：index1.xlsx

	A	B	C
1	學校名稱	人數	季別
2	中元金融	2500	春季班
3	中元金融	6400	秋季班
4	中信科技	6800	春季班
5	中信科技	6900	秋季班
6	立志大學	9800	春季班
7	立志大學	7566	秋季班
8	好出路大學	5761	春季班
9	好出路大學	6000	秋季班
10	東方醫學	7800	春季班
11	東方醫學	4600	秋季班

程式檔：index_rename.py

```
01  import pandas as pd
02  df=pd.read_excel("index1.xlsx")
03  pd.set_option('display.unicode.ambiguous_as_wide', True)
04  pd.set_option('display.unicode.east_asian_width', True)
05  pd.set_option('display.width', 180) # 設置寬度
06
07  df.index=[1,2,3,4,5,6,7,8,9,10]
08  print(df)    #新增列索引
09  print()
10  print(df.rename(columns={"學校名稱":"校名","季別":"班別"},
11                  index={1:"A",2:"B",3:"C",4:"D",5:"E",
12                  6:"F",7:"G",8:"H",9:"I",10:"J"}))
13  print()
```

```
    學校名稱  人數    季別
1   中元金融  2500  春季班
2   中元金融  6400  秋季班
3   中信科技  6800  春季班
4   中信科技  6900  秋季班
5   立志大學  9800  春季班
6   立志大學  7566  秋季班
7   好出路大學 5761  春季班
8   好出路大學 6000  秋季班
9   東方醫學  7800  春季班
10  東方醫學  4600  秋季班

    校名    人數    班別
A   中元金融  2500  春季班
B   中元金融  6400  秋季班
C   中信科技  6800  春季班
D   中信科技  6900  秋季班
E   立志大學  9800  春季班
F   立志大學  7566  秋季班
G   好出路大學 5761  春季班
H   好出路大學 6000  秋季班
I   東方醫學  7800  春季班
J   東方醫學  4600  秋季班
```

程式解析

* 第 1 行：匯入 pandas 套件並以 pd 作為別名。

* 第 2 行：讀取指定檔名的 Excel 檔案。

* 第 3~5 行：加入底下三道指令就可以解決這個中文無法對齊的問題。

* 第 7~8 行：新增列索引。

* 第 10~12 行：使用 rename() 方法重新更改索引的名稱。透過這個方法可以將 index 或是 columns 的名稱進行改名。

以 Python 實作資料運算、排序與篩選

本章將以 Python 實作資料運算、排序與篩選,這些工作包括有資料的各種類型的運算、資料的排序、資料篩選及其他實用的資料操作技巧。

6-1 資料的運算

本節將示範如何利用 pandas 模組在資料列表中進行資料的運算行為，這些資料運算包括算術運算、比較運算。

6-1-1 資料的算術運算

算術運算子（Arithmetic Operator）包含了數學運算中的四則運算。算術運算子的符號與名稱如下表所示：

算術運算子	範例	說明
+	a+b	加法
-	a-b	減法
*	a*b	乘法
**	a**b	乘冪（次方）
/	a/b	除法
//	a//b	整數除法
%	a%b	取餘數

「/」與「//」都是除法運算子，「/」會有浮點數；「//」會將除法結果的小數部份去掉，只取整數，「%」是取得除法後的餘數。這三個運算子都與除法相關，所以要注意第二個運算元不能為零，否則會發生除零錯誤。

實戰例 ▶ 工作表中的算術運算

這個實例將示範如何利用 python 語言在資料列表中進行各種算術運算，本例中請計算出每位學生各科成績的總分與平均。

範例檔案：score.xlsx

	A	B	C	D	E	F
1	學生	學號	初級	中級	總分	平均
2	許富強	A001	58	60		
3	邱瑞祥	A002	62	52		
4	朱正富	A003	63	83		
5	陳貴玉	A004	87	64		
6	莊自強	A005	46	95		
7	陳大慶	A006	95	64		
8	莊照如	A007	78	75		
9	吳建文	A008	87	85		
10	鍾英誠	A009	69	64		
11	賴唯中	A010	67	54		

程式檔：math.py

```
01   import pandas as pd
02   df=pd.read_excel("score.xlsx")
03   pd.set_option('display.unicode.ambiguous_as_wide', True)
04   pd.set_option('display.unicode.east_asian_width', True)
05   pd.set_option('display.width', 180) # 設置寬度
06
07   df["總分"]=df["初級"]+df["中級"]
08   df["平均"]=df["總分"]/2
09   print(df)
```

執行結果

```
     學生   學號  初級  中級  總分   平均
0  許富強  A001  58  60  118  59.0
1  邱瑞祥  A002  62  52  114  57.0
2  朱正富  A003  63  83  146  73.0
3  陳貴玉  A004  87  64  151  75.5
4  莊自強  A005  46  95  141  70.5
5  陳大慶  A006  95  64  159  79.5
6  莊照如  A007  78  75  153  76.5
7  吳建文  A008  87  85  172  86.0
8  鍾英誠  A009  69  64  133  66.5
9  賴唯中  A010  67  54  121  60.5
```

程式解析

* 第 1 行：匯入 pandas 套件並以 pd 作為別名。

* 第 2 行：讀取指定檔名的 Excel 檔案。

* 第 3~5 行：加入底下三道指令就可以解決這個中文無法對齊的問題。

* 第 7~8 行：總分為初級及中級分數的相加，平均為總分欄位除以 2。

6-1-2 比較運算

比較運算子主要是在比較兩個數值之間的大小關係，當狀況成立，稱之為「真（True）」，狀況不成立，則稱之為「假（False）」。比較運算子也可以串連使用，例如 a<b<=c 相當於 a<b，而且 b<=c。下表為常用的比較運算子。

比較運算子	範例	說明
>	a>b	左邊值大於右邊值則成立
<	a<b	左邊值小於右邊值則成立
==	a==b	兩者相等則成立
!=	a!=b	兩者不相等則成立
>=	a>=b	左邊值大於或等於右邊值則成立
<=	a<=b	左邊值小於或等於右邊值則成立

實戰例 ▶ 工作表中的比較運算

這個實例就先來看如何利用 python 語言在資料列表中進行各種比較運算，本例中請利用比較運算子判斷出兩次考試的成績是否有進步？

範例檔案：score1.xlsx

	A	B	C	D	E
1	學生	學號	初級	中級	是否進步
2	許富強	A001	58	60	
3	邱瑞祥	A002	62	52	
4	朱正富	A003	63	83	
5	陳貴玉	A004	87	64	
6	莊自強	A005	46	95	
7	陳大慶	A006	95	64	
8	莊照如	A007	78	75	
9	吳建文	A008	87	85	
10	鍾英誠	A009	69	64	
11	賴唯中	A010	67	54	

Python X Excel 的 12 堂關鍵必修課：資料分析自動化的 194 個高效實戰例

```
01   import pandas as pd
02   df=pd.read_excel("score1.xlsx")
03   pd.set_option('display.unicode.ambiguous_as_wide', True)
04   pd.set_option('display.unicode.east_asian_width', True)
05   pd.set_option('display.width', 180) # 設置寬度
06
07   df["是否進步"]=df["中級"]>df["初級"]
08   print(df)
```

執行結果

```
     學生    學號   初級   中級   是否進步
0   許富強  A001   58   60    True
1   邱瑞祥  A002   62   52   False
2   朱正富  A003   63   83    True
3   陳貴玉  A004   87   64   False
4   莊自強  A005   46   95    True
5   陳大慶  A006   95   64   False
6   莊照如  A007   78   75   False
7   吳建文  A008   87   85   False
8   鍾英誠  A009   69   64   False
9   賴唯中  A010   67   54   False
```

程式解析

* 第 1 行：匯入 pandas 套件並以 pd 作為別名。

* 第 2 行：讀取指定檔名的 Excel 檔案。

* 第 3~5 行：加入這三道指令就可以解決這個中文無法對齊的問題。

* 第 7~8 行：判斷「是否進步」欄位的值的條件是「中級」欄位的分數是否大於「初級」欄位的分數。

6-2 資料的排序

　　本小節將介紹如何利用 Python 程式設計來進行資料的排序工作，這些工作包括如何進行數值排序、排序單一工作表中的資料、排序活頁簿中所有工作表中的資料及排序多個活頁簿中的資料。

6-2-1 以 pandas 進行排序

這個小節先來看如何透過 pandas 模組,來協助完成數值排序的工作。

(實戰例)▶ 利用 pandas 套件進行數值排序

這個實例會以 pandas 模組針對以下表格中的平均成績,進行由大到小的遞減排序。

範例檔案:教育訓練排序.xlsx

	A	B	C	D	E	
1	員工姓名	文書處理技巧	資訊搜尋與整理	簡報製作	公司企業文化	
2	楊怡芳	90	85	96	87	
3	金世昌	86	84	58	94	
4	張佳蓉	94	85	84	66	
5	鄭宛臻	62	95	86	94	
6	黃立伶	65	96	97	86	
7	許夢昇	90	94	95	85	
8	陳心邦	95	86	96	98	
9						

Sheet1　Sheet2　Sheet3　⊕

程式檔:sort01.py

```
01  import pandas as pd
02  data = pd.read_excel('教育訓練排序.xlsx', sheet_name='Sheet1')
03  data = data.sort_values(by='平均成績', ascending=False)
04  data.to_excel('教育訓練排序1.xlsx', sheet_name='Sheet1', index=False)
```

執行結果

	A	B	C	D	E	F	G
1	員工姓名	文書處理技巧	資訊搜尋與整理	簡報製作	公司企業文化	平均成績	
2	陳心邦	95	86	96	98	93.75	
3	許夢昇	90	94	95	85	91	
4	楊怡芳	90	85	96	87	89.5	
5	黃立伶	65	96	97	86	86	
6	鄭宛臻	62	95	86	94	84.25	
7	張佳蓉	94	85	84	66	82.25	
8	金世昌	86	84	58	94	80.5	
9							

Sheet1　⊕

* 第 1 行：匯入 pandas 套件並以 pd 作為別名。
* 第 2 行：讀取指定檔名的 Excel 檔案。
* 第 3 行：請依「平均成績」遞減排序。
* 第 4 行：將排序後的結果寫入到另外一個指定的活頁簿檔案。

6-2-2 不變更格式進行排序

上例執行結果各位會發現原工作表設定的格式會被變動，如果各位希望排序後的表格不要變動原先的儲存格的格式設定，這種情況下就可以藉助 xlwings 套件完成這項工作。

(實戰例)▶ 保留工作表原格式進行排序

這個實例會在不更動原先載入 Excel 檔案的格式下進行排序。

範例檔案：教育訓練排序.xlsx

	A	B	C	D	E	F	G
1	員工姓名	文書處理技巧	資訊搜尋與整理	簡報製作	公司企業文化	平均成績	
2	楊怡芳	90	85	96	87	89.5	
3	金世昌	86	84	58	94	80.5	
4	張佳蓉	94	85	84	66	82.25	
5	鄭宛臻	62	95	86	94	84.25	
6	黃立伶	65	96	97	86	86	
7	許夢昇	90	94	95	85	91	
8	陳心邦	95	86	96	98	93.75	
9							

Sheet1　Sheet2　Sheet3　⊕

程式檔：sort02.py

```
01  import xlwings as xw
02  import pandas as pd
03  app = xw.App(visible=False, add_book=False)
04  wb = app.books.open('教育訓練排序.xlsx')
05  ws = wb.sheets['Sheet1']
06  info = ws.range('A1').expand('table').options(pd.infoFrame).value
```

```
07    result = info.sort_values(by='平均成績', ascending=False)
08    ws.range('A1').value = result
09    wb.save('教育訓練排序2.xlsx')
10    wb.close()
11    app.quit()
```

執行結果

	A	B	C	D	E	F	G
1	員工姓名	文書處理技巧	資訊搜尋與整理	簡報製作	公司企業文化	平均成績	
2	陳心邦	95	86	96	98	93.75	
3	許夢昇	90	94	95	85	91	
4	楊怡芳	90	85	96	87	89.5	
5	黃立伶	65	96	97	86	86	
6	鄭宛臻	62	95	86	94	84.25	
7	張佳蓉	94	85	84	66	82.25	
8	金世昌	86	84	58	94	80.5	
9							

Sheet1　Sheet2　Sheet3　(+)

程式解析

* 第 1 行：匯入 xlwings 套件並以 xw 作為別名。

* 第 2 行：匯入 pandas 套件並以 pd 作為別名。

* 第 3 行：開啟 Excel 程式。

* 第 4 行：讀取指定檔名的 Excel 檔案。

* 第 5 行：取出名稱為「Sheet1」的工作表。

* 第 6 行：讀取工作表資料，再將這些資料轉換成 DataFrame 格式

* 第 7 行：以「平均成績」由大到小排序。

* 第 8 行：將排序後的結果填入工作表，並取代原來的資料。

* 第 9 行：以不同檔案儲存活頁簿。

* 第 10 行：關閉活頁簿。

* 第 11 行：退出 Excel 程式。

6-2-3　排序活頁簿所有工作表

前面示範的都是針對單一工作表去排序資料，如果活頁簿中同時類似內容的資料表，如果以 Excel 手動的方式必須一張一張工作表逐一執行排序動作，但如果藉助 Python 程式就可以輕易以自動化的方式逐一將活頁簿中所有工作表資料進行排序。

實戰例 ▶ 一次排序活頁簿多張工作表

這個範例檔案有三張工作表，請以程式將活頁簿中所有工作表依「平均成績」由大到小排序。

範例檔案：教育訓練多工作表.xlsx

	A	B	C	D	E	F	G
1	員工姓名	文書處理技巧	資訊搜尋與整理	簡報製作	公司企業文化	平均成績	
2	楊怡芳	90	85	96	87	89.5	
3	金世昌	86	84	58	94	80.5	
4	張佳蓉	94	85	84	66	82.25	
5	鄭宛臻	62	95	86	94	84.25	
6	黃立伶	65	96	97	86	86	
7	許夢昇	90	94	95	85	91	
8	陳心邦	95	86	96	98	93.75	
9							
10							

第一次　第二次　第三次　⊕

程式檔：sort03.py

```
01  import xlwings as xw
02  import pandas as pd
03  app = xw.App(visible=False, add_book=False)
04  wb = app.books.open('教育訓練多工作表.xlsx')
05  ws = wb.sheets
06  for i in ws:
07      info = i.range('A1').expand('table').options(pd.DataFrame).value
08      after = info.sort_values(by='平均成績', ascending=False)
09      i.range('A1').value = after
10  wb.save('教育訓練多工作表ok.xlsx')
11  wb.close()
12  app.quit()
```

	A	B	C	D	E	F
1	員工姓名	文書處理技巧	資訊搜尋與整理	簡報製作	公司企業文化	平均成績
2	陳心邦	95	86	96	98	93.75
3	許夢昇	90	94	95	85	91
4	楊怡芳	90	85	96	87	89.5
5	黃立伶	65	96	97	86	86
6	鄭宛臻	62	95	86	94	84.25
7	張佳蓉	94	85	84	66	82.25
8	金世昌	86	84	58	94	80.5
9						

第一次　第二次　第三次　⊕

	A	B	C	D	E	F
1	員工姓名	文書處理技巧	資訊搜尋與整理	簡報製作	公司企業文化	平均成績
2	金世昌	91	94	88	94	91.75
3	黃立伶	80	86	97	86	87.25
4	陳心邦	84	98	66	98	86.5
5	楊怡芳	98	87	68	87	85
6	鄭宛臻	65	94	86	85	82.5
7	許夢昇	85	85	67	85	80.5
8	張佳蓉	96	66	75	66	75.75
9						

第一次　第二次　第三次　⊕

	A	B	C	D	E	F
1	員工姓名	文書處理技巧	資訊搜尋與整理	簡報製作	公司企業文化	平均成績
2	許夢昇	95	85	98	79	89.25
3	鄭宛臻	86	94	76	88	86
4	黃立伶	97	86	77	80	85
5	陳心邦	96	98	68	77	84.75
6	楊怡芳	96	87	86	67	84
7	張佳蓉	84	66	85	72	76.75
8	金世昌	58	94	66	86	76
9						

第一次　第二次　第三次　⊕

程式解析

* 第 1 行：匯入 xlwings 套件並以 xw 作為別名。

* 第 2 行：匯入 pandas 套件並以 pd 作為別名。

* 第 3 行：開啟 Excel 程式。

* 第 4 行：讀取指定檔名的 Excel 檔案。

* 第 5 行：取出名稱為「Sheet1」的工作表。

* 第 6~8 行：以「平均成績」由大到小排序。

* 第 9 行：以不同檔案儲存活頁簿。

* 第 10 行：關閉活頁簿。

* 第 11 行：退出 Excel 程式。

(實戰例)▶一次排序多個活頁簿

除了針對活頁簿所有工作表進行排序外，也可以將指定位置資料夾內的多個活頁簿一次進行排序。

範例檔案：「人事室」資料夾

	A	B	C	D	E	F	G
1	員工姓名	文書處理技巧	資訊搜尋與整理	簡報製作	公司企業文化	平均成績	
2	楊怡芳	96	87	86	67	84	
3	金世昌	58	94	66	86	76	
4	張佳蓉	84	66	85	72	76.75	
5	鄭宛臻	86	94	76	88	86	
6	黃立伶	97	86	77	80	85	
7	許夢昇	95	85	98	79	89.25	
8	陳心邦	96	98	68	77	84.75	
9							

第一次　第二次　第三次　⊕

	A	B	C	D	E	F	G
1	員工姓名	文書處理技巧	資訊搜尋與整理	簡報製作	公司企業文化	平均成績	
2	許伯如	96	87	86	90	89.75	
3	吳建文	58	94	66	80	74.5	
4	朱奇昌	84	66	85	95	82.5	
5	胡健立	86	94	76	96	88	
6	鍾奇明	97	86	77	94	88.5	
7	莊大雄	95	85	98	88	91.5	
8	李四維	96	98	68	87	87.25	
9							

第一次　第二次　第三次　⊕

程式檔：sort04.py

```
01   import pandas as pd
02   import xlwings as xw
03   from pathlib import Path
04   app = xw.App(visible=False, add_book=False)
05   location = Path('人事室')
06   files = location.glob('*.xls*')
07   for i in files:
08       wb = app.books.open(i)
```

```
09      ws = wb.sheets['第三次']
10      info = ws.range('A1').expand('table').options(pd.DataFrame).value
11      after = info.sort_values(by='平均成績', ascending=False)
12      ws.range('A1').value = after
13      wb.save()
14      wb.close()
15  app.quit()
```

執行結果

	A	B	C	D	E	F	G
1	員工姓名	文書處理技巧	資訊搜尋與整理	簡報製作	公司企業文化	平均成績	
2	許夢昇	95	85	98	79	89.25	
3	鄭宛臻	86	94	76	88	86	
4	黃立伶	97	86	77	80	85	
5	陳心邦	96	98	68	77	84.75	
6	楊怡芳	96	87	86	67	84	
7	張佳蓉	84	66	85	72	76.75	
8	金世昌	58	94	66	86	76	
9							

第一次　第二次　**第三次**　⊕

	A	B	C	D	E	F	G
1	員工姓名	文書處理技巧	資訊搜尋與整理	簡報製作	公司企業文化	平均成績	
2	莊大雄	95	85	98	88	91.5	
3	許伯如	96	87	86	90	89.75	
4	鍾奇明	97	86	77	94	88.5	
5	胡健立	86	94	76	96	88	
6	李四維	96	98	68	87	87.25	
7	朱奇昌	84	66	85	95	82.5	
8	吳建文	58	94	66	80	74.5	
9							

第一次　第二次　**第三次**　⊕

程式解析

* 第 1~3 行：匯入本程式需要的相關套件。

* 第 4 行：啟動 Excel 程式。

* 第 5 行：取出要進行排序工作的活頁簿的所在資料夾路徑。

* 第 6 行：取出要進行排序工作的活頁簿的檔案路徑。

* 第 7~14 行：遍訪資料夾中所有活頁簿，並讀取名稱為「第三次」的工
  作表，再依其「平均成績」進行由大到小排序，完成排序後再儲存活頁
  簿，最後關閉活頁簿

* 第 15 行：退出 Excel 程式。

6-3 資料篩選

本小節將詳細介紹如何利用 Python 程式設計來進行資料篩選工作,這些工作包括如何進行單一條件篩選、多個條件篩選、篩選活頁簿所有工作表及篩選並彙總到另一工作表。

6-3-1 單一條件篩選

是指一次只能設定單一條件來進行篩選工作,例如只想篩選取「銷售地區」為「日本」的資料表內容。

(實戰例)▶ 單一條件篩選

這個例子將分別示範兩種單一條件篩選,第一個篩選條件為產品種類為應用軟體。第二篩選條件為銷售總金額大於等於 30000000。

範例檔案:軟體銷售.xlsx

	A	B	C	D	E	F	G	H	I
1	月份	產品代號	產品種類	銷售地區	業務人員編號	單價	數量	總金額	
2	1	G0350	電腦遊戲	日本	A0901	5000	1000	5000000	
3	1	F0901	繪圖軟體	日本	A0901	10000	2000	20000000	
4	1	G0350	電腦遊戲	韓國	A0902	3000	2000	6000000	
5	1	A0302	應用軟體	韓國	A0903	8000	4000	32000000	
6	1	G0350	電腦遊戲	美西	A0905	4000	500	2000000	
7	1	F0901	繪圖軟體	美西	A0905	8000	1500	12000000	
8	1	A0302	應用軟體	美西	A0905	12000	2000	24000000	
9	1	F0901	繪圖軟體	東南亞	A0908	4000	3000	12000000	
10	1	G0350	電腦遊戲	東南亞	A0908	2000	5000	10000000	
11	1	A0302	應用軟體	東南亞	A0908	5000	6000	30000000	
12	1	F0901	繪圖軟體	美東	A0906	8000	2000	16000000	
13	1	G0350	電腦遊戲	美東	A0906	4000	1000	4000000	
14	1	F0901	繪圖軟體	英國	A0906	9000	500	4500000	
15	1	A0302	應用軟體	英國	A0906	13000	600	7800000	
16	1	F0901	繪圖軟體	德國	A0907	9000	700	6300000	
17	1	G0350	電腦遊戲	德國	A0907	5000	12000	60000000	
18	1	F0901	繪圖軟體	義大利	A0909	5000	5000	25000000	
19	1	G0350	電腦遊戲	義大利	A0909	2000	3000	6000000	
20	1	A0302	應用軟體	義大利	A0909	8000	8000	64000000	
21	1	G0350	電腦遊戲	法國	A0907	5000	2000	10000000	
22	1	A0302	應用軟體	法國	A0907	13000	2000	26000000	
23	1	G0350	電腦遊戲	巴西	A0906	1000	500	500000	
24	1	F0901	繪圖軟體	阿根廷	A0906	5000	500	2500000	
25									

銷售業績　Sheet2　Sheet3

```
01   import pandas as pd
02   data = pd.read_excel('軟體銷售.xlsx', sheet_name='銷售業績')
03   info1 = data[data['產品種類'] == '應用軟體']
04   info2 = data[data['總金額'] >= 30000000]
05   info1.to_excel('應用軟體軟體銷售.xlsx', sheet_name='應用軟體', index=False)
06   info2.to_excel('暢銷商品.xlsx', sheet_name='暢銷商品', index=False)
```

執行結果

	A	B	C	D	E	F	G	H	I
1	月份	產品代號	產品種類	銷售地區	務人員編	單價	數量	總金額	
2	1	A0302	應用軟體	韓國	A0903	8000	4000	32000000	
3	1	A0302	應用軟體	東南亞	A0908	5000	6000	30000000	
4	1	G0350	電腦遊戲	德國	A0907	5000	12000	60000000	
5	1	A0302	應用軟體	義大利	A0909	8000	8000	64000000	
6									
7									
8									

暢銷商品

	A	B	C	D	E	F	G	H	I
1	月份	產品代號	產品種類	銷售地區	務人員編	單價	數量	總金額	
2	1	A0302	應用軟體	韓國	A0903	8000	4000	32000000	
3	1	A0302	應用軟體	美西	A0905	12000	2000	24000000	
4	1	A0302	應用軟體	東南亞	A0908	5000	6000	30000000	
5	1	A0302	應用軟體	英國	A0906	13000	600	7800000	
6	1	A0302	應用軟體	義大利	A0909	8000	8000	64000000	
7	1	A0302	應用軟體	法國	A0907	13000	2000	26000000	
8									

應用軟體

程式解析

* 第 1 行：匯入 pandas 套件並以 pd 作為別名。

* 第 2 行：讀取要進行篩選的工作表資料。

* 第 3~4 行：分別設定兩個篩選條件。

* 第 5 行：將第一種情況篩選後的結果以指定的工作表名稱，並存入到指定檔案的活頁簿。

* 第 6 行：將第一種情況篩選後的結果以指定的工作表名稱，並存入到指定檔案的活頁簿。

6-3-2　多重條件篩選

是指一次可以設定一個以上的條件來進行篩選工作，例如想篩選取「產品種類」為「電腦遊戲」的資料表內容，而且「總金額」必須大於等於 10000000。

(實戰例) ▶ 多重條件篩選

這個例子示範兩種多個條件篩選，第一個例子是想篩選取「產品種類」為「電腦遊戲」的資料表內容，而且「總金額」必須大於等於 10000000。第二個例子是想篩選取「銷售地區」為「日本」或「東南亞」的資料表內容。

範例檔案：軟體銷售.xlsx

	A	B	C	D	E	F	G	H
1	月份	產品代號	產品種類	銷售地區	業務人員編號	單價	數量	總金額
2	1	G0350	電腦遊戲	日本	A0901	5000	1000	5000000
3	1	F0901	繪圖軟體	日本	A0901	10000	2000	20000000
4	1	G0350	電腦遊戲	韓國	A0902	3000	2000	6000000
5	1	A0302	應用軟體	韓國	A0903	8000	4000	32000000
6	1	G0350	電腦遊戲	美西	A0905	4000	500	2000000
7	1	F0901	繪圖軟體	美西	A0905	8000	1500	12000000
8	1	A0302	應用軟體	美西	A0905	12000	2000	24000000
9	1	F0901	繪圖軟體	東南亞	A0908	4000	3000	12000000
10	1	G0350	電腦遊戲	東南亞	A0908	2000	5000	10000000
11	1	A0302	應用軟體	東南亞	A0908	5000	6000	30000000
12	1	F0901	繪圖軟體	美東	A0906	8000	2000	16000000
13	1	G0350	電腦遊戲	美東	A0906	4000	1000	4000000
14	1	F0901	繪圖軟體	英國	A0906	9000	500	4500000
15	1	A0302	應用軟體	英國	A0906	13000	600	7800000
16	1	F0901	繪圖軟體	德國	A0907	9000	700	6300000
17	1	G0350	電腦遊戲	德國	A0907	5000	12000	60000000
18	1	F0901	繪圖軟體	義大利	A0909	5000	5000	25000000
19	1	G0350	電腦遊戲	義大利	A0909	2000	3000	6000000
20	1	A0302	應用軟體	義大利	A0909	8000	8000	64000000
21	1	G0350	電腦遊戲	法國	A0907	5000	2000	10000000
22	1	A0302	應用軟體	法國	A0907	13000	2000	26000000
23	1	G0350	電腦遊戲	巴西	A0906	1000	500	500000
24	1	F0901	繪圖軟體	阿根廷	A0906	5000	500	2500000
25								

銷售業績　Sheet2　Sheet3　⊕

```
01   import pandas as pd
02   data = pd.read_excel('軟體銷售.xlsx', sheet_name='銷售業績')
03   result1 = (data['產品種類'] == '電腦遊戲') & (data['總金額'] >= 10000000)
04   data1 = data[result1]
05   data1.to_excel('軟體銷售01.xlsx', index=False)
06   result2 = (data['銷售地區'] == '日本') | (data['銷售地區'] == '東南亞')
07   data2 = data[result2]
08   data2.to_excel('軟體銷售02.xlsx', index=False)
```

執行結果

	A	B	C	D	E	F	G	H	I
1	月份	產品代號	產品種類	銷售地區	務人員編	單價	數量	總金額	
2	1	G0350	電腦遊戲	東南亞	A0908	2000	5000	10000000	
3	1	G0350	電腦遊戲	德國	A0907	5000	12000	60000000	
4	1	G0350	電腦遊戲	法國	A0907	5000	2000	10000000	
5									
6									
7									
8									

Sheet1

	A	B	C	D	E	F	G	H	I
1	月份	產品代號	產品種類	銷售地區	務人員編	單價	數量	總金額	
2	1	G0350	電腦遊戲	日本	A0901	5000	1000	5000000	
3	1	F0901	繪圖軟體	日本	A0901	10000	2000	20000000	
4	1	F0901	繪圖軟體	東南亞	A0908	4000	3000	12000000	
5	1	G0350	電腦遊戲	東南亞	A0908	2000	5000	10000000	
6	1	A0302	應用軟體	東南亞	A0908	5000	6000	30000000	
7									

Sheet1

程式解析

* 第 1 行：匯入 pandas 套件並以 pd 作為別名。

* 第 2 行：讀取要進行篩選的工作表資料。

* 第 3 行：設定第一組多重篩選的規則。

* 第 4~5 行：將第一種情況篩選後的結果以指定的工作表名稱，並存入到指定檔案的活頁簿。

* 第 6 行：設定第二組多重篩選的規則。
* 第 7~8 行：將第二種情況篩選後的結果以指定的工作表名稱，並存入到指定檔案的活頁簿。

6-3-3　一次篩選活頁簿所有工作表

　　前面示範的都是針對單一工作表去篩選資料，如果活頁簿中同時在類似內容的資料表，如果以 Excel 手動的方式必須一張一張工作表逐一執行篩選動作，但如果藉助 Python 程式就可以輕易以自動化的方式，逐一將活頁簿中所有工作表資料進行篩選。

(實戰例) ▶ 一次篩選所有工作表

　　這個範例檔案有兩張工作表，請以程式將活頁簿中所有工作表依「業務人員編號」為「A0901」的工作表資料篩選出來。

範例檔案：軟體銷售（按月份）.xlsx

	A	B	C	D	E	F	G	H	I
1	月份	產品代號	產品種類	銷售地區	業務人員編號	單價	數量	總金額	
2	1	G0350	電腦遊戲	日本	A0901	5000	1000	5000000	
3	1	F0901	繪圖軟體	日本	A0901	10000	2000	20000000	
4	1	G0350	電腦遊戲	韓國	A0902	3000	2000	6000000	
5	1	A0302	應用軟體	韓國	A0903	8000	4000	32000000	
6	1	G0350	電腦遊戲	美西	A0905	4000	500	2000000	
7	1	F0901	繪圖軟體	美西	A0905	8000	1500	12000000	
8	1	A0302	應用軟體	美西	A0905	12000	2000	24000000	
9	1	F0901	繪圖軟體	東南亞	A0908	4000	3000	12000000	
10	1	G0350	電腦遊戲	東南亞	A0908	2000	5000	10000000	
11	1	A0302	應用軟體	東南亞	A0908	5000	6000	30000000	
12	1	F0901	繪圖軟體	美東	A0906	8000	2000	16000000	
13	1	G0350	電腦遊戲	美東	A0906	4000	1000	4000000	
14	1	F0901	繪圖軟體	英國	A0906	9000	500	4500000	
15	1	A0302	應用軟體	英國	A0906	13000	600	7800000	
16	1	F0901	繪圖軟體	德國	A0907	9000	700	6300000	
17	1	G0350	電腦遊戲	德國	A0907	5000	12000	60000000	
18	1	F0901	繪圖軟體	義大利	A0909	5000	5000	25000000	
19	1	G0350	電腦遊戲	義大利	A0909	2000	3000	6000000	
20	1	A0302	應用軟體	義大利	A0909	8000	8000	64000000	
21	1	G0350	電腦遊戲	法國	A0907	5000	2000	10000000	
22	1	A0302	應用軟體	法國	A0907	13000	2000	26000000	
23	1	G0350	電腦遊戲	巴西	A0906	1000	500	500000	
24	1	F0901	繪圖軟體	阿根廷	A0906	5000	500	2500000	

　　1月份　2月份　⊕

▲	A	B	C	D	E	F	G	H	I
1	月份	產品代號	產品種類	銷售地區	業務人員編號	單價	數量	總金額	
2	2	G0350	電腦遊戲	日本	A0901	5000	800	4000000	
3	2	F0901	繪圖軟體	日本	A0901	10000	1800	18000000	
4	2	G0350	電腦遊戲	韓國	A0902	3000	1800	5400000	
5	2	A0302	應用軟體	韓國	A0903	8000	3500	28000000	
6	2	G0350	電腦遊戲	美西	A0905	4000	700	2800000	
7	2	F0901	繪圖軟體	美西	A0905	8000	1700	13600000	
8	2	A0302	應用軟體	美西	A0905	12000	2500	30000000	
9	2	F0901	繪圖軟體	東南亞	A0908	4000	2800	11200000	
10	2	G0350	電腦遊戲	東南亞	A0908	2000	4800	9600000	
11	2	A0302	應用軟體	東南亞	A0908	5000	5500	27500000	
12	2	F0901	繪圖軟體	美東	A0906	8000	2200	17600000	
13	2	G0350	電腦遊戲	美東	A0906	4000	1500	6000000	
14	2	F0901	繪圖軟體	英國	A0906	9000	700	6300000	
15	2	A0302	應用軟體	英國	A0906	13000	700	9100000	
16	2	F0901	繪圖軟體	德國	A0907	9000	890	8010000	
17	2	G0350	電腦遊戲	德國	A0907	5000	14000	70000000	
18	2	F0901	繪圖軟體	義大利	A0909	5000	6000	30000000	
19	2	G0350	電腦遊戲	義大利	A0909	2000	4000	8000000	
20	2	A0302	應用軟體	義大利	A0909	8000	8200	65600000	
21	2	G0350	電腦遊戲	法國	A0907	5000	2400	12000000	
22	2	A0302	應用軟體	法國	A0907	13000	2200	28600000	
23	2	G0350	電腦遊戲	巴西	A0906	1000	600	600000	
24	2	F0901	繪圖軟體	阿根廷	A0906	5000	800	4000000	

1月份　2月份　⊕

程式檔：all filter.py

```
01  import pandas as pd
02  source = pd.read_excel('軟體銷售(按月份).xlsx', sheet_name=None)
03  with pd.ExcelWriter('業務人員A0901.xlsx') as workbook:
04      for i in source:
05          data = source[i]
06          output = data[data['業務人員編號'] == 'A0901']
07          output.to_excel(workbook, sheet_name=i, index=False)
```

執行結果

▲	A	B	C	D	E	F	G	H	I
1	月份	產品代號	產品種類	銷售地區	務人員編	單價	數量	總金額	
2	1	G0350	電腦遊戲	日本	A0901	5000	1000	5000000	
3	1	F0901	繪圖軟體	日本	A0901	10000	2000	20000000	
4									
5									
6									
7									
8									
9									
10									
11									
12									

1月份　2月份　⊕

Python X Excel 的 12 堂關鍵必修課：資料分析自動化的 194 個高效實戰例

▲	A	B	C	D	E	F	G	H	I
1	月份	產品代號	產品種類	銷售地區	務人員編	單價	數量	總金額	
2		2 G0350	電腦遊戲	日本	A0901	5000	800	4000000	
3		2 F0901	繪圖軟體	日本	A0901	10000	1800	18000000	
4									
5									
6									
7									
8									
9									
10									
11									
12									

1月份　　2月份　　　⊕

程式解析

* 第 1 行：匯入 pandas 套件並以 pd 作為別名。

* 第 2 行：讀取要進行篩選的活頁簿檔案。

* 第 3~7 行：第 3 行新建一個活頁簿檔案，接著逐一讀取要篩選的單一工
作表，並將第 6 行設定的篩選條件的資料找出，例如此處會將「業務人
員編號 ='A0901'」的資料篩選出來，最後再將所篩選的資料寫入到新建
活頁簿的工作表中。

6-4 其他資料操作技巧

　　本小節將另外兩個實用的資料操作技巧，包括如何將儲存公式轉成數值及使
用 unique() 函數來取得工作表中的唯一值。

6-4-1 將儲存格公式轉成數值

　　在儲存格中常有許多公式，有時候我們只需要取得該公式運算後的數值，這
種情況下就可以利用底下程式的技巧，直接將儲存格原先儲存的公式，直接轉換
成數值。

(實戰例)▸ 將公式轉成運算後所得的數值

請將底下的範例檔案中含有公式的儲存格，全部更換成該公式運算後所得的數值。

範例檔案：教育訓練.xlsx

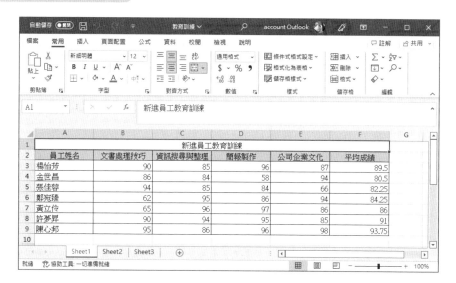

程式檔：formula2value.py

```
01  import xlwings as xw
02  app = xw.App(visible=False, add_book=False)
03  wb = app.books.open('教育訓練.xlsx')
04  ws = wb.sheets[0]
05  info = ws.range('A3').expand('table').value
06  ws.range('A3').expand('table').value = info
07  wb.save('教育訓練ok.xlsx')
08  wb.close()
09  app.quit()
```

程式解析

* 第 1 行：匯入 xlwings 套件並以 xw 作為別名。

* 第 2 行：啟動 Excel 程式。

* 第 3 行：讀取指定檔名的 Excel 檔案。

* 第 4 行：取出活頁簿檔案指定工作表。

* 第 5~6 行：讀取目前工作表中資料，再將所讀取的資料寫入工作表中。

* 第 7 行：以不同檔案儲存活頁簿。

* 第 8 行：關閉活頁簿。

* 第 9 行：退出 Excel 程式。

6-4-2 取得唯一值

在儲存格中常有許多數值，這些數值可能會重複，在一些情況下，或許各位只想知道到底有多少個不同的數值，也就是說數值不能重複，這種情況下就可以透過 unique() 函數來取得唯一值。

實戰例 ▶ 取得不重複唯一值

這個例子會利用 unique() 函數來列出「電腦應用」這項科目共有幾種不重複分數。

範例檔案：training.xlsx

	A	B	C	D	E	F	G	H	I
1	員工編號	員工姓名	電腦應用	英文對話	銷售策略	業務推廣	經營理念	總分	總平均
2	910001	王楨珍	98	95	86	80	88	447	89.4
3	910002	郭佳琳	80	90	82	83	82	417	83.4
4	910003	葉千瑜	86	91	86	80	93	436	87.2
5	910004	郭佳華	89	93	89	87	96	454	90.8
6	910005	彭天慈	90	78	90	78	90	426	85.2
7	910006	曾雅琪	87	83	88	77	80	415	83
8	910007	王貞琇	80	70	90	93	96	429	85.8
9	910008	陳光輝	90	78	92	85	95	440	88
10	910009	林子杰	78	80	95	80	92	425	85
11	910010	李宗勳	60	58	83	40	70	311	62.2
12	910011	蔡昌洲	77	88	81	76	89	411	82.2
13	910012	何福謀	72	89	84	90	67	402	80.4

程式檔：unique.py

```
01  import pandas as pd
02  df=pd.read_excel("training.xlsx")
03  pd.set_option('display.unicode.ambiguous_as_wide', True)
04  pd.set_option('display.unicode.east_asian_width', True)
05  pd.set_option('display.width', 180) # 設置寬度
06
07  print(df)
08  print("電腦應用共有下列幾種分數: ")
09  print(df["電腦應用"].unique())
10  print()
```

```
     員工編號  員工姓名  電腦應用  英文對話  ...  業務推廣  經營理念  總分   總平均
0    910001   王楨珍     98       95      ...  80       88      447   89.4
1    910002   郭佳琳     80       90      ...  83       82      417   83.4
2    910003   葉千瑜     86       91      ...  80       93      436   87.2
3    910004   郭佳華     89       93      ...  87       96      454   90.8
4    910005   彭天慈     90       78      ...  78       90      426   85.2
5    910006   曾雅琪     87       83      ...  77       80      415   83.0
6    910007   王貞琇     80       70      ...  93       96      429   85.8
7    910008   陳光輝     90       78      ...  85       95      440   88.0
8    910009   林子杰     78       80      ...  80       92      425   85.0
9    910010   李宗勳     60       58      ...  40       70      311   62.2
10   910011   蔡昌洲     77       88      ...  76       89      411   82.2
11   910012   何福謀     72       89      ...  90       67      402   80.4

[12 rows x 9 columns]
電腦應用共有下列幾種分數:
[98 80 86 89 90 87 78 60 77 72]
```

* 第 1 行：匯入 pandas 套件並以 pd 作為別名。

* 第 2 行：讀取指定檔名的 Excel 檔案。

* 第 3~5 行：加入底下三道指令就可以解決這個中文無法對齊的問題。

* 第 9 行：利用 unique() 方法查看「電腦應用」有哪幾種分數。

MEMO

07

以 Python 實作儲存格
格式設定

本章將實作示範儲存格的格式設定,這些格式設定工作包括字型、色彩、欄
寬、對齊方式,合併儲存格及格式化設定等實用功能,接著就先來示範如何
設定儲存格的字型、色彩、欄寬、對齊方式。

設定儲存格的類別包括：Alignment、PatternFill、Font、Border、Side 等，如果各位希望以 Python 來設定儲存格的格式，除了必須要載入 openpyxl 類別之外，還必須從 openpyxl.styles 載入這些類別，語法如下：

```
import openpyxl
from openpyxl.styles import Alignment, PatternFill, Font, Border, Side
```

實戰例 ▶ 設定字型格式

範例檔案：產品銷售.xlsx

	A	B	C	D	E	F
1	項次	產品編號	定價	數量	總金額	
2	1	ENG001	1200	10	12000	
3	2	ENG002	1400	10	14000	
4	3	ENG003	1600	10	16000	
5	4	ENG004	1750	10	17500	
6	5	ENG005	2150	10	21500	
7						
8						

Sheet1　Sheet2　... ⊕

程式檔：font.py

```
01   import xlwings as xw
02   app = xw.App(visible=False, add_book=False)
03   wb = app.books.open('產品銷售.xlsx')
04   ws = wb.sheets[0]
05   title = ws.range('A1:E1')
06   title.font.name = '標楷體'
07   title.font.size = 16
08   title.font.bold = True
09   title.font.color = (255, 0, 0)
10   title.color = (0, 255, 0)
11   content = ws.range('A2:E6')
```

```
12    content.font.name = '標楷體'
13    content.font.size = 12
14    wb.save('產品銷售ok.xlsx')
15    wb.close()
16    app.quit()
```

執行結果

↘ 經操作 EXCEL 檔案外觀：產品銷售 ok.xlsx

	A	B	C	D	E	F
1	項次	產品編號	定價	數量	總金額	
2	1	ENG001	1200	10	12000	
3	2	ENG002	1400	10	14000	
4	3	ENG003	1600	10	16000	
5	4	ENG004	1750	10	17500	
6	5	ENG005	2150	10	21500	
7						
8						

Sheet1　Sheet2　...　⊕

程式解析

* 第 1 行：匯入 xlwings 套件並以 xw 作為別名。

* 第 2 行：啟動 Excel 程式。

* 第 3 行：讀取指定檔名的 Excel 檔案。

* 第 4 行：取出活頁簿檔案的第一張工作表。

* 第 5 行：設定標題的儲存格範圍。

* 第 6 行：設定標題的字型為「標楷體」。

* 第 7 行：設定標題的字型大小為 16 級字。

* 第 8 行：設定標題的字型為粗體。

* 第 9 行：設定標題的字型的色彩為紅色。

* 第 10 行：設定標題的儲存格色彩為綠色。

* 第 11 行：設定除標題外的工作表內容的儲存格範圍。

* 第 12 行：設定除標題外的工作表內容的字型為「標楷體」。

* 第 13 行：設定除標題外的工作表內容的字型大小為 12 級字。。

* 第 14 行：以另外檔案儲存活頁簿檔案。

* 第 15 行：關閉活頁簿。

* 第 16 行：退出 Excel 程式。

(實戰例)▶ 儲存格對齊方式

　　Alignment 類別則是允許使用者設定水平（horizontal）或垂直（vertical）的對齊方式，目前可供允許的設定方式，請直接參考底下的範例程式及執行結果：

↘ **未操作 EXCEL 檔案外觀：alignment.xlsx**

	A	B	C	D
1	書名	定價	書號	作者
2	C語言	500	A101	陳一豐
3	C++語言	480	A102	許富強
4	C++語言	480	A102	許富強
5	C++語言	480	A102	陳伯如
6	C#語言	580	A103	李天祥
7	Java語言	620	A104	吳建文
8	Python語言	480	A105	吳建文

程式檔：alignment.py

```
01  from openpyxl import load_workbook
02  from openpyxl.styles import Alignment
03
04  wb = load_workbook('alignment.xlsx')
05  sh=wb.active
06
07  #設定欄寬
08  width={"A":40,"B":20,"C":20,"D":20 }
09  for col_name in width:
10      sh.column_dimensions[col_name].width=width[col_name]
11
12  head=['A','B','C','D']
13  for ch in head:
```

```
14      sh[ch+'1'].alignment=Alignment(horizontal="center",vertical="bottom")

15

16  for i in range(2,9):

17      sh['A'+str(i)].alignment=Alignment(horizontal="distributed",vertical="bottom")

18

19  for i in range(2,9):

20      sh['B'+str(i)].alignment=Alignment(horizontal="center",vertical="center")

21

22  for i in range(2,9):

23      sh['C'+str(i)].alignment=Alignment(horizontal="right",vertical="top")

24

25  for i in range(2,9):

26      sh['D'+str(i)].alignment=Alignment(horizontal="left",vertical="bottom")

27

28  wb.save('alignment_ok.xlsx')
```

執行結果

↘ 經操作 EXCEL 檔案外觀：**alignment_ok.xlsx**

	A			B	C	D
1		書名		定價	書號	作者
2	C	語	言	500	A101 陳一豐
3	C++	語	言	480	A102 許富強
4	C++	語	言	480	A102 許富強
5	C++	語	言	480	A102 陳伯如
6	C#	語	言	580	A103 李天祥
7	Java	語	言	620	A104 吳建文
8	Python	語	言	480	A105 吳建文

程式解析

* 第 8~10 行：設定欄寬。

* 第 12~14 行：設定標題列的對齊方式。

* 第 16~26 行：分別設定「A2:A8」、「B2:B8」、「C2:C8」、「D2:D8」儲存格範圍的對齊方式。

* 第 28 行：將修改過的活頁簿內容以另一個檔名儲存。

　　當透過程式指令讀取活頁簿檔案之後，如果要在這張工作表套用框線樣式，必須建立 Side 類別的物件變數，並於建立這個物件變數時指定框線樣式的風格（style）及顏色（color），比較常見可以設定的樣式有：style=thick、style=dashDot、style=slantDashDot、style=hair、style=dashDotDot…等樣式，本範例程式分別套用不同的框線，並分別將套用後的工作表儲存到不同的活頁簿檔案，就可以看到不同樣式框線的外觀。

↘ 未操作 **EXCEL** 檔案外觀：**border.xlsx**

	A	B	C
1	編號	姓名	聯絡方式
2	G10001	陳大豐	07-2232981
3	G10002	鄭伯宏	06-3845214
4	G10003	鍾文君	05-5541478
5	G10004	田方介	07-5147845
6	G10005	王振寰	06-2514213
7	G10006	方世玉	05-5412541
8	G10007	管介名	07-5142158

程式檔：**border.py**

```
01  from openpyxl import load_workbook
02  from openpyxl.styles import Border, Side
03
04  wb = load_workbook('border.xlsx')
05  target=wb.active
06
07  s1=Side(style="thick",color="FFFF00")
08
09  for rows in target["A1":"C8"]:
10      for cell in rows:
11          cell.border=Border(left=s1,right=s1,top=s1,bottom=s1)
12
13  wb.save('border1_ok.xlsx')
14
15  s1=Side(style="dashDot",color="FF0000")
16  for rows in target["A1":"C8"]:
```

```
17     for cell in rows:
18         cell.border=Border(left=s1,right=s1,top=s1,bottom=s1)
19
20  wb.save('border2_ok.xlsx')
21
22  s1=Side(style="slantDashDot",color="00FF00")
23  for rows in target["A1":"C8"]:
24      for cell in rows:
25          cell.border=Border(left=s1,right=s1,top=s1,bottom=s1)
26
27  wb.save('border3_ok.xlsx')
28
29  s1=Side(style="hair",color="0000FF")
30  for rows in target["A1":"C8"]:
31      for cell in rows:
32          cell.border=Border(left=s1,right=s1,top=s1,bottom=s1)
33
34  wb.save('border4_ok.xlsx')
35
36  s1=Side(style="dashDotDot",color="000000")
37  for rows in target["A1":"C8"]:
38      for cell in rows:
39          cell.border=Border(left=s1,right=s1,top=s1,bottom=s1)
40
41  wb.save('border5_ok.xlsx')
```

執行結果

↘ 經操作 EXCEL 檔案外觀：**border1_ok.xlsx**

	A	B	C
1	編號	姓名	聯絡方式
2	G10001	陳大豐	07-2232981
3	G10002	鄭伯宏	06-3845214
4	G10003	鍾文君	05-5541478
5	G10004	田方介	07-5147845
6	G10005	王振寰	06-2514213
7	G10006	方世玉	05-5412541
8	G10007	管介名	07-5142158

書單1　書單2

↘ 經操作 EXCEL 檔案外觀：**border2_ok.xlsx**

	A	B	C
1	編號	姓名	聯絡方式
2	G10001	陳大豐	07-2232981
3	G10002	鄭伯宏	06-3845214
4	G10003	鍾文君	05-5541478
5	G10004	田方介	07-5147845
6	G10005	王振寰	06-2514213
7	G10006	方世玉	05-5412541
8	G10007	管介名	07-5142158

書單1 書單2

↘ 經操作 EXCEL 檔案外觀：**border3_ok.xlsx**

	A	B	C
1	編號	姓名	聯絡方式
2	G10001	陳大豐	07-2232981
3	G10002	鄭伯宏	06-3845214
4	G10003	鍾文君	05-5541478
5	G10004	田方介	07-5147845
6	G10005	王振寰	06-2514213
7	G10006	方世玉	05-5412541
8	G10007	管介名	07-5142158

書單1 書單2

↘ 經操作 EXCEL 檔案外觀：**border4_ok.xlsx**

	A	B	C
1	編號	姓名	聯絡方式
2	G10001	陳大豐	07-2232981
3	G10002	鄭伯宏	06-3845214
4	G10003	鍾文君	05-5541478
5	G10004	田方介	07-5147845
6	G10005	王振寰	06-2514213
7	G10006	方世玉	05-5412541
8	G10007	管介名	07-5142158

↘ 經操作 EXCEL 檔案外觀：**border5_ok.xlsx**

	A	B	C
1	編號	姓名	聯絡方式
2	G10001	陳大豐	07-2232981
3	G10002	鄭伯宏	06-3845214
4	G10003	鍾文君	05-5541478
5	G10004	田方介	07-5147845
6	G10005	王振寰	06-2514213
7	G10006	方世玉	05-5412541
8	G10007	管介名	07-5142158

書單1 書單2

程式解析

* 第 1~2 行：載入本範例需要的套件中的模組。

* 第 4 行：利用 load_workbook() 函數開啟「border.xlsx」活頁簿檔案。

* 第 7~13 行：將儲存格範圍 A1:C8 的框線以「style="thick"」樣式實作。

* 第 15~20 行：將儲存格範圍 A1:C8 的框線以「style="dashDot"」樣式實作。

* 第 22~27 行：將儲存格範圍 A1:C8 的框線以「style="slantDashDot"」樣式實作。

* 第 29~34 行：將儲存格範圍 A1:C8 的框線以「style="hair"」樣式實作。

* 第 36~39 行：將儲存格範圍 A1:C8 的框線以「style="dashDotDot"」樣式實作。

實戰例 ▶ 修改儲存格數值格式

範例檔案：數值格式.xlsx

	A	B	C	D	E	F
1	日期	產品編號	定價	數量	總金額	
2	2022/1/1	ENG001	1200	10	12000	
3	2022/1/2	ENG002	1400	10	14000	
4	2022/1/3	ENG003	1600	10	16000	
5	2022/1/4	ENG004	1750	10	17500	
6	2022/1/5	ENG005	2150	10	21500	
7						

Sheet1　Sheet2　...　＋

程式檔：numeric format.py

```
01  import xlwings as xw
02  app = xw.App(visible=False, add_book=False)
03  wb = app.books.open('數值格式.xlsx')
04  ws = wb.sheets[0]
05  end = ws.range('A1').expand('table').last_cell.row
06  ws.range(f'A2:A{end}').number_format = 'yyyy年m月d日'
07  ws.range(f'C2:C{end}').number_format = '$#,##0'
08  ws.range(f'E2:E{end}').number_format = '$#,##0.00'
```

```
09  wb.save('數值格式ok.xlsx')
10  wb.close()
11  app.quit()
```

↘ 經操作 EXCEL 檔案外觀：數值格式 ok.xlsx

	A	B	C	D	E
1	日期	產品編號	定價	數量	總金額
2	2022年1月1日	ENG001	$1,200	10	$12,000.00
3	2022年1月2日	ENG002	$1,400	10	$14,000.00
4	2022年1月3日	ENG003	$1,600	10	$16,000.00
5	2022年1月4日	ENG004	$1,750	10	$17,500.00
6	2022年1月5日	ENG005	$2,150	10	$21,500.00
7					

Sheet1　Sheet2　... ⊕

程式解析

* 第 1 行：匯入 xlwings 套件並以 xw 作為別名。

* 第 2 行：啟動 Excel 程式。

* 第 3 行：讀取指定檔名的 Excel 檔案。

* 第 4 行：取出活頁簿檔案第一張工作表。

* 第 5 行：設定從儲存格 A1 起到表格最後一列的儲存格範圍。

* 第 6 行：設定從儲存格 A2 起到該欄最後一列的儲存格格式。

* 第 7 行：設定從儲存格 C2 起到該欄最後一列的儲存格數值格式。

* 第 8 行：設定從儲存格 E2 起到該欄最後一列的儲存格數值格式。

* 第 9 行：以另外檔案儲存活頁簿檔案。

* 第 10 行：關閉活頁簿。

* 第 11 行：退出 Excel 程式。

7-2 合併儲存格

本小節將詳細介紹如何利用 Python 來合併儲存格製作標題及合併內容相同的連續儲存格。

(實戰例) ▶ 合併儲存格製作標題

範例檔案:在職訓練.xlsx

	A	B	C	D	E	F	G	H
1	在職訓練成績統計表							
2	員工編號	員工姓名	電腦應用	英文對話	銷售策略	業務推廣	經營理念	
3	1	王楨珍	98	95	86	80	88	
4	2	郭佳琳	80	90	82	83	82	
5	3	葉千瑜	86	91	86	80	93	
6	4	郭佳華	89	93	89	87	96	
7	5	彭天慈	90	78	90	78	90	
8	6	曾雅琪	87	83	88	77	80	
9	7	王貞琇	80	70	90	93	96	
10	8	陳光輝	90	78	92	85	95	
11	9	林子杰	78	80	95	80	92	
12	10	李宗勳	60	58	83	40	70	
13	11	蔡昌洲	77	88	81	76	89	
14	12	何福謀	72	89	84	90	67	
15								

工作表1 ⊕

程式檔:title.py

```python
01  import xlwings as xw
02  app = xw.App(visible=False, add_book=False)
03  wb = app.books.open('在職訓練.xlsx')
04  ws = wb.sheets[0]
05  title = ws.range('A1:G1')
06  title.merge()
07  title.font.name = '標楷體'
08  title.row_height = 40
09  title.font.bold = True
10  title.font.size = 24
11  title.api.HorizontalAlignment = -4108
12  title.api.VerticalAlignment = -4108
13  wb.save('在職訓練ok.xlsx')
14  wb.close()
15  app.quit()
```

↘ 經操作 EXCEL 檔案外觀：在職訓練 ok.xlsx

* 第 1 行：匯入 xlwings 套件並以 xw 作為別名。

* 第 2 行：啟動 Excel 程式。

* 第 3 行：讀取指定檔名的 Excel 檔案。

* 第 4 行：取出活頁簿檔案所有工作表。

* 第 5~6 行：設定標題範圍，並將標題合併儲存格。

* 第 7~12 行：設定標題定型、列高、粗體、字型大小、水平及垂直的對齊方式。

* 第 13 行：以另外檔案儲存活頁簿檔案。

* 第 14 行：關閉活頁簿。

* 第 15 行：退出 Excel 程式。

7-3 格式化設定

格式化條件主要當指定儲存格被輸入特定條件的資料時，透過儲存格格式的變化，提醒使用者該儲存格符合特定條件。看起來好像很難明白，以簡單的例子來說，如果 A1 儲存格被輸入數值「7」時，儲存格格式就會自動變成紅色的粗體字。這項工作可以利用 Python 程式設計來進行格式化設定儲存格色彩及以不同色階來作為格式化條件。

實戰例 ▶ 格式化設定儲存格色彩

這個例子將示範如何利用 Python 為工作表進行格式化條件設定工作，例如在下圖的成績表中將分數低於 60 分以下的儲存格以就填滿紅色的背景色，

範例檔案：score.xlsx

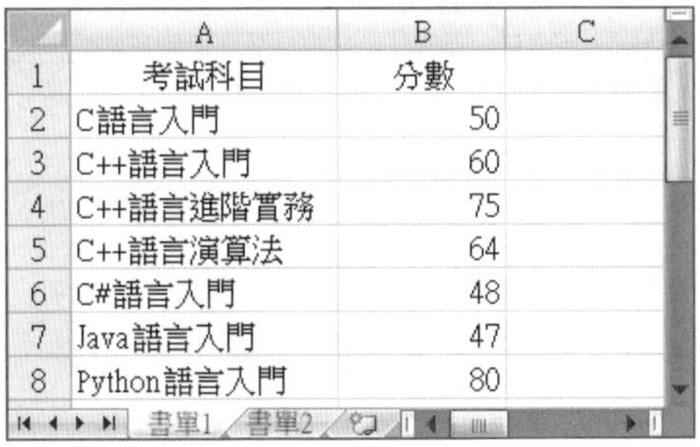

	A	B	C
1	考試科目	分數	
2	C語言入門	50	
3	C++語言入門	60	
4	C++語言進階實務	75	
5	C++語言演算法	64	
6	C#語言入門	48	
7	Java語言入門	47	
8	Python語言入門	80	

書單1 書單2

程式檔：conditional.py

```
01   from openpyxl import load_workbook
02   from openpyxl.formatting.rule import CellIsRule
03   from openpyxl.styles import PatternFill
04
05   wb = load_workbook('score.xlsx')
06   target=wb.active
07
08   fail=CellIsRule(operator="lessThan",formula=[60],
```

```
09                    stopIfTrue=True,fill=PatternFill(
10                    "solid",start_color="FF0000",end_color="FF0000")
11  )
12  target.conditional_formatting.add("B2:B8",fail)
13
14  wb.save('score_ok.xlsx')
```

執行結果

↘ 經操作 EXCEL 檔案外觀：**score_ok.xlsx**

程式解析

* 第 1~3 行：載入本範例需要的套件及模組。

* 第 8~12 行：這個格式化條件是告知如果分數小於 60 分，則以紅色網底標示。

* 第 14 行：將修改過的活頁簿內容以另一個檔名儲存。

　　除了透過格式化條件來指定符合條件值的儲存格變更背景色之外，各位應該有一個印象，在 Excel 中還可以依儲存格值的大小來填入不同色階的格式化條件。

實戰例 ▶ 不同色階的格式化條件

　　本範例將實作如何利用 Python 在載入的 Excel 的工作表中，依儲存格值的大小來填入不同色階的格式化條件。

```
01  from openpyxl import load_workbook
02  from openpyxl.formatting.rule import ColorScaleRule
03
04
05  wb = load_workbook('score.xlsx')
06  target=wb.active
07
08  color_scale=ColorScaleRule(
09      start_type="min", start_color="0000FF",
10      end_type="max", end_color="FFFFFF"
11  )
12  target.conditional_formatting.add("B2:B8",color_scale)
13
14  wb.save('score_colorscale.xlsx')
```

↘ 經操作 EXCEL 檔案外觀：**score_colorscale.xlsx**

程式解析

* 第 1~2 行：載入本範例需要的套件及模組。

* 第 5 行：利用 load_workbook() 函數開啟「score.xlsx」活頁簿檔案。

* 第 8~11 行：設定漸層色的規則，其中「start_type」可以設定為「"min"」，「end_color」可以設定為「"max"」，漸層色的開始顏色及結束顏色則由 start_color 及 end_color 的參數來加以指定。

* 第 12 行：將格式化條件的設定在儲存格範圍「"B2:B8"」加入這個漸層色的規則。

* 第 14 行：將修改過的活頁簿內容以另一個檔名儲存。

08

以 Python 實作資料彙總、分組與樞紐分析

本章將以 Python 實資料分組統計與彙總,同時也會以 Python 實作 Excel 的樞鈕分析表的顯示方式,並會以實例來解說如何針對鈕分析表進行重置索引的工作,首先就先來示範如何進行資料分組與彙總等工作。

8-1 資料分組統計與彙總

使用者可以透過數值依據來進行資料分組的工作，資料分組可以將一或多個資料行中的相同值分組到單一群組列中。

8-1-1 資料分組

本單元範例將教導如何利用 cut() 方法進行資料的分組，也就是 cut 方法是利用數值區間將數值分組，以底下的例子可以觀察出電腦應用的分數區間的分佈情況。另外也可以使用 qcut() 方法，qcut() 則是用分位數，從底下的執行結果可以看出 qcut() 把所有數值平均分配了。

(實戰例) ▶ 利用 cut() 及 qcut() 將資料分組

範例檔案：training.xlsx

	A	B	C	D	E	F	G	H	I
1	員工編號	員工姓名	電腦應用	英文對話	銷售策略	業務推廣	經營理念	總分	總平均
2	910001	王楨珍	98	95	86	80	88	447	89.4
3	910002	郭佳琳	80	90	82	83	82	417	83.4
4	910003	葉千瑜	86	91	86	80	93	436	87.2
5	910004	郭佳華	89	93	89	87	96	454	90.8
6	910005	彭天慈	90	78	90	78	90	426	85.2
7	910006	曾雅琪	87	83	88	77	80	415	83
8	910007	王貞琇	80	70	90	93	96	429	85.8
9	910008	陳光輝	90	78	92	85	95	440	88
10	910009	林子杰	78	80	95	80	92	425	85
11	910010	李宗勳	60	58	83	40	70	311	62.2
12	910011	蔡昌洲	77	88	81	76	89	411	82.2
13	910012	何福謀	72	89	84	90	67	402	80.4

程式檔：cut.py

```
01  import pandas as pd
02  df=pd.read_excel("training.xlsx")
03  pd.set_option('display.unicode.ambiguous_as_wide', True)
04  pd.set_option('display.unicode.east_asian_width', True)
05  pd.set_option('display.width', 180) # 設置寬度
```

```
06
07  print("電腦應用的分數區間的分佈情況: ")
08  print(pd.cut(df["電腦應用"],bins=[0,60,70,80,90,100]))
09  print()
10  print("電腦應用的分數分成 5 等份: ")
11  print(pd.qcut(df["電腦應用"],5))
12  print()
```

執行結果

```
電腦應用的分數區間的分佈情況:
0    (90, 100]
1    (70, 80]
2    (80, 90]
3    (80, 90]
4    (80, 90]
5    (80, 90]
6    (70, 80]
7    (80, 90]
8    (70, 80]
9    (0, 60]
10   (70, 80]
11   (70, 80]
Name: 電腦應用, dtype: category
Categories (5, interval[int64, right]): [(0, 60] < (60, 70] < (70, 80] < (80, 90] < (90, 100]]
電腦應用的分數分成 5 等份:
0    (89.8, 98.0]
1    (77.2, 80.0]
2    (80.0, 86.6]
3    (86.6, 89.8]
4    (89.8, 98.0]
5    (86.6, 89.8]
6    (77.2, 80.0]
7    (89.8, 98.0]
8    (77.2, 80.0]
9    (59.999, 77.2]
10   (59.999, 77.2]
11   (59.999, 77.2]
Name: 電腦應用, dtype: category
Categories (5, interval[float64, right]): [(59.999, 77.2] < (77.2, 80.0] < (80.0, 86.6] < (86.6, 89.8] < (89.8, 98.0]]
```

程式解析

* 第 1 行：匯入 pandas 套件並以 pd 作為別名。

* 第 2 行：讀取指定檔名的 Excel 檔案。

* 第 3~5 行：加入底下三道指令就可以解決這個中文無法對齊的問題。

* 第 8 行：輸出電腦應用的分數區間的分佈情況。

* 第 11 行：將電腦應用的分數分成 5 等份，並加以輸出。

8-1-2　資料彙總運算

　　另外，pandas 物件擁有一組常用的數學和統計方法，這些常應用在進行 DataFrame 當中的彙總運算。例如 sum 方法，使用者可以利用這個方法對

DataFrame 進行求和，如果不傳任何引數，預設的情況下，是對每一行進行求和。又例如 mean 方法對 DataFrame 進行求平均值，如果不傳任何引數，預設的情況下，是對每一行進行求平均值。底下為常用彙總運算的方法及簡要功能說明：

- count：計算每列或每行的非 NA 儲存格個數。

- min, max：min() 函數（或 max() 函數）可以針對資料表的欄或列進行取最小值（或最大值）的工作，取決於 axis 參數，預設值為 0 表示求每一欄的最小值（或最大值），如果將 axis 修改為 1，則表示求每一列的最小值 (或最大值)。另外也可以只針對單一欄或單一列值取最小值（或最大值），只要指定該欄或列的名稱再進行取最小值（或最大值）的函數呼叫即可。

- sum：sum() 函數可以針對資料表的欄或列進行加總的工作，取決於 axis 參數，預設值為 0 表示加總每一欄，如果將 axis 修改為 1，則會將每一列的值進行加總。另外也可以只針對單一欄或單一列的值進行加總，只要指定該欄或列的名稱再進行加總的函數呼叫即可。

- mean：mean() 函數可以針對資料表的欄或列進行平均的工作，取決於 axis 參數，預設值為 0 表示求每一欄的平均值，如果將 axis 修改為 1，則表示求每一列的平均值。另外也可以只針對單一欄或單一列的值進行平均，只要指定該欄或列的名稱再進行平均的函數呼叫即可。

- median()：求取中位數，所謂中位數是統計學中的專業名詞，是指一組數字的中間數字；即有一半數字的值大於中位數，而另一半數字的值小於中位數。如果序列個數為奇數，則中位數為最中間的數，但如果序列個數為偶數，則中位數為最中間兩個數的平均值。以下面的序列為例、就是 3 和 5 的平均值，即中位數為 4。一組資料的中位數是指將資料從小到大排序後，最中間的數。資料個數是偶數，則可以有不同的值。通常的做法是取最中間的兩個數做平均，例如：6 位同學的成績是 87,65,67,90,77,79，則依大小排列後中間兩個數是 77 及 79，取其平 (77+79)/2=78，為中位數，表示這 6 位同學的中等成績是 78 分。在 Python 要求取一組資料的中位數，是以 median() 函數來達到這項目的，這個函數的使用原則和上述幾個函數類似，median() 函數可以針對資料表的欄或列進行取中位數的工作，取決於 axis 參數，預設值為 0 表示求每一欄的最小值，如果將 axis 修改為 1，則表示求每一列的中位數。

- mode()：而一組資料的眾數是指資料中出現次數最多的數值。當資料中出現最多次數的數值一個以上時，則眾數不是唯一的；而當資料中的數值出現次數都一樣多時，眾數不存在。例如：收集 7 位同學在罰球線上投籃 10 次進籃的次數，每位同學投中的次數分別為 8、7、4、3、8、1、2，何者為投中次數的眾數？因為進籃次數最多者為 8，所以眾數為 8。

底下的例子將示範幾個彙總運算的綜合應用。

(實戰例) ▶ **計算非 NA 儲存格個數**

範例檔案：summary01.xlsx

	A	B	C	D
1	員工編號	姓名	第一喜好	部門
2	R0001	許富強	高雄	研發部
3	R0002	邱瑞祥		研發部
4	M0001	朱正富	台北	行銷部
5	A0001	陳貴玉	新北	行政部
6	M0002	鄭芸麗	台中	行銷部
7	M0003	許伯如	高雄	
8	A0002	林宜訓	高雄	行政部

程式檔：summary01.py

```
01  import pandas as pd
02  df=pd.read_excel("summary01.xlsx")
03  pd.set_option('display.unicode.ambiguous_as_wide', True)
04  pd.set_option('display.unicode.east_asian_width', True)
05  pd.set_option('display.width', 180) # 設置寬度
06  #原資料庫
07  print(df)
08  print("預設的情況會計算每行的非NA 儲存格個數")
09  print(df.count())
10  print("設定axis=1, 計算每的列非NA 儲存格個數")
11  print(df.count(axis=1))
12  print("#直接指定欄位來檢查該行的非NA 儲存格個數")
13  print("欄位名稱: 第一喜好")
14  print(df["第一喜好"].count())
```

```
    員工編號    姓名  第一喜好     部門
0    R0001    許富強     高雄    研發部
1    R0002    邱瑞祥     NaN    研發部
2    M0001    朱正富     台北    行銷部
3    A0001    陳貴玉     新北    行政部
4    M0002    鄭芸麗     台中    行銷部
5    M0003    許伯如     高雄    NaN
6    A0002    林宜訓     高雄    行政部
預設的情況會計算每行的非NA 儲存格個數
員工編號      7
姓名        7
第一喜好      6
部門        6
dtype: int64
設定axis=1, 計算每的列非NA 儲存格個數
0    4
1    3
2    4
3    4
4    4
5    3
6    4
dtype: int64
#直接指定欄位來檢查該行的非NA 儲存格個數
欄位名稱: 第一喜好
6
```

程式解析

* 第 1 行：匯入 pandas 套件並以 pd 作為別名。

* 第 2 行：讀取指定檔名的 Excel 檔案。

* 第 3~5 行：加入底下三道指令就可以解決這個中文無法對齊的問題。

* 第 7 行：輸出原資料庫內容。

* 第 8 行：count() 函數預設的情況會計算每行的非 NA 儲存格個數。

* 第 10 行：count() 函數中設定 axis=1，會計算每列的非 NA 儲存格個數。

* 第 14 行：直接指定「第一喜好」欄位來檢查該行的非 NA 儲存格個數。

(實戰例)▸ 計算總和、平均值及中位數

範例檔案：summary02.xlsx

	A	B	C
1	第一次	第二次	第三次
2	10	9	10
3	7	5	6
4	6	9	7
5	7	6	5
6	8	10	10
7	9	9	7
8	10	7	10

程式檔：summary02.py

```
01   import pandas as pd
02   df=pd.read_excel("summary02.xlsx")
03   pd.set_option('display.unicode.ambiguous_as_wide', True)
04   pd.set_option('display.unicode.east_asian_width', True)
05   pd.set_option('display.width', 180) # 設置寬度
06   #原資料庫
07   df.index=["NO1","NO2", "NO3","NO4","NO5", "NO6","NO7"]
08   print("總和")
09   print(df.sum(axis=1))
10   print("平均值")
11   print(df.mean(axis=1))
12   print("中位數")
13   print(df.median())
```

```
總和
NO1     29
NO2     18
NO3     22
NO4     18
NO5     28
NO6     25
NO7     27
dtype: int64
平均值
NO1     9.666667
NO2     6.000000
NO3     7.333333
NO4     6.000000
NO5     9.333333
NO6     8.333333
NO7     9.000000
dtype: float64
中位數
第一次     8.0
第二次     9.0
第三次     7.0
dtype: float64
```

程式解析

* 第 1 行：匯入 pandas 套件並以 pd 作為別名。

* 第 2 行：讀取指定檔名的 Excel 檔案。

* 第 3~5 行：加入底下三道指令就可以解決這個中文無法對齊的問題。

* 第 7 行：設定資料庫索引值。

* 第 9 行：計算資料庫各索引值所在列的總和。

* 第 11 行：計算資料庫各索引值所在列的平均。

* 第 13 行：計算資料庫各欄的中位數。

8-1-3　依一個或一組欄名進行分組

我們也可以將一個或一組欄名傳給 groupby() 方法，如此一來，Python 就會依所傳的一個或一組欄名進行分組。這個方法回傳的物件是一種 DataFrameGroupBy 物件，這個物件會以分組的方式去記錄各組的資料，如果想要查看這些分組資料的細節，則必須藉助彙總相關函數，例如想計算各組的個數，則可以呼叫 count() 方法。

(實戰例) ▶ 利用 **groupby()** 方法以欄名來分組

這個例子將分別針對一個或一組欄名進行分組，來加以示範如何以 groupby() 方法進行分組。同時也會示範如何以 Series 的方式作為 groupby() 方法的參數來進行分組。

範例檔案：**group.xlsx**

	A	B	C	D	E	F
1	學號	班級	組別	第一次	第二次	第三次
2	A001	甲班	男生組	10	9	10
3	A002	丙班	女生組	7	5	6
4	A003	甲班	男生組	6	9	7
5	A004	乙班	男女混合	7	6	5
6	A005	甲班	女生組	8	10	10
7	A006	乙班	男女混合	9	9	7
8	A007	丙班	男生組	10	7	10

程式檔：**group.py**

```
01   import pandas as pd
02   df=pd.read_excel("group.xlsx")
03   pd.set_option('display.unicode.ambiguous_as_wide', True)
04   pd.set_option('display.unicode.east_asian_width', True)
05   pd.set_option('display.width', 180) # 設置寬度
06   #原資料庫
07   print(df)
08   print(df.groupby("班級"))
09   print(df.groupby("班級").count())
10   print(df.groupby("班級").sum())
11   print(df.groupby(["班級","組別"]).count())
```

```
     學號   班級      組別    第一次   第二次   第三次
0   A001   甲班     男生組     10     9      10
1   A002   丙班     女生組      7     5       6
2   A003   甲班     男生組      6     9       7
3   A004   乙班    男女混合      7     6       5
4   A005   甲班     女生組      8    10      10
5   A006   乙班    男女混合      9     9       7
6   A007   丙班     男生組     10     7      10
<pandas.core.groupby.generic.DataFrameGroupBy object at 0x0000025E76153460>
       學號   組別   第一次   第二次   第三次
班級
丙班      2    2     2     2      2
乙班      2    2     2     2      2
甲班      3    3     3     3      3
        第一次    第二次    第三次
班級
丙班      17     12     16
乙班      16     15     12
甲班      24     28     27
              學號   第一次   第二次   第三次
班級  組別
丙班  女生組      1     1     1      1
    男生組      1     1     1      1
乙班  男女混合     2     2     2      2
甲班  女生組      1     1     1      1
    男生組      2     2     2      2
```

程式解析

* 第 7 行：輸出工作表資料內容。

* 第 9 行：以「班級」分組並計數。

* 第 10 行：以「班級」分組並加總。

* 第 11 行：以「班級」及「組別」進行分組並計數。

8-1-4　同時使用多種彙總運算

　　上面示範的彙總函數是直接配合 gropyby() 方法所回傳的 DataFrameGroupBy 物件去進行呼叫，但是這種方式只能一次呼叫一種指定的彙總函數，但是如果一次要同時使用多種彙總運算，這種情況下就必須透過 aggregate() 方法。

實戰例 ▶ **以 aggregate() 方法進行彙總運算**

　　這個例子會藉助 aggregate() 方法先針對所有欄（或列）進行求和或計數的彙總運算。

範例檔案：group.xlsx

	A	B	C	D	E	F
1	學號	班級	組別	第一次	第二次	第三次
2	A001	甲班	男生組	10	9	10
3	A002	丙班	女生組	7	5	6
4	A003	甲班	男生組	6	9	7
5	A004	乙班	男女混合	7	6	5
6	A005	甲班	女生組	8	10	10
7	A006	乙班	男女混合	9	9	7
8	A007	丙班	男生組	10	7	10

程式檔：aggregate.py

```python
01  import pandas as pd
02  df=pd.read_excel("group.xlsx")
03  pd.set_option('display.unicode.ambiguous_as_wide', True)
04  pd.set_option('display.unicode.east_asian_width', True)
05  pd.set_option('display.width', 180) # 設置寬度
06  #原資料庫
07  print(df)
08  print(df.groupby(["班級","組別"]).aggregate(["count","sum"]))
09  print(df.groupby(["班級","組別"]).aggregate({"學號":"count","第一次":"sum","第二次":"sum","第三次":"sum"}))
```

執行結果

```
     學號    班級      組別   第一次  第二次  第三次
0   A001   甲班    男生組    10     9    10
1   A002   丙班    女生組     7     5     6
2   A003   甲班    男生組     6     9     7
3   A004   乙班   男女混合     7     6     5
4   A005   甲班    女生組     8    10    10
5   A006   乙班   男女混合     9     9     7
6   A007   丙班    男生組    10     7    10
                   學號            第一次       第二次        第三次
                 count        sum  count  sum  count  sum  count  sum
班級   組別
丙班   女生組         1        A002      1    7      1    5      1    6
     男生組         1        A007      1   10      1    7      1   10
乙班   男女混合       2   A004A006      2   16      2   15      2   12
甲班   女生組         1        A005      1    8      1   10      1   10
     男生組         2   A001A003      2   16      2   18      2   17
              學號  第一次  第二次  第三次
班級   組別
丙班   女生組       1    7    5    6
     男生組       1   10    7   10
乙班   男女混合     2   16   15   12
甲班   女生組       1    8   10   10
     男生組       2   16   18   17
```

* 第 7 行：輸出工作表資料內容。

* 第 8 行：以「班級」及「組別」進行彙總，彙總函數分別為 ["count","sum"]。

* 第 9 行：以「班級」及「組別」進行分組，其中學號以計數彙總，第一次、第二次及第三次則以加總函數進行彙總。

8-2 實作互動式樞紐分析表

樞紐分析表就是依照使用者的需求而製作的互動式資料表。當使用者想要改變檢視結果時，只需要透過改變樞紐分析表中的欄位，即可得到不同的檢視結果。但是使用者在建立樞紐分析表之前，必須知道資料分析所依據的來源，資料來源可為資料庫的資料表或目前的工作表資料。

8-2-1 認識樞紐分析表組成元件

首先來瞭解樞紐分析表的組成元件為何？樞紐分析表是由四種元件組成，分別為欄、列、值及報表篩選。

- **欄與列**：通常為使用者用來查詢資料的主要根據。

- **值**：「值」乃由欄與列交叉產生的儲存格內容，即樞紐分析表中顯示資料的欄位。

- **篩選**：「篩選」並非樞紐分析表必要的組成元件，假如設定此項，可自由設定想要查看的區域或範圍。

8-2-2　解析 **pandas.pivot_table** 參數

在開始介紹操作步驟前，先附上 pandas.pivot_table 的函數做為參考：

pandas.pivot_table(data, values=None, index=None, columns=None, aggfunc='mean', fill_value=None, margins=False, dropna=True, margins_name='All', observed=False)

底下為常用參數的功能說明：

- data：這個參數是利用 pandas 模組來讀取你要作樞紐分析表的 DataFrame

- index：這是不可以省略的參數，這個參數的角色有點像 Excel 樞紐分析表的「列」。

- values：數值，這個參數的角色有點像 Excel 樞紐分析表「值」的欄位，設定 value 來查看特定的數據。

- columns：這個參數的角色有點像 Excel 樞紐分析表的「欄」，去選出想比較的特定欄位。

- aggfunc：這是一個給定彙總函數的參數，是用來指定要呈現值的內建參數，也可以自訂函數。例如要時希望呈現所觀察值的平均及計數，就可以利用 List 串列傳多個彙總函數給 aggfunc，例如 aggfunc=['mean', 'count']

- fill_value：這個參數為選擇性，是用來指定一個特定值可以取代空值 N/A 的欄位。

- margins：這個參數為選擇性，它是一個布林值，如果值為真，就會顯示該欄位的加總，反之，如果值為偽，就不會顯示該欄位的加總。

- margins_name：這個參數為選擇性，它的資料型態是一種字串，用來顯示上面加總欄位的名稱。

- dropna：這個參數為選擇性，它是一個布林值，如果為真值，表示丟棄缺失值。

8-2-3 多面向的樞紐分析表顯示方式

本小節中的實戰例中將示範如何顯示單一欄位樞紐分析表及多個欄位樞紐分析表。這裡要特別說明的重點是在設定 index 時，可以單純設定一個欄位，也能設定幾個參數。如果一次要設定多個參數，則必須以 List 串列的方式呈現，其輸出結果，就會以階層式的方式，來顯示樞紐分析表的外觀。

(實戰例) ▶ 單一欄位樞紐分析表

本實例會利用 Python 中的 pandas 模組顯示單一欄位樞紐分析表。

範例檔案：pivot.xlsx

	A	B	C	D	E	F
1	學號	班級	組別	第一次	第二次	第三次
2	A001	甲班	男生組	10	9	10
3	A002	丙班	女生組	7	5	6
4	A003	甲班	男生組	6	9	7
5	A004	乙班	男女混合	7	6	5
6	A005	甲班	女生組	8	10	10
7	A006	乙班	男女混合	9	9	7
8	A007	丙班	男生組	10	7	10

程式檔：pivot.py

```
01  import pandas as pd
02  df=pd.read_excel("pivot.xlsx")
03  pd.set_option('display.unicode.ambiguous_as_wide', True)
04  pd.set_option('display.unicode.east_asian_width', True)
05  pd.set_option('display.width', 180) # 設置寬度
06  #原資料庫
07  print(df)
08  print("="*50)
```

```
09   print(pd.pivot_table(df,values="學號",columns="組別",index="班級",
10                          aggfunc='count',margins=i))
11   print("="*50)
12   print(pd.pivot_table(df,values="學號",columns="組別",index="班級",
13                          aggfunc='count',margins=True,
14                          fill_value=0,margins_name="人數統計"))
```

執行結果

```
     學號   班級      組別    第一次  第二次  第三次
0   A001  甲班    男生組     10    9    10
1   A002  丙班    女生組      7    5     6
2   A003  甲班    男生組      6    9     7
3   A004  乙班    男女混合    7    6     5
4   A005  甲班    女生組      8   10    10
5   A006  乙班    男女混合    9    9     7
6   A007  丙班    男生組     10    7    10

組別   女生組  男女混合  男生組  All
班級
丙班   1.0   NaN    1.0    2
乙班   NaN   2.0    NaN    2
甲班   1.0   NaN    2.0    3
All  2.0   2.0    3.0    7

組別       女生組  男女混合  男生組  人數統計
班級
丙班        1     0      1      2
乙班        0     2      0      2
甲班        1     0      2      3
人數統計    2     2      3      7
```

程式解析

* 第 7 行：輸出工作表資料內容。

* 第 9~10 行：第一組樞紐分析表。

* 第 12~14 行：第二組樞紐分析表，其中用指定數值 0 可以取代空值 N/A 的欄位。

實戰例 ▶ 多個欄位樞紐分析表

本實例會利用 Python 中的 pandas 模組顯示多個欄位樞紐分析表，其輸出結果會以階層式的方式來顯示樞紐分析表的外觀。

範例檔案：pivot.xlsx

	A	B	C	D	E	F
1	學號	班級	組別	第一次	第二次	第三次
2	A001	甲班	男生組	10	9	10
3	A002	丙班	女生組	7	5	6
4	A003	甲班	男生組	6	9	7
5	A004	乙班	男女混合	7	6	5
6	A005	甲班	女生組	8	10	10
7	A006	乙班	男女混合	9	9	7
8	A007	丙班	男生組	10	7	10

程式檔：pivot1.py

```
01  import pandas as pd
02  df=pd.read_excel("pivot.xlsx")
03  pd.set_option('display.unicode.ambiguous_as_wide', True)
04  pd.set_option('display.unicode.east_asian_width', True)
05  pd.set_option('display.width', 180) # 設置寬度
06  #原資料庫
07  print(df)
08  print("="*50)
09  print(pd.pivot_table(df,values="學號",columns="組別",index=["班級","第一次"],
10                      aggfunc='count',margins=True,
11                      fill_value=0,margins_name="總計"))
12  print("="*50)
13  print(pd.pivot_table(df,values="學號",columns="組別",index=["班級","第一次",
14                      "第二次"],aggfunc='count',margins=True,
15                      fill_value=0,margins_name="總計"))
```

	學號	班級	組別	第一次	第二次	第三次
0	A001	甲班	男生組	10	9	10
1	A002	丙班	女生組	7	5	6
2	A003	甲班	男生組	6	9	7
3	A004	乙班	男女混合	7	6	5
4	A005	甲班	女生組	8	10	10
5	A006	乙班	男女混合	9	9	7
6	A007	丙班	男生組	10	7	10

組別 班級	第一次	女生組	男女混合	男生組	總計
丙班	7	1	0	0	1
	10	0	0	1	1
乙班	7	0	1	0	1
	9	0	1	0	1
甲班	6	0	0	1	1
	8	1	0	0	1
	10	0	0	1	1
總計		2	2	3	7

組別 班級	第一次	第二次	女生組	男女混合	男生組	總計
丙班	7	5	1	0	0	1
	10	7	0	0	1	1
乙班	7	6	0	1	0	1
	9	9	0	1	0	1
甲班	6	9	0	0	1	1
	8	10	1	0	0	1
	10	9	0	0	1	1
總計			2	2	3	7

程式解析

* 第 7 行：輸出工作表資料內容。

* 第 9~11 行：第一組樞鈕分析表，其中 index=[" 班級 "," 第一次 "]。

* 第 13~15 行：第二組樞鈕分析表，其中 index=[" 班級 "," 第一次 "," 第二次 "]。

實戰例 ▶ 設定多個彙總函數

本實例將示範如何利用 List 串列，一次傳多個彙總函數給 aggfunc。

範例檔案：pivot.xlsx

	A	B	C	D	E	F
1	學號	班級	組別	第一次	第二次	第三次
2	A001	甲班	男生組	10	9	10
3	A002	丙班	女生組	7	5	6
4	A003	甲班	男生組	6	9	7
5	A004	乙班	男女混合	7	6	5
6	A005	甲班	女生組	8	10	10
7	A006	乙班	男女混合	9	9	7
8	A007	丙班	男生組	10	7	10

程式檔：pivot2.py

```
01  import pandas as pd
02  df=pd.read_excel("pivot.xlsx")
03  pd.set_option('display.unicode.ambiguous_as_wide', True)
04  pd.set_option('display.unicode.east_asian_width', True)
05  pd.set_option('display.width', 180) # 設置寬度
06  #原資料庫
07  print(df)
08  print("="*50)
09  print(pd.pivot_table(df,values="第一次",columns="組別",index="班級",
10                       aggfunc=['count','sum'],margins=True,
11                       fill_value=0,margins_name="總計"))
```

執行結果

	學號	班級	組別	第一次	第二次	第三次
0	A001	甲班	男生組	10	9	10
1	A002	丙班	女生組	7	5	6
2	A003	甲班	男生組	6	9	7
3	A004	乙班	男女混合	7	6	5
4	A005	甲班	女生組	8	10	10
5	A006	乙班	男女混合	9	9	7
6	A007	丙班	男生組	10	7	10

```
==================================================
          count                        sum
組別  女生組  男女混合  男生組  總計  女生組  男女混合  男生組  總計
班級
丙班     1      0      1    2     7      0     10   17
乙班     0      2      0    2     0     16      0   16
甲班     1      0      2    3     8      0     16   24
總計     2      2      3    7    15     16     26   57
```

Python X Excel 的 12 堂關鍵必修課：資料分析自動化的 194 個高效實戰例

程式解析

* 第 7 行：輸出工作表資料內容。

* 第 9~11 行：利用 List 串列傳多個彙總函數給 aggfunc。

實戰例 ▶ 以字典對應不同類型函數

我們也可以利用字典針對不同的值對應一個不同的計算類型函數，例如：

```
pd.pivot_table(df,values=["學號","第一次"],columns="組別",index="班級",
                aggfunc={"學號":"count","第一次":"sum"},margins=True,
                fill_value=0,margins_name="總計"))
```

範例檔案：pivot.xlsx

	A	B	C	D	E	F
1	學號	班級	組別	第一次	第二次	第三次
2	A001	甲班	男生組	10	9	10
3	A002	丙班	女生組	7	5	6
4	A003	甲班	男生組	6	9	7
5	A004	乙班	男女混合	7	6	5
6	A005	甲班	女生組	8	10	10
7	A006	乙班	男女混合	9	9	7
8	A007	丙班	男生組	10	7	10

程式檔：pivot3.py

```
01   import pandas as pd
02   df=pd.read_excel("pivot.xlsx")
03   pd.set_option('display.unicode.ambiguous_as_wide', True)
04   pd.set_option('display.unicode.east_asian_width', True)
05   pd.set_option('display.width', 180) # 設置寬度
06   #原資料庫
07   print(df)
08   print("="*50)
09   print(pd.pivot_table(df,values=["學號","第一次"],columns="組別",index="班級",
10                   aggfunc={"學號":"count","第一次":"sum"},margins=True,
11                   fill_value=0,margins_name="總計"))
```

	學號	班級	組別	第一次	第二次	第三次
0	A001	甲班	男生組	10	9	10
1	A002	丙班	女生組	7	5	6
2	A003	甲班	男生組	6	9	7
3	A004	乙班	男女混合	7	6	5
4	A005	甲班	女生組	8	10	10
5	A006	乙班	男女混合	9	9	7
6	A007	丙班	男生組	10	7	10

	學號				第一次			
組別	女生組	男女混合	男生組	總計	女生組	男女混合	男生組	總計
班級								
丙班	1	0	1	2	7	0	10	17
乙班	0	2	0	2	0	16	0	16
甲班	1	0	2	3	8	0	16	24
總計	2	2	3	7	15	16	26	57

程式解析

* 第 7 行：輸出工作表資料內容。

* 第 9~11 行：建立樞紐分析表並利用字典針對不同的值對應一個不同的計算類型函數。

　　總而言之，在實作樞紐分析表的當下，第一次操作設定這些函數或許不是很熟悉他們所代表的意義，建議各位能以實際傳入要實作樞紐分析表的 DataFrame，並不斷地嘗試修改或比較不同的 index、columns 和 values 之間對輸出結果所產生的差異，並試著設定不同的 aggfunc 的彙總函數，以期所產出的樞紐分析表的統計數據符合自己所期待的外觀，相信只要各位多變換不同參數加以嘗試，一定可以將樞紐分析表的各種實作表格外觀的掌握力更強，將來操作 pandas.pivot_table 函數一定更加可以駕輕就熟。

　　當各位透過各種實作的參數變化取得自己所需的樞紐分析表的統計數據，但為了以後更加方便分析資料或進一步作各種不同的資料處理或萃取的動作，這個情況下建議可以考慮利用 reset_index() 函數來將索引進行重置的動作。

8-2-4　重置樞紐分析表索引

　　如果您想針對樞紐分析表進行索引重置，就可以利用 reset_index() 方法，這個方法會讓 index 重置成原本的樣子，請看本小節的實戰例示範說明。

Python X Excel 的 12 堂關鍵必修課：資料分析自動化的 194 個高效實戰例

▶ **對樞紐分析表進行索引重置**

本例子將示範如何以 reset_index() 方法來將索引進行重置。

範例檔案：pivot.xlsx

	A	B	C	D	E	F
1	學號	班級	組別	第一次	第二次	第三次
2	A001	甲班	男生組	10	9	10
3	A002	丙班	女生組	7	5	6
4	A003	甲班	男生組	6	9	7
5	A004	乙班	男女混合	7	6	5
6	A005	甲班	女生組	8	10	10
7	A006	乙班	男女混合	9	9	7
8	A007	丙班	男生組	10	7	10

程式檔：pivot4.py

```python
01  import pandas as pd
02  df=pd.read_excel("pivot.xlsx")
03  pd.set_option('display.unicode.ambiguous_as_wide', True)
04  pd.set_option('display.unicode.east_asian_width', True)
05  pd.set_option('display.width', 180) # 設置寬度
06  #原資料庫
07  print(df)
08  print("="*50)
09  print(pd.pivot_table(df,values=["學號","第一次"],columns="組別",index="班級",
10                      aggfunc={"學號":"count","第一次":"sum"},margins=True,
11                      fill_value=0,margins_name="總計").reset_index())
```

執行結果

```
    學號   班級     組別  第一次  第二次  第三次
0  A001   甲班   男生組   10    9    10
1  A002   丙班   女生組    7    5     6
2  A003   甲班   男生組    6    9     7
3  A004   乙班  男女混合    7    6     5
4  A005   甲班   女生組    8   10    10
5  A006   乙班  男女混合    9    9     7
6  A007   丙班   男生組   10    7    10
==================================================
      班級       學號                        第一次
組別         女生組 男女混合 男生組 總計  女生組 男女混合 男生組 總計
0      丙班     1    0    1   2    7    0   10   17
1      乙班     0    2    0   2    0   16    0   16
2      甲班     1    0    2   3    8    0   16   24
3      總計     2    2    3   7   15   16   26   57
```

* 第 7 行：輸出工作表資料內容。

* 第 9~11 行：將樞紐分析表的輸出結果以 reset_index() 函數來將索引進行重置。

以 Python 實作視覺化圖表一使用 matplotlib 及 openpyxl

matplotlib 套件是 Python 相當受歡迎的繪圖程式庫（plotting library），包含大量的模組，利用這些模組就能建立各種統計圖表。matplotlib 套件能製作的圖表非常多種，本章將針對對常用圖表做介紹。而 Python 的 openpyxl 模組可用來讀取或寫入 Office Open XML 格式的 Excel 檔案，支援的檔案類型有 xlsx、xlsm、xltx、xltm，接著將示範如何使用 matplotlib 及 openpyxl 來實作視覺化圖表。

9-1 長條圖、橫條圖與新增圖表元件

　　所有統計圖表中，長條圖（bar chart）算是較常使用的圖表，長條圖是一種以視覺化長方形的長度為變量的統計圖表。而長條圖容易看出數據的大小，經常拿來比較數據之間的差異，長條圖是比長短，較為好懂。這一節就來看看長條圖的繪製方法。

9-1-1 繪製長條圖

　　長條圖亦可橫向排列，或用多維方式表達。除了折線圖外，長條圖也是一種較常被使用統計圖表，因此長條圖常用來表示不連續資料，例如成績、人數或業績的比較，或是各地區域降雨量的比較都非常適合用長條圖的方式來呈現。matplotlib 的 bar 語法如下：

```
plt.bar(x, height[, width][, bottom][, align][,**kwargs])
```

　　參數說明如下：

- x：x 軸的數列資料。
- height：y 軸的數列資料。
- width：長條的寬度（預設值：0.8）。
- bottom：y 座標底部起始值（預設值：0）。
- align：長條的對應位置，可選擇 center 與 edge 兩種：

  'center'：將長條的中心置於 x 軸位置的中心位置。

  'edge'：長條的左邊緣與 x 軸位置對齊。

  **kwargs：設定屬性，常用屬性如下表。

屬性	縮寫	說明
color		長條顏色
edgecolor	ec	長條邊框顏色
linewidth	lw	長條邊框寬度

例如下式執行之後會得到下方長條圖：

```
plt.bar(x, s,width=0.5, align='edge', color='y', ec='b',lw=2)
```

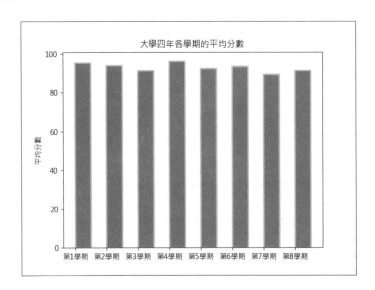

matplotlib 指定色彩的方法有好幾種，不管是使用色彩的英文全名、HEX
（十六進位碼）、RGB 或 RGBA 都可以，matplotlib 也針對 8 種常用顏色提供單
字縮寫方便快速取用，下表整理 8 種常用顏色的各種表示法，供讀者參考。

顏色	英文全名	顏色縮寫	RGB	RGBA	HEX
黑色	black	k	(0,0,0)	(0,0,0,1)	#000000
白色	white	w	(1,1,1)	(1,1,1,1)	#FFFFFF
藍色	blue	b	(0,0,1)	(0,0,1,1)	#0000FF
綠色	green	g	(0,1,0)	(0,1,0,1)	#00FF00
紅色	red	r	(1,0,0)	(1,0,0,1)	#FF0000
藍綠色	cyan	c	(0,1,1)	(0,1,1,1)	#00FFFF
洋紅色	magenta	m	(1,0,1)	(1,0,1,1)	#FF00FF
黃色	yellow	y	(1,1,0)	(1,1,0,1)	#FFFF00

實戰例 ▶ 長條圖

長條圖又稱為條狀圖、柱狀圖，繪製方式與折線圖大同小異，只要將 plot()
改為 bar()，底下我們用下表來練習。

第 1 學期	第 2 學期	第 3 學期	第 4 學期	第 5 學期	第 6 學期	第 7 學期	第 8 學期
95.3	94.2	91.4	96.2	92.3	93.6	89.4	91.2

大學四年各學期的平均分數

程式檔：barChart.py

```
01  # -*- coding: utf-8 -*-
02
03  import matplotlib.pyplot as plt
04
05  plt.rcParams['font.sans-serif'] ='Microsoft JhengHei'
06
07  x = ['第1學期', '第2學期', '第3學期', '第4學期','第5學期', '第6學期', '第7學期', '第8學期
    ']
08  s = [95.3, 94.2,91.4,96.2,92.3, 93.6,89.4,91.2]
09  plt.bar(x, s)
10  plt.ylabel('平均分數')
11  plt.title('大學四年各學期的平均分數')
12  plt.show()
```

執行結果

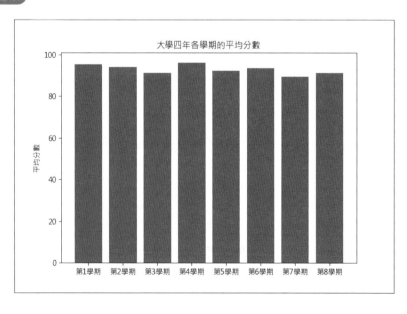

程式解析

* 第 3 行：匯入 matplotlib.pyplot 並以 plt 作為別名。

* 第 5 行：設定字型，這是微軟正黑體的英文名稱。

* 第 7 行：圖表的 X 座標軸標題。

* 第 8 行：各直條的數值高低。

* 第 9 行：繪製直條圖。

* 第 10 行：直條圖圖表的 Y 軸標籤文字。

* 第 11 行：設定圖表的標題。

* 第 12 行：顯示圖表。

9-1-2 為長條圖新增圖例

圖例是統計圖表中的輔助元素，其功用是來說明統計圖表上各種符號所代表的意義。下一個例子會使用 plt.legend() 函數，這個函數的作用是給圖像加圖例。其中 plt.legend(loc='xxx') 是用來設置圖例位置，loc 可以設置字包括：

* 'best'
* 'lower right'
* 'lower center'
* 'upper right'
* 'right'
* 'upper center"
* 'upper left'
* 'center left'
* 'center'
* 'lower left'
* 'center right'

實戰例 ▸ 新增圖例

這個例子將示範如何在長條圖上加上 X/Y 軸標題及圖例。

程式檔：barChart02.py

```python
01  # -*- coding: utf-8 -*-
02
03  import matplotlib.pyplot as plt
04
05  plt.rcParams['font.sans-serif'] ='Microsoft JhengHei'
```

```
06
07  x = ['第1學期', '第2學期', '第3學期', '第4學期','第5學期', '第6學期', '第7學期', '第8學期
    ']
08  s = [95.3, 94.2,91.4,96.2,92.3, 93.6,89.4,91.2]
09  plt.bar(x, s,width=0.5, align='edge', color='r', ec='y',lw=2, label='平均分數')
10  plt.legend(loc='best', fontsize=14)
11  plt.ylabel('平均分數')
12  plt.title('大學四年各學期的平均分數')
13  plt.show()
```

執行結果

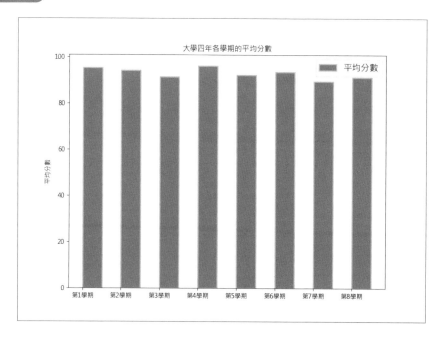

程式解析

* 第 3 行：匯入 matplotlib.pyplot 並以 plt 作為別名。

* 第 5 行：設定字型，這是微軟正黑體的英文名稱。

* 第 7 行：圖表的 X 座標軸標題。

* 第 8 行：各直條的數值高低。

* 第 9 行：繪製直條圖。

* 第 10 行：plt.legend() 函數的作用是給圖像新增圖例，並指定位置。

* 第 11 行：直條圖圖表的 Y 軸標籤文字。

* 第 12 行：設定圖表的標題。

* 第 13 行：顯示圖表。

9-1-3　新增資料標籤

　　不一定是所有圖表都需要資料標籤，但是如果在建立的長條圖加上資料標籤的話，其他人就比較較容易看出各長條圖所代表的確切資料數字。要在圖表上新增資料標籤可以使用 plt.text() 方法，它可以在圖上加上文字，用法如下：

```
plt.text(x, y, s[, fontdict][, withdash][, **kwargs])
```

參數說明如下：

* x, y：文字放置的座標位置。

* s：顯示的文字。

* fontdict：修改文字屬性，例如：

  bbox=dict(facecolor='red', alpha=0.5) 是用來設定文字邊框。

  horizontalalignment='center' 是用來設定水平對齊方式，可簡寫 ha，值有 'center'、'right'、'left'。

  verticalalignment='top' 是用來設定垂直對齊方式，可簡寫 va，值有 'center'、'top'、'bottom'、'baseline'。

* withdash：建立的是 TextWithDash 實體而不是 Text 實體，值是布林（True/False），預設為 False。

（實戰例）▶ 新增資料標籤

　　這個例子將示範如何在長條圖上新增資料標籤。

```
01  # -*- coding: utf-8 -*-
02
03  import matplotlib.pyplot as plt
04
05  plt.rcParams['font.sans-serif'] ='Microsoft JhengHei'
06
07  x = ['第1學期', '第2學期', '第3學期', '第4學期','第5學期', '第6學期', '第7學期', '第8學期
    ']
08  y = [95.3, 94.2,91.4,96.2,92.3, 93.6,89.4,91.2]
09  plt.bar(x, y,width=0.5, align='edge', color='r')
10  for a, b in zip(x, y):
11      plt.text(x=a, y=b, s=b, ha='center', va='bottom', fontdict={'family': 'Microsoft
    Jhenghei', 'color': 'k', 'size': 15})
12  plt.ylabel('平均分數')
13  plt.title('大學四年各學期的平均分數')
14  plt.rcParams['axes.unicode_minus'] = False
15  plt.show()
```

執行結果

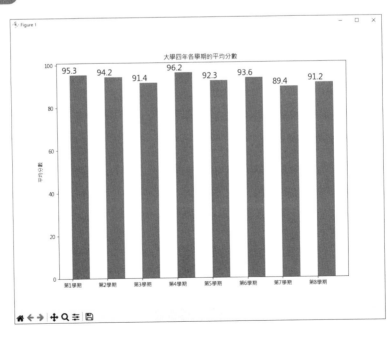

* 第 3 行：匯入 matplotlib.pyplot 並以 plt 作為別名。

* 第 5 行：設定字型，這是微軟正黑體的英文名稱。

* 第 7 行：圖表的 X 座標軸標題。

* 第 8 行：各直條的數值高低。

* 第 9 行：繪製直條圖。

* 第 10~11 行：新增資料標籤。

* 第 12 行：直條圖圖表的 Y 軸標籤文字。

* 第 13 行：設定圖表的標題。

* 第 14 行：這個指令是用來解決當座標值是一種負數時無法正常顯示負號的問題。也就是說，如果使用中文，資料數列有負值時，必須加上將 axes.unicode_minus 屬性設為 False。

* 第 15 行：顯示圖表。

9-1-4 新增座標軸標題

我們繪製一張圖表的時候，如果所繪製的圖表沒有座標軸標題，就不容易讓人看懂這份圖表 X 軸及 Y 軸所代表的意義，所以我們就來看看要怎麼加入座標軸標題吧。

實戰例 ▶ **新增座標 X（或 Y）軸標題**

程式檔：barChart04.py

```
01  # -*- coding: utf-8 -*-
02
03  import matplotlib.pyplot as plt
04
05  plt.rcParams['font.sans-serif'] ='Microsoft JhengHei'
06
```

```
07  x = ['第1學期', '第2學期', '第3學期', '第4學期','第5學期', '第6學期', '第7學期', '第8學期
    ']
08  y = [95.3, 94.2,91.4,96.2,92.3, 93.6,89.4,91.2]
09  plt.bar(x, y,width=0.5, align='edge', color='r')
10  for a, b in zip(x, y):
11      plt.text(x=a, y=b, s=b, ha='center', va='bottom', fontdict={'family': 'Microsoft
    Jhenghei', 'color': 'k', 'size': 15})
12  plt.xlabel('學期, fontdict={'family': 'Microsoft Jhenghei', 'color': 'r', 'size': 14},
    labelpad=2)
13  plt.ylabel('平均分數',fontdict={'family': 'Microsoft Jhenghei', 'color': 'r', 'size':
    14}, labelpad=4)
14  plt.title('大學四年各學期的平均分數')
15  plt.rcParams['axes.unicode_minus'] = False
16  plt.show()
```

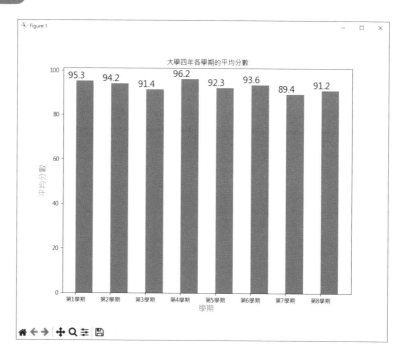

＊ 第 3 行：匯入 matplotlib.pyplot 並以 plt 作為別名。

* 第 5 行：設定字型，這是微軟正黑體的英文名稱。

* 第 7 行：圖表的 X 座標軸標題。

* 第 8 行：各直條的數值高低。

* 第 9 行：繪製直條圖。

* 第 10~11 行：新增資料標籤。

* 第 12~13 行：新增座標 X 軸標題及座標 Y 軸標題。

* 第 14 行：設定圖表的標題。

* 第 15 行：這個指令是用來解決當座標值是一種負數時無法正常顯示負號的問題。也就是說，如果使用中文，資料數列有負值時，必須加上將 axes.unicode_minus 屬性設為 False。

* 第 16 行：顯示圖表。

9-1-5 長條圖並排

　　繪製折線圖時可以將兩條折線繪製在同一個圖表，長條圖也可以把兩個數據放在一起比較。底下範例中指令的兩組數列，分別是 s1 與 s2，利用 numpy 的 arange() 方法取得 x 軸位置，arange() 就類似 Python 的 range()，只是 arange() 回傳的是 array；range() 返回的是 list。arange() 語法如下：

```
np.arange([start,]stop[,step][,dtype])
```

參數說明如下：

* start：數列的起始值，省略表示從 0 開始。

* stop：數列的結束值。

* step：間距，省略則 step=1。

* dtype：輸出的數列類型，例如 int、float、object，不指定會自動由輸入的值判斷類型。

　　arange() 返回的是 ndarray，值是半開區間，包括起始值，但不包括結束值，底下舉 4 種用法以及其回傳的 array。

```
index = np.arange(3.0)  # index =[0. 1. 2.]

index = np.arange(5)   #index =[0 1 2 3 4]

index = np.arange(1,10,2)   #index =[1 3 5 7 9]

index = np.arange(1,9,2)    #index =[1 3 5 7]
```

範例 np.arange(len(x)) 中的 len(x) 是取得 x 的個數，也就相當於 np.arange(4)，因此會得到陣列 [0 1 2 3]，這 4 個值就是 x 軸座標位置，變數 width 定義長條的寬度為 0.15，s1 往左移長條寬一半的距離（width/2），s2 往右移長條寬度一半的距離就能將 s1 與 s2 數列同時呈現在一個圖表內。

(實戰例) ▶ 長條圖並排

這個例子我們來看看如何操作大學四年各學期平均成績比較表。

範例檔案：無

程式檔：barCharDouble.py

```
01  # -*- coding: utf-8 -*-

02

03  import matplotlib.pyplot as plt

04  import numpy as np

05  plt.rcParams['font.sans-serif'] ='Microsoft JhengHei'

06

07  x=['上學期', '下學期']

08  s1,s2,s3,s4 = [13.2, 20.1], [11.9, 14.2], [15.1, 22.5], [15, 10]

09

10  index = np.arange(len(x))

11  width=0.15

12  plt.bar(index - 1.5*width, s1, width, color='b')

13  plt.bar(index - 0.5*width, s2, width, color='r')

14  plt.bar(index + 0.5*width, s3, width, color='y')

15  plt.bar(index + 1.5*width, s4, width, color='g')

16

17  plt.xticks(index, x)

18  plt.legend(['2017年','2018年','2019年','2020年'])
```

```
19
20   plt.ylabel('平均分數,取到小數點第一位')
21   plt.title('大學四年各學期平均成績比較表')
22   plt.show()
```

執行結果

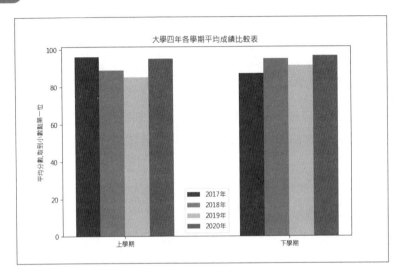

程式解析

* 第 3 行：匯入 matplotlib.pyplot 並以 plt 作為別名。

* 第 4 行：匯入 numpy 並以 np 作為別名。

* 第 5 行：設定字型,這是微軟正黑體的英文名稱。

* 第 7~8 行：設定各長條圖的資料。

* 第 10~15 行：將長條圖並排。

* 第 17 行：設置 X 座標軸刻度。

* 第 18 行：為圖表加入圖例。

* 第 20 行：圖表的 Y 座標軸標題。

* 第 21 行：設定圖表的標題。

* 第 22 行：顯示圖表。

9-1-6　繪製橫條圖

橫條圖是水平方向的長條圖，一般常用的橫式資料，例如遇到「A4 橫式尺寸」，這種情況下，用橫條圖就能看得比較清楚。繪製橫條圖語法與 bar() 大致，差別在於 width 是定義數值而 height 是設定橫條圖的粗細，圖表的起始值從底部（bottom）改為左邊（left），語法如下所示：

```
plt.barh(y, width[, height][, left][, align='center'][, **kwargs])
```

(實戰例) ▶ 橫條圖

要繪製橫條圖，只要將前一小節的垂直長條圖範例 barChart.py 程式改為橫條圖，也就是說只要將 bar() 改為 barh()，就可以快速繪製橫條圖。

範例檔案：無

程式檔：barhChart.py

```
01  # -*- coding: utf-8 -*-
02
03  import matplotlib.pyplot as plt
04
05  plt.rcParams['font.sans-serif'] ='Microsoft JhengHei'
06
07  x = ['第1學期', '第2學期', '第3學期', '第4學期','第5學期', '第6學期', '第7學期', '第8學期
      ']
08  s = [95.3, 94.2,91.4,96.2,92.3, 93.6,89.4,91.2]
09  plt.barh(x, s)
10  plt.ylabel('平均分數')
11  plt.title('大學四年各學期的平均分數')
12  plt.show()
```

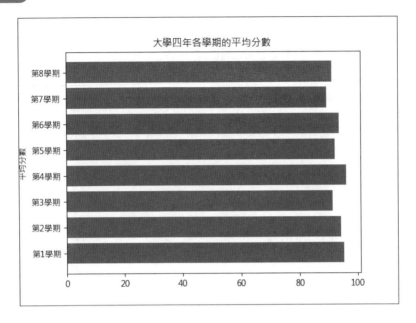

程式解析

* 第 3 行：匯入 matplotlib.pyplot 並以 plt 作為別名。

* 第 5 行：設定字型，這是微軟正黑體的英文名稱。

* 第 7 行：圖表的 X 座標軸標題。

* 第 8 行：各橫條圖的數值大小。

* 第 9 行：繪製橫條圖。

* 第 10 行：橫條圖圖表的 Y 軸標籤文字。

* 第 11 行：設定圖表的標題。

* 第 12 行：顯示圖表。

9-1-7 將圖表插入到工作表

除了上述方式將圖表在獨立的一個視窗展示外，我們也可以直接將圖表插入到現有的工作表，接著我們就來示範如何在工作表插入圖表。

(實戰例) ▶ **在工作表插入圖表**

本例將示範將所繪製的長條圖這個繪圖視窗，直接插入到現有的工作表之中。

範例檔案：暢銷商品.xlsx

程式檔：graph.py

```python
01  import pandas as pd
02  import matplotlib.pyplot as plt
03  import xlwings as xw
04  figure = plt.figure(figsize=(10, 4))
05  data = pd.read_excel('暢銷商品.xlsx', sheet_name='暢銷商品')
06  x = data['業務人員編號']
07  y = data['總金額']
08  plt.bar(x, y, width=0.5, align='center', color='r')
09  plt.rcParams['font.sans-serif'] = ['Microsoft Jhenghei']
10  plt.rcParams['axes.unicode_minus'] = False
11  app = xw.App(visible=False, add_book=False)
12  workbook = app.books.open('暢銷商品.xlsx')
13  worksheet = workbook.sheets['暢銷商品']
14  worksheet.pictures.add(figure, top=100)
15  workbook.save('暢銷商品(含圖表).xlsx')
16  workbook.close()
17  app.quit()
```

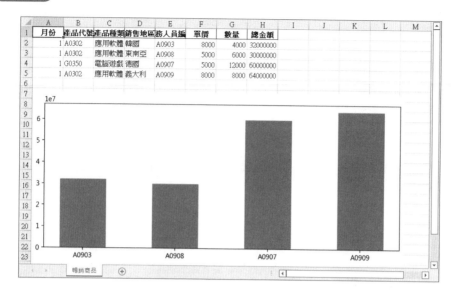

程式解析

* 第 1~3 行：匯入本程式所需的套件。

* 第 4 行：建立一個新的繪圖視窗，並指定大小。

* 第 5 行：讀取指定活頁簿的工作表。

* 第 6~7 行：分別指定「業務人員編號」及「總金額」欄的資料作為 x 座標及 y 座標的值。

* 第 8 行：繪製直條圖。

* 第 9 行：設定圖表中的預設字型，可以解決碰到亂碼的問題。

* 第 10 行：解決當座標值為負值無法正常顯示負值的問題。

* 第 11 行：啟動 Excel 程式。

* 第 12 行：開啟活頁簿檔案。

* 第 13 行：指定要插入圖表的工作表。

* 第 14 行：在指定的工作表插入所繪製的圖表。

* 第 15 行：另存活頁簿。

* 第 16 行：關閉活頁簿。

* 第 17 行：退出 Excel 程式。

9-2 直方圖

繪製直方圖的函數是 hist()，語法如下：

```
n, bins, patches = plt.hist(x, bins, range, density, weights, **kwargs)
```

hist() 的參數很多，除了 x 之外，其他都可以省略，底下僅列出常用的參數來說明，詳細參數請參考 matplotlib API（網址：https://matplotlib.org/api/）。

- x：要計算直方圖的變量。
- bins：組距，預設值為 10。
- range：設定分組的最大值與最小值範圍，格式為 tuple，用來忽略較低和較高的異常值，預設為（x.min(), x.max()）。
- density：呈現概率密度，直方圖的面積總和為 1，值為布林（True/False）。
- weights：設定每一個數據的權重。
- **kwargs：顏色及線條等樣式屬性。

plt.hist() 的回傳值有 3 個：

- n：直方圖的值。
- bins：組距。
- patches：每個 bin 裡面包含的數據列表（list）。

9-2-1　繪製直方圖

(實戰例) ▸ 繪製直方圖

譬如底下數列是班上 25 位同學的英文成績，我們可以透過直方圖看出成績分布狀況。

```
grade = [90,72,45,18,13,81,65,68,73,84,75,79,58,78,96,100,98,64,43,2,63,71,27,35,4
5,65]
```

透過範例直接來實作直方圖。

程式檔：hist.py

```python
01  # -*- coding: utf-8 -*-
02
03  import matplotlib.pyplot as plt
04
05  plt.rcParams['font.sans-serif'] ='Microsoft JhengHei'
06  plt.rcParams['font.size']=18
07
08  grade = [90,72,45,18,13,81,65,68,73,84,75,79,58,78,96,100,98,64,43,2,63,71,27,35,45,65]
09
10  plt.hist(grade, bins = [0,10,20,30,40,50,60,70,80,90,100],edgecolor = 'b')
11  plt.title('全班成績直方圖分布圖')
12  plt.xlabel('考試分數')
13  plt.ylabel('人數統計')
14  plt.show()
```

執行結果

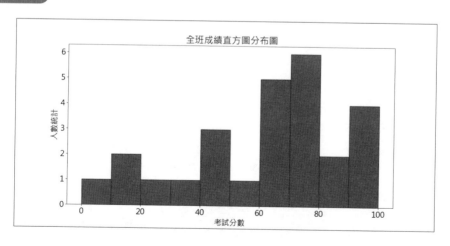

* 第 3 行：匯入 matplotlib.pyplot 並以 plt 作為別名。

* 第 5~6 行：設定字型，這是微軟正黑體的英文名稱及字型大小。

* 第 8 行：各直方圖的數值高低。

* 第 10 行：繪製直方圖。

* 第 11 行：設定圖表的標題。

* 第 12~13 行：設定 X 軸及 Y 軸的標籤文字。

* 第 14 行：顯示圖表。

9-2-2　在直方圖上顯示數值

實戰例 ▶ **繪製直方圖顯示數值**

如果想要在圖上顯示數值，可以善用這兩個回傳值，請看底下範例。

範例檔案：無

程式檔：hist01.py

```
01  # -*- coding: utf-8 -*-
02
03  import matplotlib.pyplot as plt
04
05  plt.rcParams['font.sans-serif'] ='Microsoft JhengHei'
06  plt.rcParams['axes.unicode_minus']=False
07  plt.rcParams['font.size']=15
08
09  grade = [90,72,45,18,13,81,65,68,73,84,75,79,58,78,96,100,98,64,43,2,63,71,27,3
    5,45,65]
10
11  n, b, p=plt.hist(grade, bins = [0,10,20,30,40,50,60,70,80,90,100], edgecolor = 'r')
12
13  for i in range(len(n)):
```

```
14    plt.text(b[i]+10, n[i], int(n[i]), ha='center', va='bottom', fontsize=12)

15

16    plt.title('全班成績直方圖分布圖')

17    plt.xlabel('考試分數')

18    plt.ylabel('人數統計')

19    plt.show()
```

執行結果

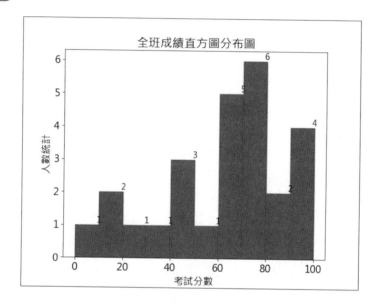

程式解析

* 第 3 行：匯入 matplotlib.pyplot 並以 plt 作為別名。

* 第 5~7 行：設定字型，這是微軟正黑體的英文名稱及字型大小，並一併解決當座標值為負值無法正常顯示負值的問題。

* 第 9 行：各直方圖的數值高低。

* 第 11~14 行：繪製直方圖，並在直方圖顯示數值。

* 第 16 行：設定圖表的標題。

* 第 17~18 行：設定 X 軸及 Y 軸的標籤文字。

* 第 19 行：顯示圖表。

折線圖（line chart）是使用 matplotlib 的 pyplot 模組，使用前必須先匯入，由於 pyplot 物件經常會使用到，我們可以建立別名方便取用。例如底下指令：

```
import matplotlib.pyplot as plt
```

9-3-1 繪製折線圖

pyplot 模組繪製基本的圖形非常快速而且簡單，使用步驟與語法如下：

1. **設定 x 軸與 y 軸要放置的資料串列**：plt.plot(x,y)。
2. **設定圖表參數**：例如 x 軸標籤名稱 plt.xlabel()、y 軸標籤名稱 plt.ylabel()、圖表標題 plt.title()。
3. **輸出圖表**：plt.show()。

底下程式使用了 plt 的 plot 方法來繪圖，語法如下：

```
plt.plot([x], y, [fmt])
```

其中參數 x 與 y 是座標串列，x 與 y 的元素個數要相同才能夠繪製圖形，x 可省略，如果省略的話，Python 會自己加入從 0 開始的串列來對應（[0, 1, 2, ..., n1]）。而參數 fmt 是用來定義格式，例如標記樣式、線條樣式等等，可省略（預設是藍色實線）。範例中 x 軸為月份，y 軸為溫度，xlabel()、ylabel() 是用來設定標籤名稱，title() 則是圖表標題，最後呼叫 show 方法繪出圖表。

實戰例 ▶ 折線圖

底下範例就以兼職工作的收入資料來繪製最基本的折線圖。

範例檔案：無

```
01   # -*- coding: utf-8 -*-
02
03   import matplotlib.pyplot as plt
04
05   x=[1,2,3,4,5,6,7,8,9,10,11,12]
06   y=[16800,20000,21600,25400,12800,20000,25000,14600,32800,25400,18000,10600]
07   plt.plot(x, y, marker='.')
08   plt.xlabel('month')
09   plt.ylabel('salary income')
10   plt.title('the income for each month')
11   plt.show()
```

執行結果

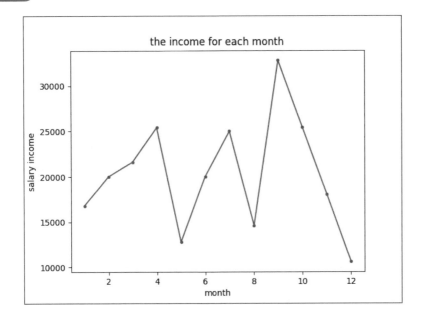

程式解析

* 第 3 行：匯入 matplotlib.pyplot 並以 plt 作為別名。

* 第 5~6 行：設定折線圖各點的 x 及 y 數值。

* 第 7 行：繪製折線圖。

* 第 8~9 行：設定 X 軸及 Y 軸的標籤文字。

* 第 10 行：設定圖表的標題。

* 第 11 行：顯示圖表。

9-3-2 為折線圖新增格線

如果各位希望所繪製折線圖圖表中的資料更容易閱讀，您可以顯示水平與垂直圖表格線。而格線會從任何水平及垂直座標軸延伸至圖表的整個繪圖區。

(實戰例) ▶ 新增格線

這個例子將示範如何在繪製的折線圖加入格線。

範例檔案：無

程式檔：grid.py

```
01  # -*- coding: utf-8 -*-
02
03  import matplotlib.pyplot as plt
04
05  x=[1,2,3,4,5,6,7,8,9,10,11,12]
06  y=[16800,20000,21600,25400,12800,20000,25000,14600,32800,25400,18000,10600]
07  plt.plot(x, y, marker='.')
08  plt.xlabel('月份')
09  plt.ylabel('薪水')
10  plt.title('每月薪水收入折線圖')
11  plt.grid(visible=True, axis='both', color='r', linestyle='dotted', linewidth=2)
12  plt.rcParams['font.sans-serif'] = ['Microsoft Jhenghei']
13  plt.rcParams['axes.unicode_minus'] = False
14  plt.show()
```

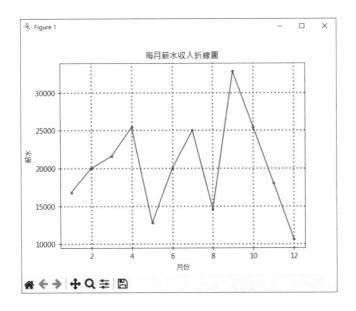

* 第 3 行：匯入 matplotlib.pyplot 並以 plt 作為別名。

* 第 5~6 行：設定折線圖各點的 x 及 y 數值。

* 第 7 行：繪製折線圖。

* 第 8~9 行：設定 X 軸及 Y 軸的標籤文字。

* 第 10 行：設定圖表的標題。

* 第 11 行：繪製格線。

* 第 12~13 行：設定字型，這是微軟正黑體的英文名稱及字型大小，並一併解決當座標值為負值無法正常顯示負值的問題。

* 第 14 行：顯示圖表。

9-3-3　在折線圖設定座標軸刻度範圍

　　當您建立圖表時，您可以自訂座標軸刻度範圍以更符合您的個人需求。如果各位要在折線圖設定座標軸刻度範圍，請參閱下面範例。

本實例將示範如何在所繪製的折線圖上設定座標軸刻度範圍。

範例檔案：無

程式檔：scale.py

```python
01  # -*- coding: utf-8 -*-
02
03  import matplotlib.pyplot as plt
04
05  x=[1,2,3,4,5,6,7,8,9,10,11,12]
06  y=[16800,20000,21600,25400,12800,20000,25000,14600,32800,25400,18000,10600]
07  plt.plot(x, y, marker='.')
08  plt.xlabel('月份')
09  plt.ylabel('薪水')
10  plt.title('每月薪水收入折線圖')
11  plt.ylim(5000, 40000)
12  plt.grid(visible=True, axis='both', color='r', linestyle='dotted', linewidth=2)
13  plt.rcParams['font.sans-serif'] = ['Microsoft Jhenghei']
14  plt.rcParams['axes.unicode_minus'] = False
15  plt.show()
```

執行結果

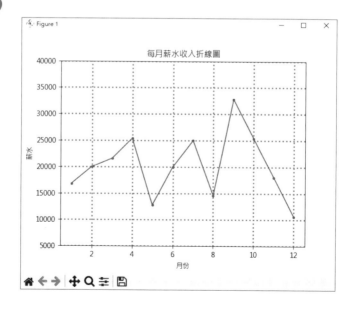

* 第 3 行：匯入 matplotlib.pyplot 並以 plt 作為別名。

* 第 5~6 行：設定折線圖各點的 x 及 y 數值。

* 第 7 行：繪製折線圖。

* 第 8~9 行：設定 X 軸及 Y 軸的標籤文字。

* 第 10 行：設定圖表的標題。

* 第 11 行：設定座標軸刻度的範圍。

* 第 12 行：繪製格線。

* 第 13~14 行：設定字型，這是微軟正黑體的英文名稱及字型大小，並一併解決當座標值為負值無法正常顯示負值的問題。

* 第 15 行：顯示圖表。

9-4 圖形圖

圓形圖（又稱為餅圖或派圖，pie chart）是一個劃分為幾個扇形的圓形統計圖表，能夠清楚顯示各類別數量相對於整體所佔的比重，在圓形圖中，每個扇區的弧長大小為其所表示的數量的比例，這些扇區合在一起剛好是一個完全的圓形。經常使用於商業統計圖表，譬如各業務單位的銷售額、各種選舉的實際得票數等等，稍後將介紹圓形圖的製作方式。圓形圖是以每個扇形區相對於整個圓形的大小或百分比來繪製，使用的是 matplotlib 的 pie 函數，語法如下：

```
plt.pie(x, explode, labels, colors, autopct, pctdistance, shadow,
labeldistance,startangle, radius, counterclock, wedgeprops, textprops, center,
frame,rotatelabels)
```

除了 x 之外，其他參數都可省略，參數說明如下：

* x：繪圖的數組。

- explode：設定個別扇形區偏移的距離，用意是凸顯某一塊扇形區，值是與 x 元素個數相同的數組。

- labels：圖例標籤。

- colors：指定餅圖的填滿顏色。

- autopct：顯示比率標記，標記可以是字串或函數，字串格式是 %，例如：%d（整數）、%f（浮點數），預設值是無（None）。

- pctdistance：設置比率標記與圓心的距離，預設值是 0.6。

- shadow：是否添加餅圖的陰影效果，值為布林（True/False），預設值 False。

- labeldistance：指定各扇形圖例與圓心的距離，值為浮點數，預設值 1.1。

- startangle：設置餅圖的起始角度。

- radius：指定半徑。

- counterclock：指定餅圖呈現方式逆時針或順時針，值為布林。（True/False），預設為 True。

- wedgeprops：指定餅圖邊界的屬性。

- textprops：指定餅圖文字屬性。

- center：指定中心點位置，預設為 (0,0)。

- frame：是否要顯示餅圖的圖框，值為布林（True/False），預設為 False。

- rotatelabels：標籤文字是否要隨著扇形轉向，值為布林（True/False），預設為 False。

(實戰例) ▸ 圓形圖

假設雲端科技公司做了員工旅遊地點的問卷調查，調查結果如下表：

項目	人數
高雄	26
花蓮	12
台中	21
澎湖	25
宜蘭	35

我們來看看要如何將這個調查結果以圓餅圖來呈現。

範例檔案：無

程式檔：pie.py

```
01  # -*- coding: utf-8 -*-
02
03  import matplotlib.pyplot as plt
04
05  plt.rcParams['font.sans-serif'] ='Microsoft JhengHei'
06  plt.rcParams['font.size']=12
07
08  x = [26,12,21,25,35]
09  labels = '高雄','花蓮','台中','澎湖','宜蘭'
10  explode = (0.2, 0, 0, 0,0)
11  plt.pie(x,labels=labels, explode=explode, autopct='%.1f%%',
12          shadow=True)
13
14  plt.show()
```

執行結果

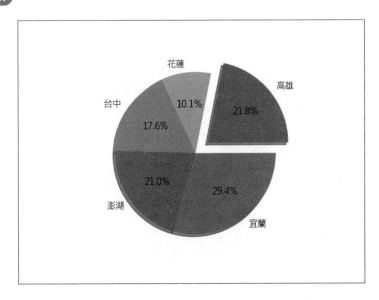

* 第 3 行：匯入 matplotlib.pyplot 並以 plt 作為別名。

* 第 5~6 行：設定字型，這是微軟正黑體的英文名稱及字型大小，並一併解決當座標值為負值無法正常顯示負值的問題。

* 第 8 行：設定圓形圖各區塊的數值。

* 第 9 行：設定圓形圖各區塊的名稱。

* 第 10~12 行：從圓餅圖就能清楚看出每個項目的相對比例關係，範例中為了凸顯「高雄」這個項目，所以加了 explode 參數，將第一個項目設為偏移 0.2 的距離。autopct 參數是設定每一個扇形顯示的文字標籤格式，這裡參數值是如下表示：

```
'%.1f%%'
```

前面的「%.1f」指定小數點 1 位的浮點數，因為 % 是關鍵字，不能直接使用，必須使用「%%」才能輸出百分比符號。

* 第 14 行：顯示圖表。

9-5 散佈圖

　　散佈圖或稱為散點圖，這種圖表可以顯示兩個變數之間關係，透過圖表的呈現可以幫助製圖者看出某種關係或趨勢，所以這種圖表也是一種常見的圖表。要繪製散佈圖必須使用 scatter 函數，它的使用方式及參數方式說明如下：

```
scatter(x, y,s=None, c=None, marker=None, cmap=None, norm=None, vmin=None,
vmax=None, alpha=None, linewidths=None, verts=None, edgecolors=None)
```

變數：

- x, y：X 軸與 Y 軸的數據。
- s：散佈圖的點的大小。
- c：顏色，這邊也可以寫成 color。
- marker：散佈圖的點的形狀。
- alpha：散佈圖的點的透明度（可以指定 0 ～ 1，0: 完全透明，1: 不透明）。
- linewidths：散佈圖的點的邊緣的線的粗度。
- edgecolors：散佈圖的點的邊緣的線的顏色。

實戰例 ▶ 散佈圖

使用 scatter 函數繪製散佈圖。

範例檔案：無

程式檔：scatter.py

```
01  import matplotlib.pyplot as plt
02
03  x = [1.5, 3.8, 5.8, 8.6, 12]
04  y = [3, 4.6, 6.8, 8.4, 10.6]
05
06  fig = plt.figure()
07
08  pic = fig.add_subplot(1, 1, 1)
09
10  pic.scatter(x, y, s=250, alpha=0.4, linewidths=2.5, c='#00FF00', edgecolors='red')
11  plt.show()
```

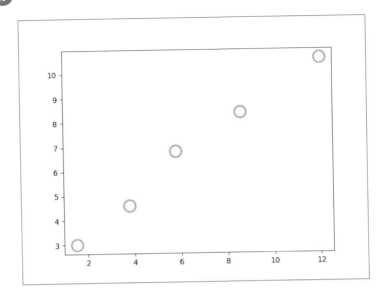

＊ 第 1 行：匯入 matplotlib.pyplot 並以 plt 作為別名。

＊ 第 3~4 行：設定散佈圖的資料。

＊ 第 6 行：設定繪圖區塊。

＊ 第 8 行：新增子圖，有關此函數的深入介紹，請參考本章後面的建立子圖單元。

＊ 第 10 行：進行散佈圖圖表的設定。

＊ 第 11 行：顯示圖表。

9-6 泡泡圖

　　泡泡圖是一種類似散佈圖的圖形，這種圖形的特點就是散佈圖中的資料點以泡泡取代，而資料的其他維度會以泡泡大小表示。和散佈圖類似，泡泡圖並沒有所謂的類別座標軸，它的 x 軸和 y 軸都是數值軸。除了散佈圖中繪製的 x 值和 y 值之外，泡泡圖會繪製 x 值、y 值和 z 值，其中的 z 值代表泡泡的大小。

實戰例 ▸ 泡泡圖

請將底下的範例檔以泡泡圖的表示授權數（人）、總額（元）與利潤（%）三者間的關係圖。

範例檔案：線上軟體.xlsx

	A	B	C	D
1	課程名稱	授權數(人)	總額(元)	利潤(%)
2	AI	50	20000	20%
3	C++	25	12750	10%
4	Python	60	24000	36%
5	C語言	45	10000	45%
6	Java	30	13500	15%
7	scratch	45	45000	29%
8	Google	89	34400	48%
9	photoshop	88	17600	14%

程式檔：bubble.py

```
01  import matplotlib.pyplot as plt
02  import pandas as pd
03  plt.figure(figsize=(10, 5))
04  data = pd.read_excel('線上軟體.xlsx')
05  n = data['課程名稱']
06  x = data['授權數(人)']
07  y = data['總額(元)']
08  z = data['利潤(%)']
09  plt.scatter(x, y, s=z * 6000, color='g', marker='o')
10  plt.xlabel('授權數(人)', fontdict={'family': 'Microsoft Jhenghei', 'color': 'k',
    'size': 12}, labelpad=2)
11  plt.ylabel('總額(元)', fontdict={'family': 'Microsoft Jhenghei', 'color': 'k', 'size':
    12}, labelpad=2)
12  plt.title('數位新知創新學院', fontdict={'family': 'Microsoft Jhenghei', 'color': 'k',
    'size': 20}, loc='center')
13  for a, b, c in zip(x, y, n):
14      plt.text(x=a, y=b, s=c, ha='center', va='center', fontsize=12, color='w')
15  plt.xlim(0, 100)
16  plt.ylim(0, 30000)
```

```
17  plt.rcParams['font.sans-serif'] = ['Microsoft Jhenghei']
18  plt.rcParams['axes.unicode_minus'] = False
19  plt.show()
```

執行結果

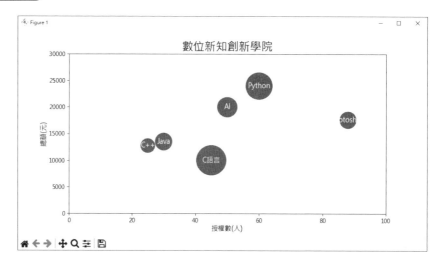

程式解析

* 第 1 行：匯入 matplotlib.pyplot 並以 plt 作為別名。

* 第 2 行：匯入 pandas 模組並以 pd 作為別名。

* 第 3 行：建立繪圖視窗。

* 第 4 行：讀取指定的活頁簿檔案。

* 第 5 行：將「課程名稱」欄位的資料作為資料標籤的內容。

* 第 6 行：將「授權數（人）」欄位的資料作為 x 座標的值。

* 第 7 行：將「總額（元）」欄位的資料作為 y 座標的值。

* 第 8 行：將「利潤（％）」欄位的資料作為泡泡的大小。

* 第 9 行：繪製泡泡圖。

* 第 10~12 行：分別設定 x 軸、y 軸及圖表的標題。

* 第 13~14 行：新增並設定資料標籤。

* 第 15~16 行：分別設定 x 軸、y 軸的刻度範圍。

* 第 17 行：設定圖表中的預設字型，可以解決碰到亂碼的問題。

* 第 18 行：這個指令是用來解決當座標值是一種負數時無法正常顯示負
  號的問題。也就是說，如果使用中文，資料數列有負值時，必須加上將
  axes.unicode_minus 屬性設為 False。

* 第 19 行：顯示所繪製的圖表。

9-7 雷達圖

雷達圖（Radar Chart），（也稱蜘蛛圖極座標圖），雷達圖也經常被應用在數據分析的圖表產出的種類之一。從雷達圖繪製出來的外觀來看，它從中心點向外發散圍成多邊形的形狀，可以用來展示每個變數的數據大小。在雷達圖中可以看出各種類別的變化情況，當該類別的數值越大時，在圖形外觀的呈現上會和中心點的距離就更大，該類別在雷達圖所形成的多邊形面積就會越大。以下圖為例，當某一位分析師的各種類股的投資效益越接近時，在雷達圖中所繪製出來的圖形就會越接近正多邊形。

要繪製雷達圖必須在程式中除了要匯入 openpyxl 套件之外，還必須將 openpyxl.chart 套件中載入 RadarChart, Reference 這兩個類別，因此在程式一開始要匯入的函式庫的語法如下：

```
import openpyxl
from openpyxl.chart import RadarChart, Reference
```

實戰例 ▶ 雷達圖

範例檔案：stock1.xlsx

	A	B	C	D	E	F
1	股票代號	股票名稱	獲利績效(q1)	獲利績效(q2)	獲利績效(q3)	獲利績效(q4)
2	6589	台康生技	120000	25000	102500	54600
3	9103	美德醫療-DR	31900	234566	56000	65400
4	4746	台耀	156110	168000	180000	124000
5	2609	陽明	234800	201400	246000	158700
6	2915	潤泰全	165000	160000	120000	168400
7	1903	士紙	128000	98000	160000	156420
8	2881	富邦金	86000	102540	108700	120000

工作表1

```
01  import openpyxl
02  from openpyxl.chart import RadarChart, Reference
03
04  wb=openpyxl.load_workbook("stock1.xlsx") #載入Excel活頁簿檔案
05  target=wb.active #將作用工作表內容設定給target變數
06  #設定要繪製圖表的資料參考範圍
07  price=Reference(target,min_col=3,max_col=6,min_row=1,max_row=target.max_row)
08  #設定要繪製圖表的分類參考範圍
09  stock_sort=Reference(target,min_col=2,max_col=2,min_row=2,max_row=target.max_row)
10  chart=RadarChart()  #建立圖
11  chart.grouping="stacked"
12  chart.title="股票獲利績效"  #統計圖表的標題名稱
13  #如果多設定chart.type="filled"，則會在每一個多邊形的內部區域填滿色彩
14  #將資料參考範圍加入圖表，並令第一列為圖示名稱
15  chart.add_data(price,titles_from_data=True)
16  #新增類別物件，以作為圖表的分類
17  chart.set_categories(stock_sort)
18  #將圖表插入工作表中的指定儲存格位置
19  target.add_chart(chart,"A10")
20  #將程式的執行結果以另外一個新檔名加以儲存
21  wb.save("stock_radarchart.xlsx")
```

執行結果

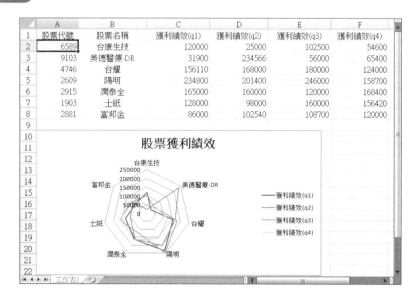

* 第 1 行：載入 openpyxl 套件。

* 第 2 行：從 openpyxl.chart 套件載入 RadarChart 類別和 Reference 類別。

* 第 4~5 行：開啟「stock1.xlsx」活頁簿檔案，由於這個 Excel 檔案只有一張工作表，當檔案被開啟後，會預設開啟這張工作表，因此在第 5 行程式碼，以一個變數來選取這張工作表。

* 第 7 行：設定要繪製圖表的資料參考範圍。

* 第 9 行：設定要繪製圖表的分類參考範圍。

* 第 10 行：建立雷達圖物件，並將建立的雷達圖物件命名為 chart。

* 第 11~12 行：圖表的屬性設定，包括圖表分組方式、圖表標題等。

* 第 15 行：以 add_data() 方法為 chart 物件新增資料，這個方法的第二個參數「titles_from_data=True」表示原始工作表資料第一列的欄標題，在圖表繪製的過程中會自動轉換成圖例名稱。

* 第 17 行：以 set_categories() 方法新增類別物件，以作為圖表的分類。

* 第 19 行：將 add_chart() 將圖表插入工作表中的 A10 儲存格位置。

* 第 21 行：利用 save() 方法將程式的執行結果以另外一個新檔名加以儲存。

9-8 區域圖

　　區域圖軸和行之間的區域填滿色彩，以表示數量，這種圖形的特性強調隨著時間的變化大小，而且可用來強調跨趨勢的總計值。透過區域圖顯示繪製值的總和，可以看得出來部分與整體的關係。區域圖的外觀有點像結合長條圖及折線圖兩種圖形的特性所形成的圖形。要繪製區域圖必須在程式中除了要匯入 openpyxl 套件之外，還必須將 openpyxl.chart 套件中載入 AreaChart, Reference 這兩個類別，因此在程式一開始要匯入的函式庫的語法如下：

```
import openpyxl
from openpyxl.chart import AreaChart, Reference
```

9-8-1 平面區域圖

平面區域圖是以平面格式顯示的區域圖，可以顯示數值在時間或其他類別資料上的趨勢。

實戰例 ▶ 平面區域圖

底下範例就是利用區域圖來表現股票獲利績效。

範例檔案：stock1.xlsx

	A	B	C	D	E	F
1	股票代號	股票名稱	獲利績效(q1)	獲利績效(q2)	獲利績效(q3)	獲利績效(q4)
2	6589	台康生技	120000	25000	102500	54600
3	9103	美德醫療-DR	31900	234566	56000	65400
4	4746	台耀	156110	168000	180000	124000
5	2609	陽明	234800	201400	246000	158700
6	2915	潤泰全	165000	160000	120000	168400
7	1903	士紙	128000	98000	160000	156420
8	2881	富邦金	86000	102540	108700	120000

工作表1

程式檔：areachart.py

```
01  import openpyxl
02  from openpyxl.chart import AreaChart, Reference
03
04  wb=openpyxl.load_workbook("stock1.xlsx") #載入Excel活頁簿檔案
05  target=wb.active #將作用工作表內容設定給target變數
06  #設定要繪製圖表的資料參考範圍
07  price=Reference(target,min_col=3,max_col=6,min_row=1,max_row=target.max_row)
08  #設定要繪製圖表的分類參考範圍
09  stock_sort=Reference(target,min_col=2,max_col=2,min_row=2,max_row=target.max_row)
10  chart=AreaChart()   #建立圖
11  chart.grouping="stacked"
12  chart.title="股票獲利績效區域圖"   #統計圖表的標題名稱
13  chart.x_axis.title="日期"      #統計圖表的X軸標題名稱
14  chart.y_axis.title="當日股價"     #統計圖表的Y軸標題名稱
15  #將資料參考範圍加入圖表，並令第一列為圖示名稱
16  chart.add_data(price,titles_from_data=True)
17  #新增類別物件，以作為圖表的分類
```

```
18  chart.set_categories(stock_sort)
19  #將圖表插入工作表中的指定儲存格位置
20  target.add_chart(chart,"A10")
21  #將程式的執行結果以另外一個新檔名加以儲存
22  wb.save("stock_areachart.xlsx")
```

執行結果

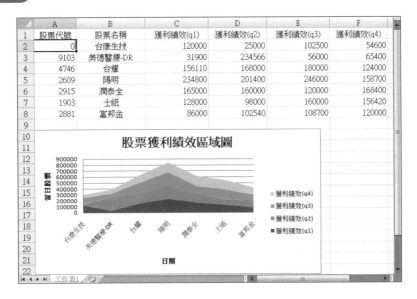

程式解析

* 第 1 行：載入 openpyxl 套件。

* 第 2 行：從 openpyxl.chart 套件載入 AreaChart 類別和 Reference 類別。

* 第 4~5 行：開啟「stock1.xlsx」活頁簿檔案，由於這個 Excel 檔案只有一張工作表，當檔案被開啟後，會預設開啟這張工作表，因此在第 5 行程式碼，以一個變數來選取這張工作表。

* 第 7 行：設定要繪製圖表的資料參考範圍。

* 第 9 行：設定要繪製圖表的分類參考範圍。

* 第 10 行：建立區域圖物件，並將建立的區域圖物件命名為 chart。

* 第 11~14 行：圖表的屬性設定，包括圖表標題、X 軸標題、Y 軸標題…等。

* 第 16 行：以 add_data() 方法為 chart 物件新增資料，這個方法的第二個參數「titles_from_data=True」表示原始工作表資料第一列的欄標題，在圖表繪製的過程中會自動轉換成圖例名稱。

* 第 18 行：以 set_categories() 方法新增類別物件，以作為圖表的分類。

* 第 20 行：將 add_chart() 將圖表插入工作表中的 A10 儲存格位置。

* 第 22 行：利用 save() 方法將程式的執行結果以另外一個新檔名加以儲存。

9-8-2　3D 區域圖

區域圖有區分為平面區域圖及立體區域體，立體區域圖是以 3D 立體格式顯示的區域圖，可以顯示數值在時間或其他類別資料上的趨勢。立體區域圖的繪製方式跟平面區域圖相同，只是將 AreaChart 改為 AreaChart3D 而已。語法如下：

```
import openpyxl
from openpyxl.chart import AreaChart3D, Reference
```

(實戰例)▶ 3D 區域圖

這個範例就是利用立體區域圖表現股票投資總淨利隨時間變化的資料，可以在區域圖中繪製，藉此強調總投資效益。

範例檔案：stock1.xlsx

	A	B	C	D	E	F
1	股票代號	股票名稱	獲利績效(q1)	獲利績效(q2)	獲利績效(q3)	獲利績效(q4)
2	6589	台康生技	120000	25000	102500	54600
3	9103	美德醫療-DR	31900	234566	56000	65400
4	4746	台耀	156110	168000	180000	124000
5	2609	陽明	234800	201400	246000	158700
6	2915	潤泰全	165000	160000	120000	168400
7	1903	士紙	128000	98000	160000	156420
8	2881	富邦金	86000	102540	108700	120000

程式檔：areachart3D.py

```
01  import openpyxl
02  from openpyxl.chart import AreaChart3D, Reference
03
```

```
04  wb=openpyxl.load_workbook("stock1.xlsx") #載入Excel活頁簿檔案
05  target=wb.active #將作用工作表內容設定給target變數
06  #設定要繪製圖表的資料參考範圍
07  price=Reference(target,min_col=3,max_col=6,min_row=1,max_row=target.max_row)
08  #設定要繪製圖表的分類參考範圍
09  stock_sort=Reference(target,min_col=2,max_col=2,min_row=2,max_row=target.max_row)
10  chart=AreaChart3D()  #建立圖
11  chart.grouping="stacked"
12  chart.title="股票獲利績效區域圖"  #統計圖表的標題名稱
13  chart.x_axis.title="日期"        #統計圖表的X軸標題名稱
14  chart.y_axis.title="當日股價"     #統計圖表的Y軸標題名稱
15  #將資料參考範圍加入圖表，並令第一列為圖示名稱
16  chart.add_data(price,titles_from_data=True)
17  #新增類別物件，以作為圖表的分類
18  chart.set_categories(stock_sort)
19  #將圖表插入工作表中的指定儲存格位置
20  target.add_chart(chart,"A10")
21  #將程式的執行結果以另外一個新檔名加以儲存
22  wb.save("stock_areachart3D.xlsx")
```

執行結果

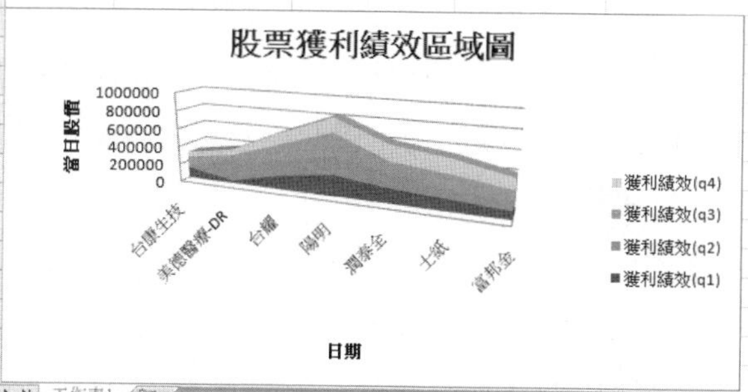

* 第 1 行：載入 openpyxl 套件。

* 第 2 行：從 openpyxl.chart 套件載入 AreaChart3D 類別和 Reference 類別。

* 第 4~5 行：開啟「stock1.xlsx」活頁簿檔案，由於這個 Excel 檔案只有一張工作表，當檔案被開啟後，會預設開啟這張工作表，因此在第 5 行程式碼，以一個變數來選取這張工作表。

* 第 7 行：設定要繪製圖表的資料參考範圍。

* 第 9 行：設定要繪製圖表的分類參考範圍。

* 第 10 行：建立立體區域體物件，並將建立的立體區域體命名為 chart。

* 第 11~14 行：圖表的屬性設定，包括圖表標題、X 軸標題、Y 軸標題…等。

* 第 16 行：以 add_data() 方法為 chart 物件新增資料，這個方法的第二個參數「titles_from_data=True」表示原始工作表資料第一列的欄標題，在圖表繪製的過程中會自動轉換成圖例名稱。

* 第 18 行：以 set_categories() 方法新增類別物件，以作為圖表的分類。

* 第 20 行：將 add_chart() 將圖表插入工作表中的 A10 儲存格位置。

* 第 22 行：利用 save() 方法將程式的執行結果以另外一個新檔名加以儲存。

9-9 其他實用的圖表技巧

介紹了這麼多種圖形，如果想放在一起顯示可以嗎？本單元將示範如何利用子圖功能將多種圖形組合在一起顯示。在資料呈現上，長條圖可以看出趨勢、圖形圖可以快速的看出數值佔比，老闆總是希望能夠一張圖表就看到長條圖、圓形圖，讓資料能更即時，更快掌握狀況。這時候就可以利用 matplotlib 的 subplot（子圖）功能來製作。

9-9-1 建立子圖

(實戰例) ▶ 建立子圖

subplot 可以將多個子圖顯示在一個視窗（figure），先來看看 subplot 基本用法。

```
plt.subplot(rows,cols,n)
```

參數 rows、cols 是設定如何分割視窗，n 則是繪圖在哪一區，逗號可以不寫，參數說明如下（請參考下圖對照）：

* rows,cols：將視窗分成 cols 行 rows 列，例如下圖為 plt.subplot(3,4, n)。
* n：圖形放在哪一個區域

n=1	n=2	n=3	n=4
n=5	n=6	n=7	n=8
n=9	n=10	n=11	n=12

例如 rows=2，cols=3，如果圖形想放置在 n=1 區塊，可以使用下列兩種寫法。

```
plt.subplot(2, 3, 1) 或plt.subplot(231)
```

subplot 會回傳 AxesSubplot 物件，如果想要使用程式來刪除或添加圖形，可以利用下列指令：

```
ax=plt.subplot(2,3,1)  #ax是AxesSubplot物件
plt.delaxes(ax)  #從figure刪除ax
plt.subplot(ax)  #將ax再次加入figure
```

接下來，我們將前面所繪製過的圖形分別放在 4 個子圖，請跟著範例練習看看。

程式檔：**subplot.py**

```python
01   # -*- coding: utf-8 -*-
02
03   import matplotlib.pyplot as plt
04
05   plt.rcParams['font.sans-serif'] ='Microsoft JhengHei'
06   plt.rcParams['font.size']=12
07
08   #折線圖
09   def lineChart(s,x):
10     plt.xlabel('城市名稱')
11     plt.ylabel('民調原分比')
12     plt.title('各種城市喜好度比較')
13     plt.plot(x, s, marker='.')
14
15   #長條圖
16   def barChart(s,x):
17     plt.xlabel('城市名稱')
18     plt.ylabel('民調原分比')
19     plt.title('各種城市喜好度比較')
20     plt.bar(x, s)
21
22   #橫條圖
23   def barhChart(s,x):
24     plt.barh(x, s)
25
26   #圓餅圖
27   def pieChart(s,x):
28     plt.pie(s,labels=x, autopct='%.2f%%')
29
30   #要繪圖的數據
31   x = ['第一季', '第二季', '第三季', '第四季']
32   s = [13.2, 20.1, 11.9, 14.2]
33
```

```
34    #定義子圖
35    plt.figure(1, figsize=(8, 6),clear=True)
36    plt.subplots_adjust(left=0.1, right=0.95)
37
38    plt.subplot(2,2,1)
39    pieChart(s,x)
40
41    x = ['程式設計概論', '多媒體概論', '計算機概論', '網路概論']
42    s = [3560, 4000, 4356, 1800]
43    plt.subplot(2,2,2)
44    barhChart(s,x)
45
46    x = ['新北市', '台北市', '高雄市', '台南市','桃園市','台中市']
47    s = [0.2, 0.3, 0.15, 0.23,0.19, 0.27]
48    plt.subplot(223)
49    lineChart(s,x)
50
51    plt.subplot(224)
52    barChart(s,x)
53
54    plt.show()
```

執行結果

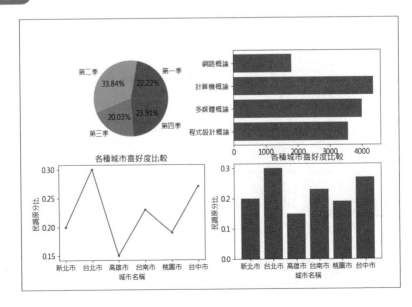

* 第 35 行：定義了 Figure 視窗的大小，figsize 值是 tuple，定義寬跟高（width, height），預設值為 (6.4, 4.8)。

* 第 36 行：調整子圖與 figure 視窗邊框的距離，subplots_adjust 的用法如下：

```
subplots_adjust(left, bottom, right, top, wspace, hspace)
```

參數 left、bottom、right、top 是控制子圖與 figure 視窗的距離，預設值為 left=0.125、right=0.9、bottom=0.1、top=0.9，wspace 和 hspace 用 來控制子圖之間寬度和高度的百分比，預設是 0.2。

9-9-2 建立組合圖

組合圖是指在同一繪圖區的座標系結合兩種或多種圖表類型，讓資料變得容易理解，當資料差異極大時，這類組合圖的圖形更容易閱讀理解。

(實戰例) ▶ 組合圖

在此範例中，我們使用直條圖來顯示一月到六月之間所賣出的汽車數量，然後使用折線圖，讓讀者能夠更輕易地快速確認各月份的平均銷售價格。

範例檔案：汽車銷售.xlsx

	A	B	C
1	月份	汽車數量	汽車平均價格
2	1-2月	45	60
3	3-4月	12	58
4	5-6月	56	78
5	7-8月	83	90
6	9-10月	26	120
7	11-12月	38	100

程式檔：combochart.py

```
01  import pandas as pd
02  import matplotlib.pyplot as plt
```

```
03   plt.rcParams['font.sans-serif'] = ['Microsoft Jhenghei']
04   plt.rcParams['axes.unicode_minus'] = False
05   data = pd.read_excel('汽車銷售.xlsx', sheet_name='工作表1')
06   plt.figure(figsize=(6, 5))
07   x = data['月份']
08   y1 = data['汽車數量']
09   y2 = data['汽車平均價格']
10   plt.bar(x, y1, color='b', label='汽車數量(台)')
11   plt.legend(loc='upper left', fontsize=12)
12   plt.twinx()
13   plt.plot(x, y2, color='r', linewidth='3', label='平均價格(萬)')
14   plt.legend(loc='upper right', fontsize=10)
15   plt.show()
```

執行結果

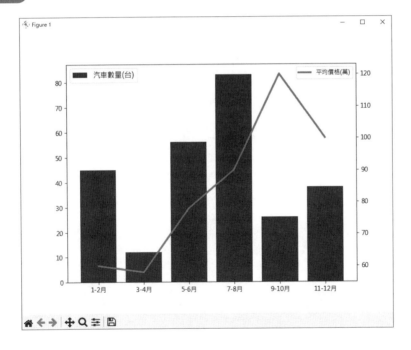

程式解析

* 第 1~2 行：匯入本程式所需的模組。

* 第 3 行：設定圖表中的預設字型，可以解決碰到亂碼的問題。

＊ 第 4 行：解決當座標值為負值無法正常顯示負值的問題。

＊ 第 5 行：讀取指定活頁簿的工作表中的資料。

＊ 第 6 行：建立一個新的繪圖視窗，並指定大小。

＊ 第 7 行：分別指定 x 座標的值、第一組 y 座標的值及第二組 y 座標的值。

＊ 第 10~11 行：繪製直條圖，並新增圖例。

＊ 第 12 行：為圖表設定次座標軸。

＊ 第 13~14 行：繪製折線圖，並新增圖例。

＊ 第 15 行：顯示繪製的圖表。

10

以 **Python** 實作視覺化
圖表―使用 **pyecharts**

第一章中已介紹 pyecharts 是一種資料視覺化模組,可以幫忙各位輕易製作各
種實用的資料視覺化圖表,例如柱狀圖 -Bar、餅圖 -Pie,箱體圖 -Boxplot、折
線圖 -Line、雷達圖 -Rader、散點圖 -scatter…等,假如你的 Python 執行環境還
沒有安裝 pyecharts 套件,可以在「命令提示字元」下達底下的指令:

```
pip install pyecharts
```

本章的實例將示範如何利用 pyecharts 將資料繪製成各種不同類型的圖表,
包括直條圖、漏斗圖、水球圖、儀錶板及文字雲等。

10-1 直條圖

直條圖就是常稱的長條圖（bar chart）或柱狀圖，它算是較常使用的圖表，直條圖容易看出數據的大小，所以直條圖，經常拿來比較數據之間的差異，因此常用來表示不連續資料，例如成績、人數或業績的比較，或是各地區域降雨量的比較都非常適合用長條圖的方式來呈現。

實戰例 ▶ 直條圖

這個例子將利用 pyecharts 模組將資料繪製成直條圖，從產生的直條圖中各位可以輕易比較出不同語言軟體的業務金額高低的差別。

範例檔案：無

程式檔：barchart.py

```
01  from pyecharts.charts import Bar
02  x = ['東南亞語言', '日韓語言', '歐語系列', '英語系列', '外國人學中文']
03  y = [580000, 640000, 720000, 1080000, 480000]
04  chart = Bar()
05  chart.add_xaxis(x)
06  chart.add_yaxis('業務金額', y)
07  chart.render('直條圖.html')
```

執行結果

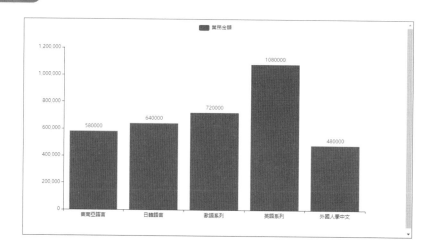

* 第 1 行：匯入 pyecharts 模組的 Bar() 函式。

* 第 2 行：圖表中的 x 座標的資料。

* 第 3 行：圖表中的 y 座標的資料。

* 第 4 行：建立空白直條圖。

* 第 5 行：為圖表加入 x 座標的資料值。

* 第 6 行：為圖表加入 y 座標的資料值，並標示資料圖示名稱為「業務金額」。

* 第 7 行：將產生的直條圖以指定名稱儲存成 HTML 網頁檔。

10-2 文字雲

文字雲是一種自動分析擷取網站或 PDF 文件檔的關鍵字，輕鬆製作出各種不同版型的圖表，這個圖表會透過各種文字大小、文字色彩及文字造型來呈現各種高頻率關鍵字的圖表，例如各位可以利用文字雲來展示各個產品的銷售量。

實戰例 ▶ 製作文字雲

這個例子將以文字雲的圖表來分析業務人員的業績貢獻，從文字雲中所呈現的業務人員名字的大小，就可以直觀地判斷該業務人員的業績貢獻程度大小。

範例檔案：產品銷售.xlsx

程式檔：word cloud.py

```
01  import pandas as pd
02  import pyecharts.options as opts
03  from pyecharts.charts import WordCloud
04  data = pd.read_excel('產品銷售.xlsx', sheet_name='工作表1')
05  employee = data['業務人員']
06  money = data['銷售額(仟元)']
```

```
07  data1 = [i for i in zip(employee, money)]
08  pic = WordCloud()
09  pic.add('銷售額(仟元)', data_pair=data1, shape='triangle', word_size_range=[10, 60])
10  pic.set_global_opts(title_opts=opts.TitleOpts(title='業務人員業績貢獻分析',
11                               title_textstyle_opts=opts.TextStyleOpts(font_size=30)),
12                               tooltip_opts=opts.TooltipOpts(is_show=True))
13  pic.render('文字雲.html')
```

執行結果

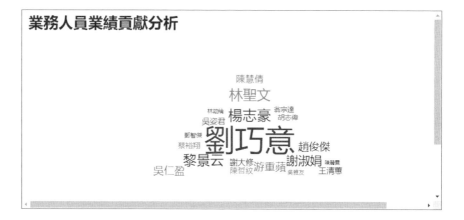

程式解析

* 第 1 行：匯入 pandas 模組，並以 pd 作為別名。

* 第 2 行：匯入 pyecharts 模組的 options 子模組。

* 第 3 行：匯入 pyecharts 模組的 WordCloud() 函式。

* 第 4 行：從指定活頁簿的指定名稱工作表讀取工作表中的資料。

* 第 5 行：指定「業務人員」欄位作為各個類別的標籤。

* 第 6 行：指定「銷售額 (仟元)」欄位作為各個類別的資料大小判斷的依據。

* 第 7 行：將資料打包成元組，並將各個元組加入到串列的資料類型中。

* 第 8 行：建立一個空白的文字雲。

* 第 9 行：建立文字雲的外觀及字型大小變化範圍。

* 第 10~12 行：將圖表標題設定為「業務人員業績貢獻分析」，並設定字型大小。

* 第 13 行：將產生的文字雲圖表以指定名稱儲存成 HTML 網頁檔。

10-3 儀錶板

儀錶盤 (Gauge) 是一種類似汽車的速度表的圖表，刻度表示度量，指針表示維度，有一個指針指向當前數值。目前許多管理報表會利用儀錶板這類的圖表，可以直觀地看出某一項指標的完成進度。

實戰例 ▸ 儀錶板

本例將繪製儀錶板來觀察某一個正常進行中的「關鍵績效指標（KPI）」。

範例檔案：無

程式檔：dashboard.py

```
01  import pyecharts.options as opts
02  from pyecharts.charts import Gauge
03  chart = Gauge()
04  chart.add(series_name='關鍵績效指標（KPI）', data_pair=[('KPI指標', 63.35)],
    split_number=10, radius='75%', start_angle=180, end_angle=0,
05          is_clock_wise=True, detail_label_opts=opts.GaugeDetailOpts(is_
    show=False))
06  chart.set_global_opts(legend_opts=opts.LegendOpts(is_show=True), tooltip_
    opts=opts.TooltipOpts(is_show=True))
07  chart.render('儀錶板.html')
```

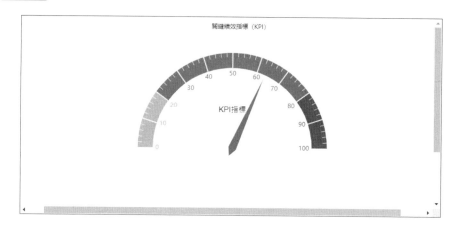

程式解析

* 第 1 行：匯入 pyecharts 模組的 options 子模組。

* 第 2 行：匯入 pyecharts 模組的 Gauge() 函式。

* 第 3 行：建立空白儀錶板。

* 第 4~5 行：設定儀錶板的樣式及新增資料。

* 第 6 行：為儀錶板加入提示對話框，同時將儀錶板的圖例加以隱藏。

* 第 7 行：將產生的儀錶板圖表以指定名稱儲存成 HTML 網頁檔。

10-4 水球圖

　　水球圖是一種適合於展現單個百分比數據的圖表類型，例如各位可以利用水球圖來展示各種疫苗在真實世界的保護力的百分比，要建立水球圖必須藉助 pyecharts 模組中的 Liquid() 函數，實際的作法請參考底下的實戰例。

實戰例 ▶ 水球圖

　　這個例子中將利用水球圖來表示 8-64 歲疫苗保護中重症效力分析。

範例檔案：無

程式檔：water polo.py

```
01  import pyecharts.options as opts
02  from pyecharts.charts import Liquid
03  az = 78.9
04  moderna=91.1
05  bnt=95.7
06  mvc=93.6
07  base = 100
08  chart = Liquid()
09  chart.set_global_opts(title_opts=opts.TitleOpts(title='18-64歲疫苗保護中重症效力
    分析', pos_left='center'))
10  chart.add(series_name='AZ', data=[az / base], shape='circle', center=['20%', '50%'])
11  chart.add(series_name='莫德納', data=[moderna / base], shape='circle',
    center=['44%', '50%'])
12  chart.add(series_name='輝瑞', data=[bnt / base], shape='circle', center=['60%',
    '50%'])
13  chart.add(series_name='高端', data=[mvc / base], shape='circle', center=['80%',
    '50%'])
14  chart.render('水球圖.html')
```

執行結果

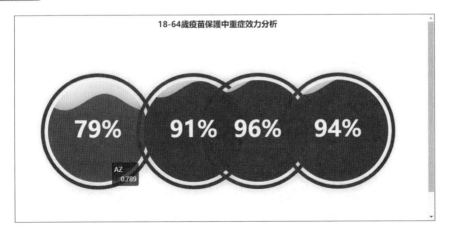

* 第 1 行：匯入 pyecharts 模組的 options 子模組。

* 第 2 行：匯入 pyecharts 模組的 Liquid() 函式。

* 第 3~7 行：給定不同疫苗 8-64 歲疫苗保護中重症效力數值。

* 第 8 行：建立空白水球圖。

* 第 9 行：為水球圖設定圖表標題。

* 第 10~13 行：分別建立四個水球。

* 第 14 行：將產生的水球圖以指定名稱儲存成 HTML 網頁檔。

10-5 漏斗圖

漏斗圖形狀像漏斗，漏斗圖的每個階段代表總數中所佔的百分比，由上而下圖形的寬度越來越小。

實戰例 ▶ 漏斗圖

本例將就實際依電子商務運作模式將各個階段總人數的觸及率，來建立漏斗圖。

範例檔案：無

程式檔：funnel.py

```
01  import pyecharts.options as opts
02  from pyecharts.charts import Funnel
03  x = ['廣告量', '拜訪人數', '進入產品購買頁', '支付金額']
04  y = [100000, 20000, 4500, 1280]
05  data = [i for i in zip(x, y)]
06  chart = Funnel()
07  chart.add(series_name='人數', data_pair=data, label_opts=opts.LabelOpts(is_
    show=True, position='inside'))
```

```
08    chart.set_global_opts(title_opts = opts.TitleOpts(title='漏斗圖', pos_left='right'),
      legend_opts=opts.LegendOpts(is_show=True))
09    chart.render('漏斗圖.html')
```

執行結果

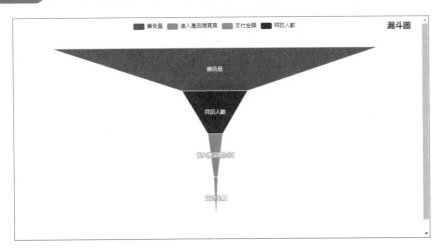

程式解析

* 第 1 行：匯入 pyecharts 模組的 options 子模組。

* 第 2 行：匯入 pyecharts 模組的 Funnel() 函式。

* 第 3 行：圖表中的 x 座標的資料。

* 第 4 行：圖表中的 y 座標的資料。

* 第 5 行：將資料打包成元組，並將各個元組加入到串列的資料類型中。

* 第 6 行：建立空白漏斗圖。

* 第 7 行：為漏斗圖新數列名稱及各數列的資料值。

* 第 8 行：為漏斗圖新增圖表標題，同時將漏斗圖的圖例加以顯示。

* 第 9 行：將產生的漏斗圖以指定名稱儲存成 HTML 網頁檔。

MEMO

CHAPTER

11

以 Python 全自動化執行
列印工作

當完成 Excel 活頁簿檔案的編輯工作之後,有時會需要將工作表內容進行列
印,如果只是一張工作表列印,這樣的工作在 Excel 就可以輕易達到這項工
作,但如果一次要列印多個活頁簿檔案或一次列印活頁簿檔案中的所有工作
表,這些大量的列印工作,就可以藉助 Python 程式設計來進行全自動化執
行列印工作。

11-1 活頁簿及工作表列印

在這個小節中的實戰例中，各位將學會如何指定要列印的工作表，也會學到一次列印活頁簿中所有工作表及一次列印多個活頁簿。最後也會示範如何在多個活頁簿中指定要列印的工作表。首先來看如何透過 Python 程式語言來呼叫 VBA 的 PrintOut() 函數來列印活頁簿指定的工作表。

實戰例 ▶ 指定要列印的工作表

這個例子將指定工作表列印到指定的印表機。

範例檔案：指考成績.xlsx

	A	B	C	D	E	F
1	指考成績					
2						
3	學生	成績				
4	許富強	380		參加學測及指考人數	10	
5	邱瑞祥	287		指考人數	8	
6	朱正富	364		缺考人數	1	
7	陳貴玉	432				
8	莊自強	315				
9	許伯如	已錄取				
10	鄭苑鳳	255				
11	吳健文					
12	林宜訓	已錄取				
13	林建光	312				
14	許忠仁	260				

第一班 | 第二班

程式檔：print sheet.py

```
01  import xlwings as xw
02  app = xw.App(visible=False, add_book=False)
03  wb = app.books.open('指考成績.xlsx')
04  ws = wb.sheets['第一班']
05  ws.api.PrintOut(Copies=1, ActivePrinter='Microsoft Print to PDF')
06  wb.close()
07  app.quit()
```

執行結果

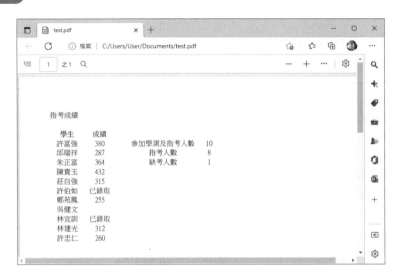

程式解析

* 第 1 行：匯入 xlwings 套件並以 xw 作為別名。

* 第 2 行：啟動 Excel 程式。

* 第 3 行：讀取指定檔名的 Excel 檔案。

* 第 4 行：取出活頁簿「第一班」工作表。

* 第 5 行：將工作表內容印出，其中參數 Copies 是印出的份數，參數 ActivePrinter 則是指定輸出的印表機名稱，如果省略這個參數，就會直接以作業系統預設的印表機去進行列印的工作。這個地方為了方便讓各位讀者看出最後的報表外觀，筆者在程式中指定的印表機為「Microsoft Print to PDF」，Microsoft Print to PDF 虛擬印表機將文件列印成 PDF 檔案。

* 第 6 行：關閉活頁簿。

* 第 7 行：退出 Excel 程式。

實戰例 ▶ 批次列印活頁簿所有工作表

這個例子將示範如何將活頁簿中的所有工作表，以批次列印的方式一次全部列印，本範例檔活頁簿中有兩個工作表，透過底下的程式批次列印，同一支程式也可以適用在活頁簿檔案中有更多的工作表。

範例檔案：指考成績.xlsx

	A	B	C	D	E	F
1	指考成績					
2						
3	學生	成績				
4	許富強	380		參加學測及指考人數	10	
5	邱瑞祥	287		指考人數	8	
6	朱正富	364		缺考人數	1	
7	陳貴玉	432				
8	莊自強	315				
9	許伯如	已錄取				
10	鄭苑鳳	255				
11	吳健文					
12	林宜訓	已錄取				
13	林建光	312				
14	許忠仁	260				

第一班　第二班

程式檔：print all.py

```
01   import xlwings as xw
02   app = xw.App(visible=False, add_book=False)
03   wb = app.books.open('指考成績.xlsx')
04   wb.api.PrintOut(Copies=1, ActivePrinter='Microsoft Print to PDF', Collate=True)
05   wb.close()
06   app.quit()
```

執行結果

程式解析

＊ 第 1 行：匯入 xlwings 套件並以 xw 作為別名。

* 第 2 行：啟動 Excel 程式。

* 第 3 行：讀取指定檔名的 Excel 檔案。

* 第 4 行：將活頁簿中所有工作表內容印出，其中參數 Copies 是印出的份數，參數 ActivePrinter 則是指定輸出的印表機，如果省略這個參數，表示使用系統預設的印表機。另外參數 Collate 設定為「True」代表一份一份逐份列印。

* 第 5 行：關閉活頁簿。

* 第 6 行：退出 Excel 程式。

(實戰例) ▶ 批次列印多個活頁簿

　　除了指定要列印的工作表及批次列印活頁簿所有工作表外，如果在同一資料夾內的所有活頁簿中的所有工作表要全部列印，也可以用 glob 模組來查詢檔案目錄和檔案，再呼叫 VBA 的 PrintOut() 函數來列印資料夾內所有活頁簿的每一張工作表。

範例檔案：「多份統計表」資料夾

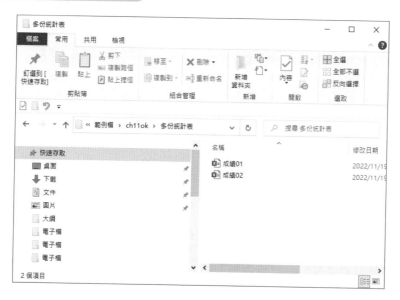

```
01   from pathlib import Path
02   import xlwings as xw
03   location = Path('多份統計表')
04   files = location.glob('*.xls*')
05   app = xw.App(visible=False, add_book=False)
06   for i in files:
07       wb = app.books.open(i)
08       wb.api.PrintOut(Copies=1, ActivePrinter='Microsoft Print to PDF', Collate=True)
09       wb.close()
10   app.quit()
```

執行結果

　　略。

程式解析

＊ 第 1 行：匯入 pathlib 模組中的 Path 類別。

＊ 第 2 行：匯入 xlwings 套件並以 xw 作為別名。

＊ 第 3 行：取出活頁簿的所在資料夾路徑。

＊ 第 4 行：取出要活頁簿的檔案路徑。

＊ 第 5 行：啟動 Excel 程式。

＊ 第 6~9 行：遍訪資料夾中的所有活頁簿，並將每一個活頁簿檔案中所有工作表內容印出，每印完一份活頁簿檔案，就執行第 9 行的指令關閉活頁簿。

＊ 第 10 行：退出 Excel 程式。

實戰例 ▶ **在多個活頁簿中指定要列印的工作表**

　　上一個例子會將同一資料夾內的所有活頁簿中的所有工作表要全部列印，其實有時候只需要列印所有活頁簿中的特定工作表，例如本例中要將「多份統計表」的兩份成績的活頁簿中的「第一班」工作表列印，這種情況下就必須在列印之前指定要列印的工作表。

範例檔案：「多份統計表」資料夾

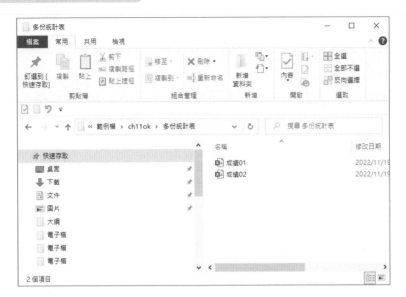

程式檔：print same sheet.py

```python
01  from pathlib import Path
02  import xlwings as xw
03  location = Path('多份統計表')
04  files = location.glob('*.xls*')
05  app = xw.App(visible=False, add_book=False)
06  for i in files:
07      wb = app.books.open(i)
08      ws = wb.sheets['第一班']
09      ws.api.PrintOut(Copies=1, ActivePrinter='Microsoft Print to PDF', Collate=True)
10      wb.close()
11  app.quit()
```

執行結果

略。

* 第 1 行：匯入 pathlib 模組中的 Path 類別。

* 第 2 行：匯入 xlwings 套件並以 xw 作為別名。

* 第 3 行：取出活頁簿的所在的資料夾路徑。

* 第 4 行：取出資料夾要執行列印工作的活頁簿檔案路徑。

* 第 5 行：啟動 Excel 程式。

* 第 6~10 行：遍訪資料夾中的所有活頁簿，並將每一個活頁簿檔案工作表名稱為「第一班」的工作表內容印出，每印完一份活頁簿檔案，就執行第 10 行的指令關閉活頁簿。

* 第 11 行：退出 Excel 程式。

11-2 實戰特殊列印技巧

在這個小節中的實戰例，各位將學會各種特殊列印技巧，這些實用功能包括：列印有欄名、列號的工作表及列印跨行標題列、列印指定範圍、列印過程中指定縮放比例、在紙張置中印列工作表。

實戰例 ▶ 列印跨行標題列

當 Excel 工作表超過一頁時，您可在每一頁列印列或欄標題。如果要列印跨行標題列，就可以藉助 Python 程式語言呼叫 VBA 的 PrintTitleRows 屬性來指定要跨頁重複列印的標題列。

範例檔案：國小(含標題列).xlsx

程式檔：print title.py

```python
01  import xlwings as xw
02  app = xw.App(visible=False, add_book=False)
03  wb = app.books.open('國小(含標題列).xlsx')
04  ws = wb.sheets['國小']
05  ws.api.PageSetup.PrintTitleRows = '$1:$1'
06  ws.api.PrintOut(Copies=1, ActivePrinter='Microsoft Print to PDF', Collate=True)
07  wb.close()
08  app.quit()
```

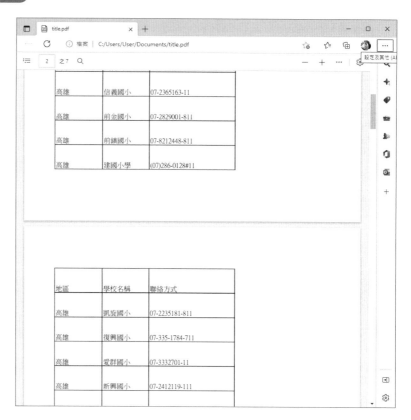

程式解析

* 第 1 行：匯入 xlwings 套件並以 xw 作為別名。

* 第 2 行：啟動 Excel 程式。

* 第 3 行：讀取指定檔名的 Excel 檔案。

* 第 4 行：取出活頁簿工作表名稱為「國小」的工作表。

* 第 5 行：此指令是告知系統將第 1 列設定為每一頁開頭都要重複列印的標題列。

* 第 6 行：將工作表內容列印出來。

* 第 7 行：關閉活頁簿。

* 第 8 行：退出 Excel 程式。

(實戰例)▶ 列印有欄名及列號的工作表

　　有時候會需要工作表的列印結果也能同時列印該工作表的列號與欄名，這種情況下就可以藉助 Python 程式語言，來呼叫 VBA 的 PrintHeadings 屬性來列印有欄名及列號的工作表。

範例檔案：國小.xlsx

程式檔：print headings.py

```
01   import xlwings as xw
02   app = xw.App(visible=False, add_book=False)
03   wb = app.books.open('國小.xlsx')
04   ws = wb.sheets['國小']
05   ws.api.PageSetup.PrintHeadings = True
06   ws.api.PrintOut(Copies=1, ActivePrinter='Microsoft Print to PDF', Collate=True)
07   wb.close()
08   app.quit()
```

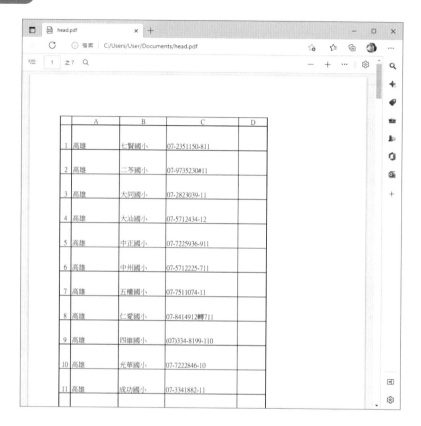

* 第 1 行：匯入 xlwings 套件並以 xw 作為別名。

* 第 2 行：啟動 Excel 程式。

* 第 3 行：讀取指定檔名的 Excel 檔案。

* 第 4 行：取出活頁簿工作表名稱為「國小」的工作表。

* 第 5 行：PrintHeadings 屬性的設定為 True 表示告知程式在列印時，必須一併列印出欄名及列號。

* 第 6 行：將工作表內容列印出來。

* 第 7 行：關閉活頁簿。

* 第 8 行：退出 Excel 程式。

Python X Excel 的 12 堂關鍵必修課：資料分析自動化的 194 個高效實戰例

實戰例 ▶ 在紙張置中方式印列工作表

這個例子將示範如何將活頁簿中的工作表，在紙張置中的方式進行列印，這個例子中必須透過 Python 呼叫 VBA 的 CenterVertically 及 CenterHorizontally 屬性來達到這項工作目的。

範例檔案：指考成績.xlsx

	A	B	C	D	E	F
1	指考成績					
2						
3	學生	成績				
4	許富強	380		參加學測及指考人數	10	
5	邱瑞祥	287		指考人數	8	
6	朱正富	364		缺考人數	1	
7	陳貴玉	432				
8	莊自強	315				
9	許伯如	已錄取				
10	鄭苑鳳	255				
11	吳健文					
12	林宜訓	已錄取				
13	林建光	312				
14	許忠仁	260				

第一班　第二班

程式檔：print in center.py

```
01  import xlwings as xw
02  app = xw.App(visible=False, add_book=False)
03  wb = app.books.open('指考成績.xlsx')
04  ws = wb.sheets['第一班']
05  ws.api.PageSetup.CenterVertically = True
06  ws.api.PageSetup.CenterHorizontally = True
07  ws.api.PrintOut(Copies=1, ActivePrinter='Microsoft Print to PDF', Collate=True)
08  wb.close()
09  app.quit()
```

程式解析

* 第 1 行：匯入 xlwings 套件並以 xw 作為別名。

* 第 2 行：啟動 Excel 程式。

* 第 3 行：讀取指定檔名的 Excel 檔案。

* 第 4 行：取出活頁簿工作表名稱為「第一班」的工作表。

* 第 5~6 行：設定垂直置中及水平置中的方式來列印工作表。

* 第 7 行：將工作表內容列印出來。

* 第 8 行：關閉活頁簿。

* 第 9 行：退出 Excel 程式。

實戰例 ▸ 列印指定範圍

在 Excel 中我們可以設定儲存格範圍，然後在印列過程中指定要列印的範圍，但是如果要求 Python 語言下達列印指定範圍，就可以透過 range() 函數事先指定要列印的儲存格範圍區域，這個例子將示範如何將指定的儲存格範圍加以列印。

範例檔案：國小.xlsx

程式檔：print scope.py

```
01  import xlwings as xw
02  app = xw.App(visible=False, add_book=False)
03  wb = app.books.open('國小.xlsx')
04  ws = wb.sheets['國小']
05  target = ws.range('A1:C20')
06  target.api.PrintOut(Copies=1, ActivePrinter='Microsoft Print to PDF', Collate=True)
07  wb.close()
08  app.quit()
```

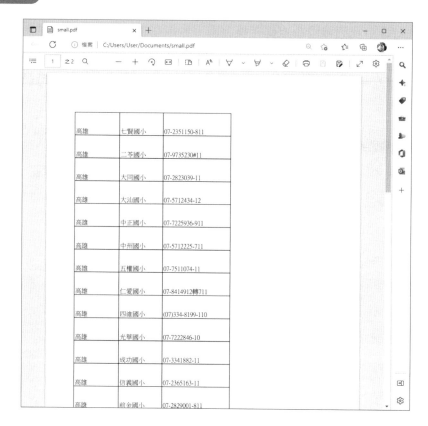

* 第 1 行：匯入 xlwings 套件並以 xw 作為別名。

* 第 2 行：啟動 Excel 程式。

* 第 3 行：讀取指定檔名的 Excel 檔案。

* 第 4 行：取出活頁簿工作表名稱為「國小」的工作表。

* 第 5 行：設定要列印的範圍為「A1:C20」。

* 第 6 行：將活頁簿中該範圍的工作表內容印出，其中參數 Copies 是印出的份數，參數 ActivePrinter 則是指定輸出的印表機，如果省略這個參數，表示使用系統預設的印表機。參數 Collate 設定為「True」代表一份一份逐份列印。

* 第 7 行：關閉活頁簿。

* 第 8 行：退出 Excel 程式。

實戰例 ▸ 列印過程中指定縮放比例

　　如果要列印的工作表包含大量的資料，如果我們又希望這些資料可以全部在一張報表紙張中輸出列印，這種情況下就可以藉助 VBA 中的 PageSetup 物件中的 Zoom 屬性來設定要列印工作表的縮放比例，這個例子將示範如何將工作表以60% 的縮放比例來列印。

範例檔案：國小.xlsx

程式檔：print by ratio.py

```
01  import xlwings as xw
02  app = xw.App(visible=False, add_book=False)
03  wb = app.books.open('國小.xlsx')
04  ws = wb.sheets['國小']
05  ws.api.PageSetup.Zoom = 60
06  ws.api.PrintOut(Copies=1, ActivePrinter='Microsoft Print to PDF', Collate=True)
07  wb.close()
08  app.quit()
```

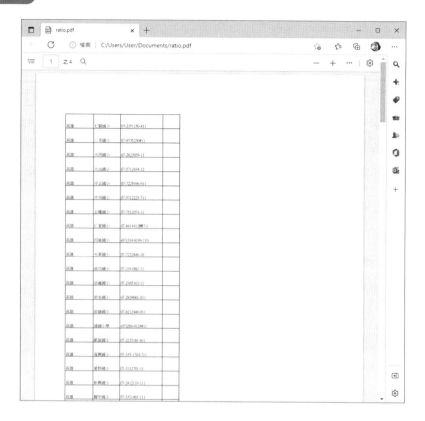

程式解析

* 第 1 行：匯入 xlwings 套件並以 xw 作為別名。

* 第 2 行：啟動 Excel 程式。

* 第 3 行：讀取指定檔名的 Excel 檔案。

* 第 4 行：取出活頁簿工作表名稱為「國小」的工作表。

* 第 5 行：設定要列印工作表的縮放比例，這裡設定 60，表示告知程式依
  工作表原始大小的 60% 來進行列印工作。Zoom 屬性可以設定的數字範
  圍為 10~400，代表將工作表以 10%~400% 的縮放比例進行列印工作。

* 第 6 行：將工作表內容列印出來。

* 第 7 行：關閉活頁簿。

* 第 8 行：退出 Excel 程式。

以 Python 實作工作表
串接、合併與拆分

我們可以將多張工作表進行內容的串接，一種是橫向連接，另一種則是縱向
連接。橫向連接的概念是根據這兩張要連接資料表的共同欄位名稱來進行連
接，也就是說，如果我們要以橫向的方式來將兩個資料表進行合併，則必須
透過這兩個資料表的共同欄位來作為合併的連接介面。

12-1 兩表格有共同鍵的橫向連接

在 Python 要進行兩張工作表的橫向連接必須藉助 merge() 方法，各位可以回想一下，在 Excel 我們經常會使用到 VLOOKUP() 函數。VLOOKUP 函數就是在一陣列或表格的最左欄中尋找含有某特定值的欄位，再傳回同一列中某一指定儲存格中的值，其中 V 的英文全名為 Vertical，也就是垂直的意思。

在開始利用 merge() 方法來進行兩個資料表的橫向連結前，我們先來完整說明 merge() 方法的使用方式，底下為 merge() 函式所包含的引數及其用法。

```
DataFrame1.merge(DataFrame2, how='inner', on=None, left_on=None, right_on=None,
left_index=False, right_index=False, sort=False, suffixes=('_x', '_y'))
```

底下為上述函數各個引數的功能的簡要說明：

- how：預設為 inner，可以設定的值有 4 種：left, right, outer 以及 inner 之中的一個。

- on：根據某個欄位進行兩個 + 資料表之間的連結，而且這個欄位必須存在於兩個 DateFrame 中，假如要連結的欄位沒有同時存在時，則必須分別使用 left_on 和 right_on 來設定。

- left_on：左連線，以 DataFrame1 中用作連線鍵的列。

- right_on：右連線，以 DataFrame2 中用作連線鍵的列。

- left_index：將 DataFrame1 行索引用作連線鍵。

- right_index：將 DataFrame2 行索引用作連線鍵。

- sort：根據連線鍵對合併後的資料進行排列的工作，預設為 True。

- suffixes：對兩個資料集中出現的重複列，新資料集中加上字尾 _x, _y 進行區分以方便辨別。

接著我們將以幾個實例示範各種引數設定的不同，其合併的方式會有所差異。

兩個要合併的資料表有相同的鍵，這個時候就必須用「on=」來設定，例如：「on='id'」，但如果需要藉助兩個以上的鍵來確定，這種情況下就須用列表的方式，例如：on=["a","b","c"]

程式檔：merge01-1.py

```python
01  import pandas as pd
02  pd.set_option('display.unicode.ambiguous_as_wide', True)
03  pd.set_option('display.unicode.east_asian_width', True)
04  pd.set_option('display.width', 180) # 設置寬度
05
06  left=pd.DataFrame({'id': ['A001', 'A002', 'A003', 'A004'],
07                     '姓名': ['吳燦銘', '鄭苑鳳', '許伯如', '胡建文'],
08                     '必修': ['數學', '程式語言', '網路行銷', '企業導論']})
09  right=pd.DataFrame({'id': ['A001', 'A002', 'A003', 'A004'],
10                      '選修一': ['音樂', '日語', '泰語', '網球'],
11                      '選修二': ['日語', '遊戲企劃', '經濟', '越語']})
12  rs = pd.merge(left, right, on='id')
13  print(left)
14  print("="*40)
15  print(right)
16  print("="*40)
17  print(rs)
```

執行結果

```
     id    姓名       必修
0  A001  吳燦銘     數學
1  A002  鄭苑鳳   程式語言
2  A003  許伯如   網路行銷
3  A004  胡建文   企業導論
========================================
     id  選修一     選修二
0  A001   音樂      日語
1  A002   日語   遊戲企劃
2  A003   泰語      經濟
3  A004   網球      越語
========================================
     id    姓名       必修  選修一     選修二
0  A001  吳燦銘     數學   音樂      日語
1  A002  鄭苑鳳   程式語言   日語   遊戲企劃
2  A003  許伯如   網路行銷   泰語      經濟
3  A004  胡建文   企業導論   網球      越語
```

程式解析

* 第 1 行：匯入 pandas 套件並以 pd 作為別名。

* 第 2~4 行：這三道指令就可以解決中文無法對齊的問題。

* 第 6~8 行：第一組資料表。

* 第 9~11 行：第二組資料表。

* 第 12 行：以 id 兩個資料表的相同的鍵進行兩個資料表的合併。

* 第 13~17 行：輸出第一組工作表、第二組工作表及合併後的工作表。

　　如果兩個數據有著相同的鍵，其實可以直接省略 on 的參數，只要直接傳入兩個 DataFrame 的名稱也可以直接合併，語法如下：

```
rs = pd.merge(left, right)
```

　　我們直接將「rs = pd.merge(left, right, on='id')」修改成「rs = pd.merge(left, right)」，各位可以發現所合併後的結果和上述範例程式相同。（請參考範例程式 merge02.py）

實戰例 ▶ **利用參數 on 來指定多對一串接**

　　前面的例子是利用參數 on 來指定一對一串接，其實我們也可以利用參數 on 來指定多對一串接，請看下一個例子的示範說明。

程式檔：merge01-2.py

```
01  import pandas as pd
02  pd.set_option('display.unicode.ambiguous_as_wide', True)
03  pd.set_option('display.unicode.east_asian_width', True)
04  pd.set_option('display.width', 180) # 設置寬度
05
06  left=pd.DataFrame({'id': ['A001', 'A002', 'A003', 'A004'],
07                     '姓名': ['吳燦銘', '鄭苑鳳', '許伯如', '胡建文'],
08                     '必修': ['數學', '程式語言', '網路行銷', '企業導論']})
09  right=pd.DataFrame({'id': ['A001', 'A002', 'A003', 'A002', 'A003', 'A004'],
10                      '選修': ['音樂', '日語', '泰語', '網球', '日語', '泰語'],})
11  rs = pd.merge(left, right, on='id')
```

```
12  print(left)
13  print("="*40)
14  print(right)
15  print("="*40)
16  print(rs)
```

執行結果

```
         id    姓名        必修
0    A001    吳燦銘        數學
1    A002    鄭苑鳳      程式語言
2    A003    許伯如      網路行銷
3    A004    胡建文      企業導論
============================================
         id    選修
0    A001    音樂
1    A002    日語
2    A003    泰語
3    A002    網球
4    A003    日語
5    A004    泰語
============================================
         id    姓名        必修    選修
0    A001    吳燦銘        數學    音樂
1    A002    鄭苑鳳      程式語言    日語
2    A002    鄭苑鳳      程式語言    網球
3    A003    許伯如      網路行銷    泰語
4    A003    許伯如      網路行銷    日語
5    A004    胡建文      企業導論    泰語
```

程式解析

* 第 1 行：匯入 pandas 套件並以 pd 作為別名。

* 第 2~4 行：這三道指令就可以解決中文無法對齊的問題。

* 第 6~8 行：第一組資料表。

* 第 9~10 行：第二組資料表。

* 第 11 行：利用參數 on 來指定多對一串接。

* 第 12~16 行：輸出第一組工作表、第二組工作表及合併後的工作表。

實戰例 ▶ 利用參數 on 來指定多對多串接

上一節的例子是利用參數 on 來指定多對一串接，除了之外，其實我們也可以利用參數 on 來指定多對多串接，請看下一個例子的示範說明。

```
01   import pandas as pd
02   pd.set_option('display.unicode.ambiguous_as_wide', True)
03   pd.set_option('display.unicode.east_asian_width', True)
04   pd.set_option('display.width', 180) # 設置寬度
05
06   left=pd.DataFrame({'id': ['A001', 'A002', 'A003', 'A004','A002', 'A003'],
07                      '姓名': ['吳燦銘', '鄭苑鳳', '許伯如', '胡建文', '鄭苑鳳', '許伯如'],
08                      '必修': ['數學', '程式語言', '網路行銷', '企業導論','影像繪圖', '公共
     關係']})
09   right=pd.DataFrame({'id': ['A001', 'A002', 'A003', 'A002', 'A003', 'A004'],
10                       '選修': ['音樂', '日語', '泰語', '網球', '日語', '泰語'],})
11   rs = pd.merge(left, right, on='id')
12   print(left)
13   print("="*40)
14   print(right)
15   print("="*40)
16   print(rs)
```

執行結果

```
     id      姓名          必修
0   A001    吳燦銘          數學
1   A002    鄭苑鳳      程式語言
2   A003    許伯如      網路行銷
3   A004    胡建文      企業導論
4   A002    鄭苑鳳      影像繪圖
5   A003    許伯如      公共關係
========================================
     id   選修
0   A001  音樂
1   A002  日語
2   A003  泰語
3   A002  網球
4   A003  日語
5   A004  泰語
========================================
     id      姓名          必修    選修
0   A001    吳燦銘          數學    音樂
1   A002    鄭苑鳳      程式語言    日語
2   A002    鄭苑鳳      程式語言    網球
3   A002    鄭苑鳳      影像繪圖    日語
4   A002    鄭苑鳳      影像繪圖    網球
5   A003    許伯如      網路行銷    泰語
6   A003    許伯如      網路行銷    日語
7   A003    許伯如      公共關係    泰語
8   A003    許伯如      公共關係    日語
9   A004    胡建文      企業導論    泰語
```

* 第 1 行：匯入 pandas 套件並以 pd 作為別名。

* 第 2~4 行：這三道指令就可以解決中文無法對齊的問題。

* 第 6~8 行：第一組資料表。

* 第 9~10 行：第二組資料表。

* 第 11 行：利用參數 on 來指定多對多串接進行兩個資料表的合併。

* 第 13~17 行：輸出第一組工作表、第二組工作表及合併後的工作表。

12-2 具共同鍵的 4 種連結方式

具有共同鍵的 4 種連結方式可以設定的值有：left, right, outer 以及 inner 之中的一個，其預設值為 inner（內連結）。

實戰例 ▶ 以 how=inner 來指定連接方式（內連結）

前面提過 how 引數的預設值為 inner，可以設定的值有 4 種：left, right, outer 以及 inner 之中的一個，其中預設為 inner 只會顯示共同欄位值的資料內容，我們接著將上述的表格型資料結構內容稍作一些修改，接著各位就可以觀察出執行結果和上面例子的不同。

程式檔：merge03.py

```
01  import pandas as pd
02  pd.set_option('display.unicode.ambiguous_as_wide', True)
03  pd.set_option('display.unicode.east_asian_width', True)
04  pd.set_option('display.width', 180) # 設置寬度
05
06  left=pd.DataFrame({'id': ['A001', 'A002', 'A003', 'A004'],
07                     '姓名': ['吳燦銘', '鄭苑鳳', '許伯如', '胡建文'],
08                     '必修': ['數學', '程式語言', '網路行銷', '企業導論']})
09  right=pd.DataFrame({'id': ['A001', 'A002', 'A005', 'A006'],
```

```
10                    '選修一': ['音樂', '日語', '泰語', '網球'],
11                    '選修二': ['日語', '遊戲企劃', '經濟', '越語']})
12  rs = pd.merge(left, right)
13  print(left)
14  print("="*40)
15  print(right)
16  print("="*40)
17  print(rs)
```

執行結果

```
     id    姓名        必修
0  A001   吳燦銘       數學
1  A002   鄭苑鳳      程式語言
2  A003   許伯如      網路行銷
3  A004   胡建文      企業導論
========================================
     id   選修一      選修二
0  A001   音樂        日語
1  A002   日語       遊戲企劃
2  A005   泰語        經濟
3  A006   網球        越語
========================================
     id    姓名        必修   選修一      選修二
0  A001   吳燦銘       數學    音樂        日語
1  A002   鄭苑鳳      程式語言   日語       遊戲企劃
```

程式解析

* 第 1 行：匯入 pandas 套件並以 pd 作為別名。

* 第 2~4 行：這三道指令就可以解決中文無法對齊的問題。

* 第 6~8 行：第一組資料表。

* 第 9~11 行：第二組資料表。

* 第 12 行：預設為 inner 連接方式（內連結）只會顯示共同欄位值的資料內容。

* 第 13~17 行：輸出第一組工作表、第二組工作表及合併後的工作表。

實戰例 ▶ 以 **how=left** 來指定連接方式（左連結）

　　當 how 的值設定為 left，則第二個表格型資料結構（DataFrame）與第一個表格型資料結構沒有共同欄位值就不會再顯示，請看底下的例子示範。

程式檔：merge04.py

```python
01  import pandas as pd
02  pd.set_option('display.unicode.ambiguous_as_wide', True)
03  pd.set_option('display.unicode.east_asian_width', True)
04  pd.set_option('display.width', 180) # 設置寬度
05
06  left=pd.DataFrame({'id': ['A001', 'A002', 'A003', 'A004'],
07                     '姓名': ['吳燦銘', '鄭苑鳳', '許伯如', '胡建文'],
08                     '必修': ['數學', '程式語言', '網路行銷', '企業導論']})
09  print(left)
10  print("="*40)
11  right=pd.DataFrame({'id': ['A001', 'A002', 'A005', 'A006'],
12                      '選修一': ['音樂', '日語', '泰語', '網球'],
13                      '選修二': ['日語', '遊戲企劃', '經濟', '越語']})
14  print(right)
15  print("="*40)
16  rs = pd.merge(left, right,how="left")
17  print(rs)
```

執行結果

```
    id    姓名       必修
0  A001  吳燦銘      數學
1  A002  鄭苑鳳    程式語言
2  A003  許伯如    網路行銷
3  A004  胡建文    企業導論
========================================
    id   選修一      選修二
0  A001   音樂       日語
1  A002   日語    遊戲企劃
2  A005   泰語       經濟
3  A006   網球       越語
========================================
    id    姓名       必修   選修一      選修二
0  A001  吳燦銘      數學    音樂       日語
1  A002  鄭苑鳳    程式語言    日語    遊戲企劃
2  A003  許伯如    網路行銷   NaN       NaN
3  A004  胡建文    企業導論   NaN       NaN
```

* 第 1 行：匯入 pandas 套件並以 pd 作為別名。

* 第 2~4 行：這三道指令就可以解決中文無法對齊的問題。

* 第 6~8 行：第一組資料表。

* 第 10~13 行：第二組資料表。

* 第 16 行：當 how 的值設定為 left，則第二個表格型資料結構（DataFrame）與第一個表格型資料結構沒有共同欄位值就不會再顯示。

實戰例 ▶ 以 how=right 來指定連接方式（右連結）

當 how 的值設定為 right，則第一個表格型資料結構（DataFrame）與第二個表格型資料結構沒有共同欄位值就不會再顯示，請看底下的例子示範。

程式檔：merge05.py

```
01  import pandas as pd
02  pd.set_option('display.unicode.ambiguous_as_wide', True)
03  pd.set_option('display.unicode.east_asian_width', True)
04  pd.set_option('display.width', 180) # 設置寬度
05
06  left=pd.DataFrame({'id': ['A001', 'A002', 'A003', 'A004'],
07                     '姓名': ['吳燦銘', '鄭苑鳳', '許伯如', '胡建文'],
08                     '必修': ['數學', '程式語言', '網路行銷', '企業導論']})
09  print(left)
10  print("="*40)
11  right=pd.DataFrame({'id': ['A001', 'A002', 'A005', 'A006'],
12                      '選修一': ['音樂', '日語', '泰語', '網球'],
13                      '選修二': ['日語', '遊戲企劃', '經濟', '越語']})
14  print(right)
15  print("="*40)
16  rs = pd.merge(left, right,how="right")
17  print(rs)
```

```
    id      姓名         必修
0   A001    吳燦銘        數學
1   A002    鄭苑鳳        程式語言
2   A003    許伯如        網路行銷
3   A004    胡建文        企業導論

    id  選修一       選修二
0   A001    音樂         日語
1   A002    日語       遊戲企劃
2   A005    泰語         經濟
3   A006    網球         越語

    id      姓名         必修    選修一     選修二
0   A001    吳燦銘        數學       音樂        日語
1   A002    鄭苑鳳        程式語言     日語      遊戲企劃
2   A005    NaN         NaN        泰語        經濟
3   A006    NaN         NaN        網球        越語
```

程式解析

＊ 第 1 行：匯入 pandas 套件並以 pd 作為別名。

＊ 第 2~4 行：這三道指令就可以解決中文無法對齊的問題。

＊ 第 6~8 行：第一組資料表。

＊ 第 10~13 行：第二組資料表。

＊ 第 16 行：當 how 的值設定為 right，則第一個表格型資料結構（DataFrame）
與第二個表格型資料結構沒有共同欄位值就不會再顯示。

實戰例 ▶ 以 how=outer 來指定連接方式（全連結）

當 how 的值設定為 outer，則第一個表格型資料結構（DataFrame）與第二個
表格型資料結構全部顯示出來，匹配不到的顯示 NaN，請看底下的例子示範。

程式檔：merge06.py

```
01  import pandas as pd
02  pd.set_option('display.unicode.ambiguous_as_wide', True)
03  pd.set_option('display.unicode.east_asian_width', True)
04  pd.set_option('display.width', 180) # 設置寬度
05
06  left=pd.DataFrame({'id': ['A001', 'A002', 'A003', 'A004'],
```

```
07                         '姓名': ['吳燦銘', '鄭苑鳳', '許伯如', '胡建文'],
08                         '必修': ['數學', '程式語言', '網路行銷', '企業導論']})
09  print(left)
10  print("="*40)
11  right=pd.DataFrame({'id': ['A001', 'A002', 'A005', 'A006'],
12                         '選修一': ['音樂', '日語', '泰語', '網球'],
13                         '選修二': ['日語', '遊戲企劃', '經濟', '越語']})
14  print(right)
15  print("="*40)
16  rs = pd.merge(left, right,how="outer")
17  print(rs)
```

執行結果

```
      id    姓名      必修
0   A001   吳燦銘     數學
1   A002   鄭苑鳳    程式語言
2   A003   許伯如    網路行銷
3   A004   胡建文    企業導論
========================================
      id  選修一    選修二
0   A001   音樂      日語
1   A002   日語    遊戲企劃
2   A005   泰語      經濟
3   A006   網球      越語
========================================
      id    姓名      必修    選修一     選修二
0   A001   吳燦銘     數學     音樂      日語
1   A002   鄭苑鳳    程式語言    日語    遊戲企劃
2   A003   許伯如    網路行銷    NaN      NaN
3   A004   胡建文    企業導論    NaN      NaN
4   A005   NaN      NaN     泰語      經濟
5   A006   NaN      NaN     網球      越語
```

程式解析

* 第 1 行：匯入 pandas 套件並以 pd 作為別名。

* 第 2~4 行：這三道指令就可以解決中文無法對齊的問題。

* 第 6~8 行：第一組資料表。

* 第 10~13 行：第二組資料表。

* 第 16 行：當 how 的值設定為 outer，則第一個表格型資料結構（DataFrame）
  與第二個表格型資料結構全部顯示出來，匹配不到的顯示 NaN。

12-3 沒有共同鍵的橫向連接

　　我們會將兩表格沒有共同鍵的橫向連接分單一鍵連結及多重鍵連結兩種情況來分別說明與實作範例，請接著看以下的說明。

實戰例 ▶ **沒有共同鍵的單一鍵連結方式**

　　但是如果兩個要合併的表格型資料結構沒有相同的鍵，則必須以 left_on 指定左側表格型資料結構的連結鍵，並以 right_on 指定右側表格型資料結構的連結鍵，接著我們將以實例示範說明。

程式檔：merge07.py

```
01  import pandas as pd
02  pd.set_option('display.unicode.ambiguous_as_wide', True)
03  pd.set_option('display.unicode.east_asian_width', True)
04  pd.set_option('display.width', 180) # 設置寬度
05
06  left=pd.DataFrame({'Left_id': ['A001', 'A002', 'A003', 'A004'],
07                     '姓名': ['吳燦銘', '鄭苑鳳', '許伯如', '胡建文'],
08                     '必修': ['數學', '程式語言', '網路行銷', '企業導論']})
09  print(left)
10  print("="*40)
11  right=pd.DataFrame({'Right_id': ['A001', 'A002', 'A005', 'A006'],
12                      '選修一': ['音樂', '日語', '泰語', '網球'],
13                      '選修二': ['日語', '遊戲企劃', '經濟', '越語']})
14  print(right)
15  print("="*40)
16  rs = pd.merge(left, right,left_on="Left_id",right_on="Right_id")
17  print(rs)
```

```
    Left_id      姓名        必修
0   A001      吳燦銘       數學
1   A002      鄭苑鳳      程式語言
2   A003      許伯如      網路行銷
3   A004      胡建文      企業導論
==================================================
    Right_id    選修一      選修二
0   A001       音樂        日語
1   A002       日語      遊戲企劃
2   A005       泰語        經濟
3   A006       網球        越語
==================================================
    Left_id      姓名       必修  Right_id  選修一      選修二
0   A001      吳燦銘      數學      A001    音樂        日語
1   A002      鄭苑鳳    程式語言    A002    日語      遊戲企劃
```

程式解析

* 第 1 行：匯入 pandas 套件並以 pd 作為別名。

* 第 2~4 行：這三道指令就可以解決中文無法對齊的問題。

* 第 6~8 行：第一組資料表。

* 第 11~13 行：第二組資料表。

* 第 16 行：以 left_on 指定左側表格型資料結構的連結鍵 "Left_id"，並以 right_on 指定右側表格型資料結構的連結鍵 "Right_id"。

實戰例 ▶ 沒有共同鍵的多重鍵連結方式

但是如果沒有共同鍵的多重鍵連結方式，就必須以列表的方式傳入，例如：

```
left_on=["a"",","b","c"], right_on=["d","e","f"]
```

接著我們將以實例示範說明。

程式檔：merge08.py

```
01   import pandas as pd
02   pd.set_option('display.unicode.ambiguous_as_wide', True)
03   pd.set_option('display.unicode.east_asian_width', True)
04   pd.set_option('display.width', 180) # 設置寬度
05
```

```
06   left=pd.DataFrame({'Left_id': ['A001', 'A002', 'A003', 'A004'],
07                      'Left_class': ['忠', '孝', '仁', '愛'],
08                      '姓名': ['吳燦銘', '鄭苑鳳', '許伯如', '胡建文'],
09                      '必修': ['數學', '程式語言', '網路行銷', '企業導論']})
10   print(left)
11   print("="*40)
12   right=pd.DataFrame({'Right_id': ['A001', 'A002', 'A005', 'A006'],
13                       'Right_class': ['忠', '孝', '和', '平'],
14                       '選修一': ['音樂', '日語', '泰語', '網球'],
15                       '選修二': ['日語', '遊戲企劃', '經濟', '越語']})
16   print(right)
17   print("="*40)
18   rs = pd.merge(left, right,left_on=["Left_id","Left_class"],
19                      right_on=["Right_id","Right_class"])
20   print(rs)
```

執行結果

```
  Left_id Left_class   姓名       必修
0   A001       忠     吳燦銘      數學
1   A002       孝     鄭苑鳳   程式語言
2   A003       仁     許伯如   網路行銷
3   A004       愛     胡建文   企業導論
========================================
  Right_id Right_class 選修一     選修二
0   A001       忠       音樂       日語
1   A002       孝       日語   遊戲企劃
2   A005       和       泰語      經濟
3   A006       平       網球      越語
========================================
  Left_id Left_class   姓名       必修 Right_id Right_class 選修一     選修二
0   A001       忠     吳燦銘     數學     A001       忠       音樂       日語
1   A002       孝     鄭苑鳳  程式語言    A002       孝       日語   遊戲企劃
```

程式解析

* 第 1 行：匯入 pandas 套件並以 pd 作為別名。

* 第 2~4 行：這三道指令就可以解決中文無法對齊的問題。

* 第 6~9 行：第一組資料表。

* 第 12~15 行：第二組資料表。

* 第 16 行：如果沒有共同鍵的多重鍵連結方式，就必須以列表的方式傳入。

(實戰例)▸ 兩個資料表連接時標示重複欄名

　　兩個資料表在進行連接時，萬一遇到欄名重複時，pd.merge() 方法會自動為這些重複的欄位加上 _x、_y、_z 來加以區分辨識，其實除了這種預設表達重複欄位的方式外，我們也可以自己使用 suffixes 參數來自訂每一個重複欄位的尾碼表現的方式，例如下例中的 suffixes=["_ 左邊 "," _ 右邊 "]，表示會在位於左側重複欄位檔名加上「_ 左邊」的尾碼，並會在位於右側重複欄位檔名加上「_ 右邊」的尾碼，接著我們將以實例示範說明。

程式檔：merge09.py

```
01   import pandas as pd
02   pd.set_option('display.unicode.ambiguous_as_wide', True)
03   pd.set_option('display.unicode.east_asian_width', True)
04   pd.set_option('display.width', 180) # 設置寬度
05
06   left=pd.DataFrame({'學號': ['A001', 'A002', 'A003', 'A004'],
07                      '姓名': ['吳燦銘', '鄭苑鳳', '許伯如', '胡建文'],
08                      '必修': ['數學', '程式語言', '網路行銷', '企業導論']})
09   print(left)
10   print("="*40)
11   right=pd.DataFrame({'學號': ['A001', 'A002', 'A005', 'A006'],
12                       '姓名': ['吳燦銘', '鄭苑鳳', '許伯如', '胡建文'],
13                       '選修': ['日語', '遊戲企劃', '經濟', '越語']})
14   print(right)
15   print("="*40)
16   rs = pd.merge(left,right ,on="學號",how="inner")
17   print(rs)
18   print("="*40)
19   rs = pd.merge(left,right ,on="學號",how="inner",suffixes=["_左邊","_右邊"])
20   print(rs)
```

```
   學號    姓名      必修
0  A001  吳燦銘      數學
1  A002  鄭苑鳳    程式語言
2  A003  許伯如    網路行銷
3  A004  胡建文    企業導論
===============================
   學號    姓名      選修
0  A001  吳燦銘      日語
1  A002  鄭苑鳳    遊戲企劃
2  A005  許伯如      經濟
3  A006  胡建文      越語
===============================
   學號  姓名_x    必修   姓名_y    選修
0  A001  吳燦銘    數學  吳燦銘    日語
1  A002  鄭苑鳳  程式語言  鄭苑鳳  遊戲企劃
   學號  姓名_左邊    必修  姓名_右邊    選修
0  A001    吳燦銘    數學    吳燦銘    日語
1  A002    鄭苑鳳  程式語言    鄭苑鳳  遊戲企劃
```

程式解析

* 第 1 行：匯入 pandas 套件並以 pd 作為別名。

* 第 2~4 行：這三道指令就可以解決中文無法對齊的問題。

* 第 6~8 行：第一組資料表。

* 第 11~13 行：第二組資料表。

* 第 16 行：指定兩資料表連接方式為內連結。

* 第 19 行：使用 suffixes 參數來自訂每一個重複欄位的尾碼表現的方式。

實戰例 ▶ 利用索引欄當連接鍵

索引欄並不是真正的欄位，不過我們也可以使用索引欄當連接鍵來將兩個資料表作橫向的連結，其中 left_index 參數是用來指定左邊的索引，right_index 參數是用來指定右邊的索引，接著我們將以實例示範說明。

程式檔：merge10.py

```
01  import pandas as pd
02  pd.set_option('display.unicode.ambiguous_as_wide', True)
03  pd.set_option('display.unicode.east_asian_width', True)
```

```
04  pd.set_option('display.width', 180) # 設置寬度
05
06  left=pd.DataFrame({'學號': ['A001', 'A002', 'A003', 'A004'],
07                      '姓名': ['吳燦銘', '鄭苑鳳', '許伯如', '胡建文'],
08                      '必修': ['數學', '程式語言', '網路行銷', '企業導論']})
09  print(left)
10  print("="*40)
11  right=pd.DataFrame({'學號': ['A001', 'A002', 'A005', 'A006'],
12                       '選修': ['日語', '遊戲企劃', '經濟', '越語']})
13  print(right)
14  print("="*40)
15  rs = pd.merge(left,right ,left_index=True,right_index=True)
16  print(rs)
```

執行結果

```
    學號      姓名        必修
0   A001    吳燦銘       數學
1   A002    鄭苑鳳     程式語言
2   A003    許伯如     網路行銷
3   A004    胡建文     企業導論
========================================
    學號      選修
0   A001    日語
1   A002  遊戲企劃
2   A005    經濟
3   A006    越語
========================================
    學號_x    姓名        必修  學號_y      選修
0   A001    吳燦銘       數學  A001      日語
1   A002    鄭苑鳳     程式語言  A002  遊戲企劃
2   A003    許伯如     網路行銷  A005      經濟
3   A004    胡建文     企業導論  A006      越語
```

程式解析

* 第 1 行：匯入 pandas 套件並以 pd 作為別名。

* 第 2~4 行：這三道指令就可以解決中文無法對齊的問題。

* 第 6~8 行：第一組資料表。

* 第 11~12 行：第二組資料表。

* 第 15 行：使用索引欄當連接鍵來將兩個資料表作橫向的連結，其中 left_index 參數是用來指定左邊的索引，right_index 參數是用來指定右邊的索引。

12-4 兩表格的縱向連接

本單元會介紹各種表格的縱向連接的實作方式，其中 concat() 這個函數的功能是用來將兩個 Series 以縱向將資料進行合併，不過這個函數合併的結果會保留重複的 index。

實戰例 ▶ 以 concat() 函數兩表格的縱向連接

本例將示範如何利用 pandas 套件中的 concat() 函數來將兩個表格進行縱向連接。

程式檔：concat.py

```
01  import pandas as pd
02  p1= pd.Series(['apple','bed','cat'], index=[0,1,2])
03  p2= pd.Series(['bed','angel','pen'], index=[1,3,5])
04  print(pd.concat([p1,p2]))
```

執行結果

```
0       apple
1         bed
2         cat
1         bed
3       angel
5         pen
dtype: object
```

程式解析

* 第 1 行：匯入 pandas 套件並以 pd 作為別名。

* 第 4 行：利用 concat() 函數將第一組資料表及第二組資料表進行縱向連接。

這裡要補充說的一點是，使用 concat() 合併 axis=0 為直向合併，例如：

```
import pandas as pd
p1= pd.Series(['apple','bed','cat'], index=[0,1,2])
p2= pd.Series(['bed','angel','pen'], index=[1,3,5])
```

```
p3= pd.Series(['cat','may','library'], index=[2,4,6])
p4= pd.Series(['dream','holiday','good'], index=[10,20,30])
print(pd.concat([p1,p2,p3,p4],axis=0))
```

執行結果

```
0         apple
1          bed
2          cat
1          bed
3         angel
5          pen
2          cat
4          may
6        library
10        dream
20       holiday
30         good
dtype: object
```

實戰例 ▶ **兩表格的縱向連接並去除重複項**

上圖中可以看出索引值內容重複，如果要將合併的資料表內容的重複項目去除，可以採用 drop_duplicate() 這個函數，例如底下的程式碼及執行結果：

程式檔：drop_duplicate.py

```
01   import pandas as pd
02   p1= pd.Series(['apple','bed','cat'], index=[0,1,2])
03   p2= pd.Series(['bed','angel','pen'], index=[1,3,5])
04   print(pd.concat([p1,p2]).drop_duplicates())
```

執行結果

```
0         apple
1          bed
2          cat
3         angel
5          pen
dtype: object
```

程式解析

❋ 第 1 行：匯入 pandas 套件並以 pd 作為別名。

❋ 第 4 行：利用 concat() 函數將第一組資料表及第二組資料表進行縱向連接，
並藉助 drop_duplicate() 這個函數將合併的資料表內容的重複項目去除。

實戰例 ▶ **以新索引執行兩表格的縱向合併**

在上面的例子中，各位應該有發現，在縱向合併的結果中是採用原先未合併前的索引，如果希望合併之後有一個全新的索引，這種情況下就必須藉助 ignore_index 這個參數來設定，只要將這個參數的值設為「True」，就可以忽略原先的索引，並以自動產生的 index 來作為合併後資料表的索引。

程式檔：ignore_index.py

```
01   import pandas as pd
02   p1= pd.Series(['apple','bed','cat'], index=[0,1,2])
03   p2= pd.Series(['bed','angel','pen'], index=[1,3,5])
04   print(pd.concat([p1,p2],ignore_index=True).drop_duplicates())
```

執行結果

```
0        apple
1          bed
2          cat
4        angel
5          pen
dtype: object
```

程式解析

❋ 第 1 行：匯入 pandas 套件並以 pd 作為別名。

❋ 第 4 行：利用 concat() 函數將第一組資料表及第二組資料表進行縱向連接，並藉助 drop_duplicate() 這個函數將合併的資料表內容的重複項目去除。同時自動為合併後資料表產生新索引。

12-5 其他合併與拆分的實用技巧

　　除了直接合併之後，各位也可以指定兩個 Series 合併的方式，當使用 concat() 方法合併時，系統預設的 join 模式是 'outer'，它會直接把沒有的資料用 NaN 代替，因此下列二個指令的輸出結果是一致的：

```
print(pd.concat([df1,df2]))
print(pd.concat([df1,df2], join='outer') )
```

　　當使用 concat 的 join 模式為 'inner'，會直接把沒有完整資料的刪除掉。

```
print(pd.concat([df1,df2], join='inner', ignore_index=True))
```

(實戰例) ▶ **concat() 方法的 join 模式**

　　這個例子將示範如何以 'outer' 的 join 模式來將指定的兩個 Series 進行合併。

程式檔：outer.py

```
01   import pandas as pd
02   df1=pd.read_excel("score1.xlsx")
03   df2=pd.read_excel("score2.xlsx")
04   pd.set_option('display.unicode.ambiguous_as_wide', True)
05   pd.set_option('display.unicode.east_asian_width', True)
06   pd.set_option('display.width', 180) # 設置寬度
07
08   print(df1)
09   print("="*40)
10   print(df2)
11   print("="*40)
12   rs = pd.concat([df1,df2], join='outer')
13   print(rs)
```

```
      學生    學號   初級   中級
0  許富強  A001  58.0  60.0
1  邱瑞祥  A002  62.0  52.0
2  朱正富  A003   NaN  83.0
3  陳貴玉  A004  87.0   NaN
4  莊自強  A005  46.0  95.0
==================================
      學生    學號   初級   中級
0  陳大慶  A006  95.0  64.0
1  莊照如  A007  78.0   NaN
2  吳建文  A008  87.0  85.0
3  鍾英誠  A009  69.0  64.0
4  賴唯中  A010   NaN  54.0
==================================
      學生    學號   初級   中級
0  許富強  A001  58.0  60.0
1  邱瑞祥  A002  62.0  52.0
2  朱正富  A003   NaN  83.0
3  陳貴玉  A004  87.0   NaN
4  莊自強  A005  46.0  95.0
0  陳大慶  A006  95.0  64.0
1  莊照如  A007  78.0   NaN
2  吳建文  A008  87.0  85.0
3  鍾英誠  A009  69.0  64.0
4  賴唯中  A010   NaN  54.0
```

12

以 Python 實作工作表串接、合併與拆分

程式解析

* 第 1 行：匯入 pandas 套件並以 pd 作為別名。

* 第 2~3 行：讀取檔案。

* 第 4~6 行：這三道指令就可以解決中文無法對齊的問題。

* 第 12~13 行：使用 concat 合併時，他預設的 join 模式是 'outer'，會直接把沒有的資料用 NaN 代替。

實戰例 ▶ 使用 DataFrame append 來合併資料

我們也可以使用 DataFrame append 來合併資料，這裡的 append 功能預設是往下加的方式來合併資料。

程式檔：append.py

```
01  import pandas as pd
02  df1=pd.read_excel("score1.xlsx")
03  df2=pd.read_excel("score2.xlsx")
```

```
04    df3=pd.read_excel("score3.xlsx")
05    pd.set_option('display.unicode.ambiguous_as_wide', True)
06    pd.set_option('display.unicode.east_asian_width', True)
07    pd.set_option('display.width', 180) # 設置寬度
08
09    print(df1)
10    print("="*40)
11    print(df2)
12    print("="*40)
13    res = df1.append(df2, ignore_index=True)
14    print(res)
```

執行結果

```
       學生    學號    初級    中級
0    許富強   A001   58.0   60.0
1    邱瑞祥   A002   62.0   52.0
2    朱正富   A003    NaN   83.0
3    陳貴玉   A004   87.0    NaN
4    莊自強   A005   46.0   95.0
========================================
       學生    學號    初級    中級
0    陳大慶   A006   95.0   64.0
1    莊照如   A007   78.0    NaN
2    吳建文   A008   87.0   85.0
3    鍾英誠   A009   69.0   64.0
4    賴唯中   A010    NaN   54.0
========================================
       學生    學號    初級    中級
0    許富強   A001   58.0   60.0
1    邱瑞祥   A002   62.0   52.0
2    朱正富   A003    NaN   83.0
3    陳貴玉   A004   87.0    NaN
4    莊自強   A005   46.0   95.0
5    陳大慶   A006   95.0   64.0
6    莊照如   A007   78.0    NaN
7    吳建文   A008   87.0   85.0
8    鍾英誠   A009   69.0   64.0
9    賴唯中   A010    NaN   54.0
```

程式解析

* 第 1 行：匯入 pandas 套件並以 pd 作為別名。

* 第 2~4 行：讀取檔案。

* 第 5~7 行：這三道指令就可以解決中文無法對齊的問題。

* 第 13~14 行：使用 DataFrame append 來合併資料。

實戰例 ▶ 使用 **DataFrame append** 一次合併多筆資料

除了一次合併兩筆資料外,我們也可一次合併多筆資料,請看本範例的說明。

程式檔:append1.py

```
01  import pandas as pd
02  df1=pd.read_excel("score1.xlsx")
03  df2=pd.read_excel("score2.xlsx")
04  df3=pd.read_excel("score3.xlsx")
05  pd.set_option('display.unicode.ambiguous_as_wide', True)
06  pd.set_option('display.unicode.east_asian_width', True)
07  pd.set_option('display.width', 180) # 設置寬度
08
09  print(df1)
10  print("="*40)
11  print(df2)
12  print("="*40)
13  res = df1.append([df2,df3], ignore_index=True)
14  print(res)
```

執行結果

```
      學生    學號   初級    中級
0   許富強   A001  58.0  60.0
1   邱瑞祥   A002  62.0  52.0
2   朱正富   A003   NaN  83.0
3   陳貴玉   A004  87.0   NaN
4   莊自強   A005  46.0  95.0
========================================
      學生    學號   初級    中級
0   陳大慶   A006  95.0  64.0
1   莊照如   A007  78.0   NaN
2   吳建文   A008  87.0  85.0
3   鍾英誠   A009  69.0  64.0
4   賴唯中   A010   NaN  54.0
      學生    學號   初級    中級
0   許富強   A001  58.0  60.0
1   邱瑞祥   A002  62.0  52.0
2   朱正富   A003   NaN  83.0
3   陳貴玉   A004  87.0   NaN
4   莊自強   A005  46.0  95.0
5   陳大慶   A006  95.0  64.0
6   莊照如   A007  78.0   NaN
7   吳建文   A008  87.0  85.0
8   鍾英誠   A009  69.0  64.0
9   賴唯中   A010   NaN  54.0
10  吳文建   A010  88.0  83.0
11  鄭麗娟   A011  98.0  96.0
```

* 第 1 行：匯入 pandas 套件並以 pd 作為別名。

* 第 2~4 行：讀取檔案。

* 第 5~7 行：這三道指令就可以解決中文無法對齊的問題。

* 第 13~14 行：使用 DataFrame append 來合併資料，也可一次合併多筆資料。

實戰例 ▶ 將工作表內容拆分成多張工作表

程式檔：**split.py**

```
01   import pandas as pd
02   data = pd.read_excel('sales.xlsx', sheet_name='全部人員')
03   title = list(data.columns)
04   reserve_title = data[['員工編號', '姓名']]
05   with pd.ExcelWriter('sales1.xlsx') as workbook:
06       for i in title[2:]:
07           each_title = data[i]
08           sheet_data = pd.concat([reserve_title, each_title], axis=1)
09           sheet_data.to_excel(workbook, sheet_name=i, index=False)
```

範例檔案：**sales.xlsx**

	A	B	C	D	E	F
1	員工編號	姓名	語言類	資訊類	圖書類	業外收入
2	A001	陳大慶	5000	6500	5840	5400
3	A002	許忠仁	9600	5000	9800	5800
4	A003	胡建文	4580	4000	6500	5600
5	A004	鍾銘誠	5800	3890	7700	6400
6	A005	陳又利	90000	6504	8800	6850
7	A006	朱一平	12000	5550	6200	7700

全部人員

	A	B	C	D	E	F	G	H	I	J
1	員工編號	姓名	語言類							
2	A001	陳大慶	5000							
3	A002	許忠仁	9600							
4	A003	胡建文	4580							
5	A004	鍾銘誠	5800							
6	A005	陳又利	90000							
7	A006	朱一平	12000							

語言類　資訊類　圖書類　業外收入 ...　⊕

程式解析

* 第 1 行：匯入 pandas 套件並以 pd 作為別名。

* 第 2 行：讀取檔案。

* 第 3 行：取出標題名稱。

* 第 4 行：指定當拆分後的工作表要保留的標題。

* 第 5 行：指定新建活頁簿檔案名稱。

* 第 6~9 行：這幾道指令可以依序取出各銷售類別的欄資料，並將各銷售
  類別的欄資料與共同保留標題的欄資料橫向拼接成一個 DataFrame，並
  寫入到新建立的工作表之中，再以該標題名稱來作為工作表的名稱。

MEMO

Python X Excel 的 12 堂關鍵必修課：資料分析自動化的 194 個高效實戰例

A

Python 程式語言
快速入門

隨著物聯網與大數據分析的火紅，讓在數據分析與資料探勘有著舉足輕重地位的 Python，人氣不斷飆升，目前已經成為全球熱門程式語言排行榜的常勝軍。Python 語言優點包括物件導向、直譯、跨平臺等特性，加上豐富強大的套件模組與免費開放原始碼，各種領域的使用者都可以找到符合需求的套件模組，除了 Python 的用途十分廣泛，涵蓋了網頁設計、App 設計、遊戲設計、自動控制、生物科技、大數據等領域，更加上簡單易記、程式碼容易閱讀與撰寫彈性的優點，因此可作為有志於現代科技領域的讀者入門學習語言。

A-1 Python 的入門基礎

Python 直譯器種類眾多，本書範例程式以 Python 3.x 基本語法為主，並以官方的 CPython 直譯器為開發工具。要下載及安裝 Python 軟體，請連上 https://www.python.org/。安裝後在開始功能表可以看到許多工具：

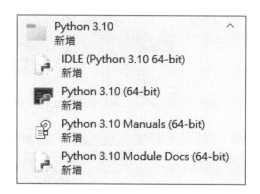

其中「Python 3.10(64-bit)」會進入 Python 互動交談模式，當看到 Python 提示字元「>>>」，使用者可以逐行輸入 Python 指令。

```
Python 3.10 (64-bit)                                    —    □    ×
Python 3.10.1 (tags/v3.10.1:2cd268a, Dec  6 2021, 19:10:37) [
MSC v.1929 64 bit (AMD64)] on win32
Type "help", "copyright", "credits" or "license" for more inf
ormation.
>>>
```

IDLE 為內建的整合式開發環境軟體（Integrated Development Environment，簡稱 IDE），包括撰寫程式編輯器、編譯或直譯器、除錯器等。當啟動 IDLE 軟體，然後執行「File/New File」指令，就可以開始撰寫程式，請輸入如下程式碼：

```
#我的第一個Python程式練習
print('第一個Python語言程式!!!')
```

存檔時以「*.py」為副檔名，接著執行「Run/Run Module」指令，就可以看到執行結果。請看以下的實戰例說明：

(實戰例)▸格式化輸出

程式檔：app01.py

```
01   #我的第一個Python程式練習
02   print('第一個Python語言程式!!!')
```

執行結果

> 第一個Python語言程式!!!

　　程式碼中第 1 行是 Python 的單行註解，如果是多行註解則以 3 個雙引號 """（或單引號 '''）開始，填入註解內容，再以 3 個雙引號（或單引號）來結束。第 2 行是內建函數 print() 輸出結果，字串可以使用單「'」或雙引號「"」來括住其內容。

A-2 基本資料處理

　　資料處理最基本的對象就是變數（variable）與常數（constant），變數的值可做變動。常數則是固定不變的資料。變數命名規則如下：

* 第一個字元必須是英文字母或是底線或是中文，其餘字元可以搭配其他的大小寫英文字母、數字、_ 或中文。

* 不能使用 Python 內建的保留字。

* 變數名稱必須區分大小寫字母。

　　Python 語言簡潔明瞭，變數不需宣告就可以使用，設定變數值的方式如下：

```
變數名稱 = 變數值
```

例如：

```
score=100
```

如果要讓多個變數同時具有相同的變數值，例如：

```
num1 = num2= 50
```

當各位想要在同一列中指定多個變數則可以利用「,」（分隔變數）。例如：

```
a, b, c =80, 60, 20
```

Python 也允許使用者以「;」（分隔運算式）來連續宣告不同的程式敘述。例如：

```
salary= 25000 ; sum = 0
```

A-2-1　數值資料型態

數值資料型態主要有整數及浮點數，浮點數就是帶有小數點的數字，例如：

```
total = 100    # 整數
product = 234.94  # 浮點數
```

A-2-2　布林資料型態

Python 布林（bool）資料型態只有 True 和 False 兩個值，例如：

```
switch = True
turn_on = False
```

布林資料型態通常使用於流程控制做邏輯判斷。

A-2-3　字串資料型態

Python 是將字串放在單引號或雙引號來表示，例如：

```
title = "新年快樂"
title= '新年快樂'
```

A-3 輸出 print 與輸入 input

程式設計常需要電腦輸出執行結果，有時為了提高程式的互動性，會要求使用者輸入資料，這些輸出與輸入的工作，都可以透過 print 及 input 指令來完成。

A-3-1　輸出 print

print 指令就是用來輸出指定的字串或數值。語法如下：

```
print(項目1[, 項目2,…, sep=分隔字元, end=結束字元])
```

例如：

```
print('四維八德')
print('忠孝','仁愛','信義','和平',sep='=')
print('忠孝','仁愛','信義','和平')
print('忠孝','仁愛','信義','和平',end=' ')
print('禮義廉恥')
```

執行結果

```
四維八德
忠孝=仁愛=信義=和平
忠孝 仁愛 信義 和平
忠孝 仁愛 信義 和平 禮義廉恥
```

print 命令也支援格式化功能，主要是由 "%" 字元與後面的格式化字串來控制輸出格式，語法如下：

```
print("項目" % (參數列))
```

在輸出的項目中是利用 %s 代表輸出字串，%d 代表輸出整數，%f 代表輸出浮點數。另外，透過欄寬設定可以達到對齊效果，例如：

- **%7s**：固定輸出 7 個字元，不足 7 個字元則會在字串左方填入空白字元，大於 7 個字元，則全部輸出。

- **%7d**：固定輸出 7 個字元，不足 7 位數則會在字串左方填入空白字元，大於 7 位數，則全部輸出。

- **%8.2f**：連同小數點也算 1 個字元，這種格式會固定輸出 8 個字元，其中小數固定輸出 2 位數，如果整數少於 5 位數（因為必須扣除小數點及小數的位元），則會在數字左方填入空白字元，但如果小數小於 2 位數，則會在數字右方填入 0。

(實戰例) ▶ **格式化輸出**

(程式檔：app02.py)

```
01   name="陳大忠"
02   age=30
03   print("%s 的年齡是 %d 歲" % (name, age))
```

(執行結果)

```
陳大忠 的年齡是 30 歲
```

A-3-2 輸出跳脫字元

print() 指令中除了輸出一般的字串或字元外，也在字元前加上反斜線「\」來通知編譯器將後面的字元當成一個特殊字元，形成所謂「跳脫字元」(Escape

Sequence Character)。例如 '\n' 表示換行功能的「跳脫字元」，下表為幾個常用的
跳脫字元：

跳脫字元	說明
\t	水準跳格字元（horizontal Tab）
\n	換行字元（new line）
\"	顯示雙引號（double quote）
\'	顯示單引號（single quote）
\\	顯示反斜線（backslash）

實戰例 ▶ 輸出跳脫字元

程式檔：app03.py

```
01  print('程式語言！\n越早學越好')
```

執行結果

```
程式語言！
越早學越好
```

A-3-3　輸入 input

而 input 指令是輸入指令。語法如下：

```
變數 = input(提示字串)
```

當各位輸入資料按下 Enter 鍵後，就會將輸入的資料指定給變數。「提示字串」則是一段告知使用者輸入的提示訊息，例如：

```
height =input("請輸入你的身高：")
print (height)
```

請注意，input 所輸入的內容是一種字串，如果要將該字串轉換為整數，則必須透過 int() 內建函數。當利用 print 輸出時，還可以指定數值以何種進位輸出。請參考下表：

格式指定碼	說明
%d	輸出十進位數
%o	輸出八進位數
%x	輸出十六進位數，超過 10 的數字以大寫字母表示，例如 0xff
%X	輸出十六進位數，超過 10 的數字以大寫字母表示，例如 0xFF

實戰例 ▶ **不同輸入數值的進制轉換**

程式檔：app04.py

```
01  iVal=input('請輸入8進制數值:')
02  print('您所輸入8進制數值，代表10進制:%d' %int(iVal,8))
03  print("")
04
05  iVal=input('請輸入10進制數值:')
06  print('您所輸入10進制數值，代表8進制:%o' %int(iVal,10))
07  print("")
08
09  iVal=input('請輸入16進制數值:')
10  print('您所輸入16進制數值，代表10進制:%d' %int(iVal,16))
11  print("")
12
13  iVal=input('請輸入10進制數值:')
14  print('您所輸入10進制數值，代表16進制:%x' %int(iVal,10))
15  print("")
```

執行結果

```
請輸入8進制數值:65
您所輸入8進制數值，代表10進制:53

請輸入10進制數值:53
您所輸入10進制數值，代表8進制:65

請輸入16進制數值:87
您所輸入16進制數值，代表10進制:135

請輸入10進制數值:135
您所輸入10進制數值，代表16進制:87
```

A-4 運算子與運算式

運算式是由運算子與運算元所組成。其中 = 、+ 、* 及 / 符號稱為運算子，運算元則包含了變數、數值和字元。

A-4-1 算術運算子

算術運算子主要包含了數學運算中的四則運算、餘數運算子、取得整除數運算子、指數運算子等運算子。例如：

```
X = 58 + 32
X = 89 - 28
X = 3 * 12
X = 125 / 7
X = 145 // 15
X = 2**4
X = 46 % 5
```

實戰例 ▶ 運算子綜合應用―算術運算子

程式檔：app05.py

```
01   a=10;b=7;c=20
02   print(a/b)
03   print((a+b)*(c-10)/5)
```

執行結果

```
1.4285714285714286
34.0
```

A-4-2 複合指定運算子

由指定運算子「＝」與其他運算子結合而成，也就是「＝」號右方的來源運算元必須有一個是和左方接收指定數值的運算元相同。例如：

```
X += 1      #即 X = X + 1
X -= 9      #即X = X - 9
X *= 6      #即 X = X * 6
X /= 2      #即 X = X / 2
X **= 2     #即 X = X ** 2
X //= 7     #即 X = X // 7
X %= 5      #即 X = X % 5
```

實戰例 ▶ 運算子綜合應用─複合指定運算子

程式檔：app06.py

```
01   num=8
02   num*=9
03   print(num)
04   num+=1
05   print(num)
06   num//=9
07   print(num)
08   num %= 5
09   print(num)
10   num -= 2
11   print(num)
```

執行結果

```
72
73
8
3
1
```

A-4-3　關係運算子

用來比較兩個數值之間的大小關係，通常用於流程控制語法，如果該關係運算結果成立就回傳真值（True）；不成立則回傳假值（False）。（下例 A=5, B=3）

運算子	說明
>	A 大於 B，回傳 True
<	A 小於 B，回傳 False
>=	A 大於或等於 B，回傳 True
<=	A 小於或等於 B，回傳 False
==	A 等於 B，回傳 False
!=	A 不等於 B，回傳 True

A-4-4　邏輯運算子

　　邏輯運算子也是運用在邏輯判斷的時候，可控制程式的流程，通常是用在兩個表示式之間的關係判斷。邏輯運算子共有三種，如下表所列：

運算子	用法
and	a>b and a<c
or	a>b or a<c
not	not（a>b）

有關 and、or 和 not 的運算規則說明如下：

- and：當 and 運算子兩邊的條件式皆為真（True）時，結果才為真，例如假設運算式為 a>b and a>c，則運算結果如下表所示：

a > b 的真假值	a > c 的真假值	a>b and a>c 的運算結果
真	真	真
真	假	假
假	真	假
假	假	假

例如：a=7, b=5, c=9

則 a>b and a>c 的運算結果為 True and False，結果值為 False。

- or：當 or 運算子兩邊的條件式，有一邊為真（True）時，結果就是真，例如：假設運算式為 a>b or a>c，則運算結果如下表所示：

a > b 的真假值	a > c 的真假值	a>b or a>c 的運算結果
真	真	真
真	假	真
假	真	真
假	假	假

例如：a=7, b=5, c=9

則 a>b or a>c 的運算結果為 True or False，結果值為 True。

- not：這是一元運算子，可以將條件式的結果變成相反值，例如：假設運算式為 not（a>b），則運算結果如下表所示：

a > b 的真假值	not（a>b）的運算結果
真	假
假	真

例如：a=7, b=5

則 not（a>b）的運算結果為 not（True），結果值為 False。

底下直接由例子來看看邏輯運算子的使用方式：

```
01  a,b,c=5,10,6
02  result = a>b and b>c; #and運算
03  result = a<b or c!=a; #or運算
04  result = not result;  #將result的值做not運算
```

上面的例子中，第 2、3 行敘述分別以運算子 and、or 結合兩條件式，並將運算後的結果儲存到布林變數 result 中，在這裡由 and 與 or 運算子的運算子優先權較關係運算子 >、<、!= 等來得低，因此運算時會先計算條件式的值，之後再進行 and 或 or 的邏輯運算。

第 4 行敘述則進行 not 邏輯運算，取得變數 result 的反值（True 的反值為 False，False 的反值為 True），並將傳回值重新指派給變數 result，這行敘述執行後的結果會使得變數 result 的值與原來的相反。

A-4-5　位元運算子

位元運算（bit operation）就是逐位元進行比較，在 python 中如果要將整數轉換為二進位，可以利用 bin() 內建函數。簡介如下：

- **運算元 1& 運算元 2**：運算元 1、運算元 2 的值皆為 1，才會回傳 1。
- **運算元 1 | 運算元 2**：運算元 1、運算元 2 的值其中有一個為 1，就會回傳 1。
- **運算元 1 ^ 運算元 2**：運算元 1、運算元 2 的值不同，才會回傳 1，如果運算元 1、運算元 2 的值相同，則會回傳 0。
- **~ 運算元**：或稱反向運算，將 1 變成 0，0 變成 1。

例如：

```
num1 = 9; num2 = 10
bin(num1); bin(num2) #利用bin()函式將x, y轉為二進位
print(bin(num1)) #輸出0b1001
print(bin(num2))  #輸出0b1010
print(num1 & num2) #輸出8
print(num1 | num2) #輸出11
print(num1 ^ num2) #輸出3
print(~num1) #輸出-10
```

位元運算子還有二個較為特殊的運算子：左移（<<）和右移（>>）運算子。例如：

```
num1=125
num2=98475
print(bin(num1))   #0b1111101
print(bin(num1<<2)) #0b111110100
print(bin(num2))   #0b11000000010101011
print(bin(num2>>3)) #0b11000000010101
```

程式檔：app07.py

```
01  x = 15; y = 10
02  print(x & y)
03  print(x ^ y)
04  print(x | y)
05  print(~x)
```

執行結果

```
10
5
15
-16
```

A-5 流程控制

Python 語言包含三種流程控制結構 if、for、while。

A-5-1 **if** 敘述

if 敘述語法如下：

```
if 條件運算式1:
    程式敘述區塊1
elif 條件運算式2:
    程式敘述區塊2
else:
    程式敘述區塊3
```

在 Python 語言中，當指令後有「:」（冒號），那麼下一行的程式碼就必須縮排，否則就無法正確地解譯這段程式碼，預設縮排為 4 個空白，我們可以利用鍵盤「Tab」鍵或空白鍵產生縮排效果。

實戰例 ▶ 流程控制—**if** 敘述

程式檔：app08.py

```
01  month=int(input('請輸入月份: '))
02  if 2<=month and month<=4:
03      print('充滿生機的春天')
04  elif 5<=month and month<=7:
05      print('熱力四射的夏季')
06  elif month>=8 and month <=10:
07      print('落葉繽紛的秋季')
08  elif month==1 or (month>=11 and month<=12):
09      print('寒風刺骨的冬季')
10  else:
11      print('很抱歉沒有這個月份!!!')
```

執行結果

```
請輸入月份： 4
充滿生機的春天
```

　　另外，在其他程式語言常以 switch 和 case 陳述式來控制複雜的分支作業，
在 Python 則可以 if 敘述作為替代作法。如下：

實戰例 ▶ 流程控制—以 **if** 敘述控制複雜的分支作業

程式檔：app09.py

```
01  print('1.80以上,2.60~79,3.59以下')
02  ch=input('請輸入分數群組: ')
03  #條件敘述開始
04  if ch=='1':
05      print('繼續保持!')
06  elif ch=='2':
07      print('還有進步空間!!')
08  elif ch=='3':
```

```
09        print('請多多努力!!!!')
10    else:
11        print('error')
```

執行結果

```
1.80以上,2.60~79,3.59以下
請輸入分數群組: 2
還有進步空間!!
```

A-5-2　for 迴圈

for 迴圈又稱為計數迴圈，是一種可以重複執行固定次數的迴圈。語法如下：

```
for item in sequence
    #for的程式區塊
else:
    #else的程式區塊，可加入或者不加入
```

上述語法中可加入或者不加入 else 指令。Python 提供 range() 函數來搭配，它主要功能是建立整數序列，語法如下：

```
range([起始值], 終止條件[, 步進值])
```

- **起始值**：預設為 0，參數值可以省略。
- **終止條件**：必要參數不可省略。
- **步進值**：計數器的增減值，預設值為 1。

  例如：
- range(5) 代表由索引值 0 開始，輸出 5 個元素，即 0,1,2,3,4 共 5 個元素。
- range(1,6) 代表由索引值 1 開始，到索引編號 5 結束，索引編號 6 不包括在內，即 1,2,3,4,5 共 5 個元素。
- range(2,10,2) 代表由索引值 2 開始，到索引編號 10 前結束，索引編號 10 不包括在內，遞增值為 2，即 2,4,6,8 共 4 個元素。

```
01   sum=0
02   number=int(input('請輸入整數：'))
03
04   #遞增for迴圈，由小到大印出數字
05   print('由小到大排列輸出數字:')
06   for i in range(1,number+1):
07       sum+=i  #設定sum為i的和
08       print('%d' %i,end='')
09       #設定輸出連加的算式
10       if i<number:
11           print('+',end='')
12       else:
13           print('=',end='')
14   print('%d' %sum)
15
16   sum=0
17   #遞減for迴圈，由大到小印出數字
18   print('由大到小排列輸出數字:')
19   for i in range(number,0,-1):
20       sum+=i
21       print('%d' %i,end='')
22       if i<=1:
23           print('=',end='')
24       else:
25           print('+',end='')
26   print('%d' %sum)
```

執行結果

```
請輸入整數： 7
由小到大排列輸出數字：
1+2+3+4+5+6+7=28
由大到小排列輸出數字：
7+6+5+4+3+2+1=28
```

A-5-3　while 迴圈

　　while 的條件運算式是用來判斷是否執行迴圈的測試條件，當條件運算式結果為 False 時，則會結束迴圈的執行。語法如下：

```
while 條件運算式:
    要執行的程式指令
else:
    不符合條件所要執行的程式指令
```

　　else 指令也是一個選擇性指令，可加也可不加。一旦條件運算式不符合時，則會執行 else 區塊內的程式指令。使用 while 迴圈必須小心設定離開條件，萬一不小心形成無窮迴圈，要中斷程式，需同時按 Ctrl+C。

實戰例 ▶ 流程控制—while 迴圈

程式檔：app11.py

```
01  product=1
02  i=1
03  while i<6:
04      product=i*product
05      print('i=%d' %i,end='')
06      print('\tproduct=%d' %product)
07      i+=1
08  print('\n連乘積的結果=%d'%product)
09  print()
```

執行結果

```
i=1        product=1
i=2        product=2
i=3        product=6
i=4        product=24
i=5        product=120

連乘積的結果=120
```

當必須先執行迴圈中的敘述至少一次，在其他程式語言是以 do while 迴圈來設計程式，但是在 Python 因為沒有 do while 這類的指令，可以參考底下範例的作法：

實戰例 ▶ 流程控制－類 C 語言 do while 迴圈

程式檔：app12.py

```
01   sum=0
02   number=1
03   while True:
04       if number==0:
05           break
06       number=int(input('數字0為結束程式,請輸入數字: '))
07       sum+=number
08       print('目前累加的結果為: %d' %sum)
```

執行結果

```
數字0為結束程式,請輸入數字: 85
目前累加的結果為: 85
數字0為結束程式,請輸入數字: 78
目前累加的結果為: 163
數字0為結束程式,請輸入數字: 95
目前累加的結果為: 258
數字0為結束程式,請輸入數字: 93
目前累加的結果為: 351
數字0為結束程式,請輸入數字: 0
目前累加的結果為: 351
```

A-6 序列資料型別

其他常用的型別包括 string 字串、tuple 元組、list 串列、dict 字典等，為了方便儲存多筆相關的資料，大部份的程式語言（例如 C/C++ 語言）會以陣列（Array）方式處理。類似陣列結構，在 Python 語言中就稱為序列（Sequence），序列型別可以將多筆資料集合在一起，透過「索引值」存取序列中的項目。在

Python 語言中，string 字串、list 串列、tuple 元組都算是屬於一種序列的資料型別。

A-6-1 string 字串

將一連串字元放在單引號或雙引號括起來，就是一個字串（string），如果要將字串指定給特定變數時，可以使用「=」指派運算元。例如：

```
str1 = ''          #空字串
str2 = 'L'         #單一字元
str3 ="HAPPY"      #字串也可以使用雙引號。
```

另外內建函數 str() 將數值資料轉為字串，例如：

```
str()              #輸出空字串"
str(123)           #將數字轉為字串'123'
```

要串接多個字串，也可以利用「+」符號，例如：

```
print('忠孝'+'仁愛'+'信義'+'和平')
```

字串的索引值具有順序性，如果要取得單一字元或子字串，就可以使用 [] 運算子，請參考下表說明：

運算子	功能說明
s[n]	依指定索引值取得序列的某個元素
s[n:]	依索引值 n 開始到序列的最後一個元素
s[n : m]	取得索引值 n 至 m-1 來取得若干元素
s[:m]	由索引值 0 開始，到索引值 m-1 結束
s[:]	表示會複製一份序列元素
s[::-1]	將整個序列的元素反轉

例如：

```
msg = 'No pain, no gain'
print(msg[2 : 5]) #不含索引編號5，可取得3個字元。
print(msg[6: 14]) #可取到最後的一個字元
print(msg[6 :]) #表示msg[6 : 13]。
print(msg[:5])    # 表示start省略時，從索引值0開始取5個字元。
print(msg[4:8]) #索引編號從4~8，取4個字元。
```

執行結果

```
pa
n, no ga
n, no gain
No pa
ain,
```

字串的方法很多，底下為幾個實用的方法：

- len()：功用是取得字串的長度。

```
>>> len('happy')
```

- count()：功用是可用來找出子字串出現次數。

```
>>> msg='Never put off until tomorrow what you can do today.'
>>> msg.count('e')
2
```

- split()：功用是可依據 sep 設定字元來分割字串。

```
data = 'dog cat cattle horse'
print(data.split())
wordB = 'dog/cat/cattle/horse'
print('字串二：', wordB)
print(wordB.split(sep ='/'))
```

其執行結果如下：

```
['dog', 'cat', 'cattle', 'horse']
字串二：dog/cat/cattle/horse
['dog', 'cat', 'cattle', 'horse']
```

- find()：檢測字串中是否包含子字串 str，並傳回位置，請注意，字串的索引值從 0 開始。

```
>>> msg='Python is easy to learn'
>>> msg.find('easy')
10
```

- upper() 及 lower()：大小寫轉換。

```
>>> msg='Python is easy to learn'
>>> msg.upper()
'PYTHON IS EASY TO LEARN'
>>> msg.lower()
'python is easy to learn'
```

實戰例 ▶ **String 型別綜合應用**

程式檔：app13.py

```
01  strName = str(input("\n郵局："))
02  strCode = str(input("郵局代號："))
03  intAount = int(input ("戶頭："))
04  intMoney = int(input("金額："))
05
06  print("\n郵局：%s" %(strName))
07  print("郵局代號為%s，轉帳戶頭為%02d" %(strCode, intAount))
08  print("匯入金額：%c%.2f" %(36, intMoney))
09
10  if intMoney < 20000:
11      print("%c\n" %("成"))
```

Python X Excel 的 12 堂關鍵必修課：資料分析自動化的 194 個高效實戰例

```
郵局：臺北西園郵局(臺北3支)
郵局代號：700
戶頭：12345678923432
金額：15000

郵局：臺北西園郵局(臺北3支)
郵局代號為700，轉帳戶頭為12345678923432
匯入金額：$15000.00
成
```

A-6-2　List 串列

　　串列是一種以中括號 [] 存放不同資料型態的有序資料型態，例如以下變數 student 是一種串列的資料型態、共有 4 個元素，分別表示「班別、姓名、座號、成績」等資料。

```
data = ['甲班','許士峰', '15',95]
```

　　串列可以是空串列，也可以包含不同的資料型別或是其他的子串列，以下幾個串列變數都是正確的使用方式：

```
data = []       #空的串列
data1 = [25, 36, 78] #儲存數值的list物件
data2 = ['one', 25, 'Judy']    #含有不同型別的串列
data3 = ['Mary', [78, 92], 'Eric', [65, 91]]
```

　　串列是一種可變的序列型別，串列中的每一元素都可以透過索引，即能取得某個元素的值。因此在資料結構中的陣列（Array），在實作上常以串列方式來表達陣列的結構。在串列中要增加元素，可以透過 append() 函數。如果要判斷串列長度，則可以使用 len() 函數。list 型別可以利用 [] 運算子來取得串列中的元素。例如：

```
list = [1,2,3,4,5,6,7,8,9,10]
list[2:7]   #會輸出[3, 4, 5, 6, 7]
```

另外，串列提供 sort() 方法針對串列中的元素進行排序，無論是數值或字串皆能排序，sort() 方法中加入參數「reverse=True」就可以做遞減排序。範例如下：

```
list1 = ['zoo', 'yellow', 'student', 'play']
list1.sort(reverse = True)   #依字母做遞減排序
```

上述範例中，串列中只有單純的數值或字串，才能進行排序工作。如果串列中存放不同型別的元素，由於無從判斷排序的準則，就會發生錯誤。在 C 語言中，我們宣告一個名稱為 score 的整數一維陣列：

```
int score[6];
```

這表示我們宣告了整數型態的一維陣列，陣列名稱是 score，陣列中可以放入 6 個整數元素，而 C 語言陣列索引大小是從 0 開始計算，元素分別是 score[0]、score[1]、score[2]、…score[5]。如下圖所示：

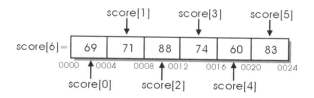

如果改以 Python 語言來實作上述陣列的程式碼，則可以參考底下作法：

```
score=[0]*6   #score是一個包含6個元素預設值為0的串列，即[0, 0, 0, 0, 0, 0]
```

當然一維陣列也可以擴充到二維或多維陣列，差別只在於維度的宣告，在 C 語言中，二維陣列設定初始值時，為了方便區隔行與列，所以除了最外層的 {} 外，最好以 {} 括住每一列的元素初始值，並以「,」區隔每個陣列元素，例如：

```
int arr[2][3]={{1,2,3},{2,3,4}};
```

如果改以 Python 語言來實作上述 C 語言陣列的程式碼，則可以參考底下作法：

```
arr=[[1,2,3],[2,3,4]]
```

實戰例 ▶ **List 型別綜合應用**

程式檔：app14.py

```
01   import sys
02
03   #宣告字串陣列並初始化
04   newspaper=['1.水果日報','2.聯合日報','3.自由報', \
05                           '4.中國日報','5.不需要']
06   #字串陣列的輸出
07   for i in range(5):
08       print('%s  ' %newspaper[i], end='')
09
10   try :
11       choice=int(input('請輸入選擇:'))
12       #輸入的判斷
13       if choice>=0 and choice<4:
14           print('%s' %newspaper[choice-1])
15           print('謝謝您的訂購!!!')
16       elif choice==5:
17           print('感謝您的參考!!!')
18       else:
19           print('數字選項輸入錯誤')
20
21   except ValueError:
22       print('所輸入的不是數字')
```

執行結果

```
1.水果日報  2.聯合日報  3.自由報  4.中國日報  5.不需要
請輸入選擇:3
3.自由報
謝謝您的訂購!!!
```

A-6-3　tuple 元組

　　元組（tuple）也是一種有序資料型態，它的結構和串列相同，串列是以中括號 [] 來存放元素，但是元組卻是以小括號 () 來存放元素。串列中的元素位置及元素值都可以改變，但是元組中的元素不能任意更改其位置與更改內容值。以下為三種建立元組的方式：

```
(1，3，5,7,9) #建立時沒有名稱
tup1= ('1001', 'BMW', 2016)　#給予名稱的tuple資料型態
tup2 ='1001', 'BMW', 2016　#無小括號，也是tuple資料型態
```

實戰例▸ **tuple 元組型別綜合應用**

程式檔：app15.py

```
01  tupleData = ()
02  listData = []
03
04  print("\n\n")
05
06  strFieldName = str(input("請輸入不可修改欄位名稱(逗號為分隔索引位置；頓號則為放置在同一個索引位置)："))
07  strFieldData = str(input("請輸入欄位對應資料(逗號為分隔索引位置；頓號則為放置在同一個索引位置)："))
08
09  for i in range(len(strFieldName.split(","))):
10      listData.append(strFieldName.split(",")[i])
11
12  for j in range(len(strFieldData.split(","))):
13      x = 0
14
15      if len(listData)%2 == 0:
16          x = len(listData) - 1
17      else:
18          x = len(listData) + 1
19
20      listData.insert(x, [strFieldData.split(",")[j] for x in range(1)])
```

```
21
22    listToTuple = tuple(listData)
23    print("\n")
24    print("list轉換tuple：", listToTuple)
```

```
請輸入不可修改欄位名稱(逗號為分隔索引位置；頓號則為放置在同一個索引位置)：姓名,數學、國文、英文
請輸入欄位對應資料(逗號為分隔索引位置；頓號則為放置在同一個索引位置)：王小明,78、88、90

list轉換tuple： ('姓名', ['王小明'], '數學、國文、英文', ['78、88、90'])
```

A-6-4　dict 字典

　　字典（dict）儲存的資料為「鍵（key）」與「值（value）」所對應的資料，字典和串列（list）、元組（tuple）等序列型別有一個很大的不同點，字典中的資料是沒有順序性的，它是使用「鍵」查詢「值」。除了利用大括號 {} 產生字典，也可以使用 dict() 函數，或是先建立空的字典，再利用 [] 運運算元以鍵設值。修改字典的方法必須針對「鍵」設定該元素的新值。如果要新增字典的鍵值對，只要加入新的鍵值即可。語法範例如下：

```
dic= {'Taipei':95, 'Tainan':94, 'Kaohsiung':96} #設定字典
print (dic)  #查看字典內容，會輸出{'Taipei': 95, 'Tainan': 94, 'Kaohsiung': 96}
dic['Taipei']  #取得字典中'Taipei'鍵的值，會輸出95
dic['Tainan']=93 #將字典中的「'Tainan'」鍵的值修改為93
print (dic) #會輸出修改後的字典 {Taipei': 95, 'Tainan': 93, 'Kaohsiung': 96}
dic['Ilan']= 87    #在字典中新增「'Ilan'」，該鍵所設定的值為87
dic #新增元素後的字典  {'Taipei': 95, 'Tainan': 93, 'Kaohsiung': 96, 'Ilan': 87}
print (dic)
```

實戰例 ▸ **dict 字典型別綜合應用**

程式檔：app16.py

```
01    dic= {'Taipei':95, 'Tainan':94, 'Kaohsiung':96} #設定字典
02    print (dic)  #查看字典內容，會輸出{'Taipei': 95, 'Tainan': 94, 'Kaohsiung': 96}
03    dic['Taipei']  #取得字典中'Taipei'鍵的值，會輸出95
```

```
04    dic['Tainan']=93 #將字典中的「'Tainan'」鍵的值修改為93
05    print (dic) #會輸出修改後的字典 {'Taipei': 95, 'Tainan': 93, 'Kaohsiung': 96}
06    dic['Ilan']= 87            #在字典中新增「'Ilan'」，該鍵所設定的值為87
07    dic #新增元素後的字典  {'Taipei': 95, 'Tainan': 93, 'Kaohsiung': 96, 'Ilan': 87}
08    print (dic)
```

執行結果

```
{'Taipei': 95, 'Tainan': 94, 'Kaohsiung': 96}
{'Taipei': 95, 'Tainan': 93, 'Kaohsiung': 96}
{'Taipei': 95, 'Tainan': 93, 'Kaohsiung': 96, 'Ilan': 87}
```

A-7 函數

函數可以視為一段程式敘述的集合，並且給予一個名稱來代表，當需要時再進行呼叫即可。Python 提供功能強大的標準函數庫，這些函數庫除了內建套件外，還有協力廠商公司所開發的函數。所謂套件就是多個函數的組合，它可以透過 import 敘述來使用。

Python 函數分三種類型：內建函數、標準函數庫及自訂函數：

- 內建函數（Built-in Function, BIF），例如取得資料型態轉換成整數的 int() 函數。

- Python 提供的標準函數庫（Standard Library），使用這類的函數，必須事先以 import 指令將該函數套件匯入。

- 程式設計人員利用 def 關鍵字自行定義的自訂函數，這種函數則是依自己的需求自行設計的函數。

我們必須先行定義函數，才可以進行函數的呼叫，例如定義一個名稱為 hello() 的函數，函數執行的流程如下：

- **定義函數**：先以「def」關鍵字定義 hello() 函數及函數主體，它提供的是函數執行的依據。

- **呼叫程式**：從程式敘述中「呼叫函數」hello()。

A-7-1　自訂無參數函數

接下來我們將以幾個簡單的例子來說明如何在 Python 中自訂函數：

```
def hello():
    print('Hello, World')
hello()  #會輸出 Hello, World
```

上面的自訂函數 hello()，當中沒有任何參數，函數功能只是以 print() 函數輸出指定的字串，當呼叫此函數名稱 hello() 時，會印出所函數所要輸出的字串。

def 是 Python 中用來定義函數的關鍵字，函數名稱後要有冒號「:」。在自訂函數中的參數串列可以省略，也可以包含多個參數。冒號「:」之後則是函數程式碼，可以是單行或多行敘述。函數中的 return 指令可以讓函數傳回運算後之值，如果沒有傳回任何數值，則可以省略。

A-7-2　有參數列的函數

上述函數中所輸出的字串是固定，這樣的函數設計上較沒有彈性。我們可以在函數中增加一個參數，範例如下：

```
def hello(sentence):
    print(sentence)
#主程式
hello('Hello, World')  #會輸出 Hello, World
hello('Happy Birthday')  #會輸出 Happy Birthday
hello('==============')  #會輸出 ==============
```

A-7-3　函數回傳值

如果函數主體中會進行一些運算，可以利用 return 指令回傳給呼叫此函數的程式段落。例如：

```
def add(a, b, c):
    return a+b+c


print (add(3,7,2))   #輸出12
```

A-7-4　參數傳遞

大多數程式語言常見的兩種參數傳遞方式：

- **傳值（Call by value）呼叫**：表示在呼叫函數時，會將引數的值一一地複製給函數的參數，在函數中對參數值作任何修改，都不會影響到原來的引數值。

- **傳址（Pass by reference）呼叫**：傳址呼叫表示在呼叫函數時所傳遞給函數的參數值是變數的記憶體位址，參數值的變動連帶著也會影響到原來的引數值。

在 Python 語言中，當傳遞的資料是不可變物件（如數值、字串），在參數傳遞時，會先複製一份再做傳遞。但如果所傳遞的資料是可變物件（如串列），Python 在參數傳遞時，會直接以記憶體位址做傳遞。簡單來說，如果可變物件被修改內容值，因為佔用同一位址，會連動影響函數外部的值。以下是函數傳值呼叫的範例。

實戰例 ▶ 函數傳值呼叫

程式檔：app17.py

```
01   #函數宣告
02   def fun(a,b):
03       a,b=b,a
04       print('函數內交換數值後:a=%d,\tb=%d\n' %(a,b))
05
06   a=10
07   b=15
08   print('呼叫函數前的數值:a=%d,\tb=%d\n'%(a,b))
```

```
09
10  print('\n----------------------------------')
11
12  #呼叫函數
13  fun(a,b)
14  print('\n----------------------------------')
15  print('呼叫函數後的數值:a=%d,\tb=%d\n'%(a,b))
```

執行結果

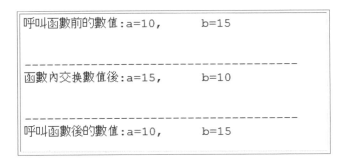

```
呼叫函數前的數值:a=10,          b=15


----------------------------------
函數內交換數值後:a=15,          b=10


----------------------------------
呼叫函數後的數值:a=10,          b=15
```

　　以下範例的參數為 List 串列，是一種可變物件（如串列），Python 在參數傳遞時，會直接以記憶體位址做傳遞，函數內串列被修改內容，因為佔用同一位址，會連動影響函數外部的值。

實戰例 ▶ **函數傳址呼叫**

程式檔：app18.py

```
01  def change(data):
02      data[0],data[1]=data[1],data[0]
03      print('函數內交換位置後：')
04      for i in range(2):
05          print('data[%d]=%3d' %(i,data[i]),end='\t')
06
07  #主程式
08  data=[16,25]
09  print('原始資料為：')
10  for i in range(2):
```

```
11      print('data[%d]=%3d' %(i,data[i]),end='\t')
12  print('\n-----------------------------------')
13  change(data)
14  print('\n-----------------------------------')
15  print("排序後資料：")
16  for i in range(2):
17      print('data[%d]=%3d' %(i,data[i]),end='\t')
```

```
原始資料為：
data[0]= 16      data[1]= 25
-----------------------------------
函數內交換位置後：
data[0]= 25      data[1]= 16
-----------------------------------
排序後資料：
data[0]= 25      data[1]= 16
```

博碩文化

博碩文化